호기심의 탄생

호기심의 탄생

마지막까지 살아남은
수수께끼

Why?
What Makes Us Curious

마리오 리비오 지음
이지민 옮김

이 책을 어머니께 바칩니다

서문

나는 호기심이 많다. 우주를 비롯해 그 안에서 발생하는 다양한 현상을 해독하는 천체물리학자로서의 직업적인 흥미 말고도 시각 예술에 관심이 많다. 그래서 예술적인 재능이 전혀 없지만 방대한 양의 예술 관련 서적을 수집한다. 또한 볼티모어 심포니 오케스트라(그렇다, 정말로 존재하는 단체다)에서 과학 고문으로 활동하고 있으며 콘서트에 참여해 과학과 음악의 상관관계를 제시하는 역할을 맡고 있다. 가장 흥미로웠던 작업은 〈허블 칸타타Hubble Cantata〉의 제작에 참여한 것이다. 〈허블 칸타타〉는 허블 우주망원경으로 촬영한 이미지에서 영감을 받아 작곡가 파올라 프레스티니가 제작한 현대 클래식 음악으로 영화와 가상현실이 동원되었다. 나는 〈허핑턴 포스트〉의 정기 기고를 통해 과학과 예술의 복잡한 관계에 관해 형식에 구애 받지 않은 다양한 생각을 전하고 있기도 하다.

따라서 내가 이미 오래 전부터 다음과 같은 질문에 강한 호기심을 느낀 것은 지극히 당연히 일이었다. 호기심을 유발하는 것은 무엇일까? 호기심과 탐구의 기저에는 무엇이 놓여 있을까? 호기심은 내 전문 분야가 아니었으므로 나는 방대한 양의 연구를 진행하고 수많은 심리학자와 신경학자로부터 자문을 구해야 했다. 또한 다양한 분야의 수많은 학자와 이 주제에 관해 논의해야 했을 뿐만 아니라 유난히 호기심이 많다고 생각되는 사람들을 인터뷰해야 했다. 그 결과 나는 많은 이들에게 큰 빚을 졌다. 그들이 없었더라면 이 프로젝트는 완성되지 못했을 것이다. 이 지면을 통해 그들 모두에게 감사 인사를 전하는 것은 불가능한 일이겠지만 최소한 내 집필 과정에 큰 영감을 주고 온갖 정보를 제공해준 이들에게는 감사하다는 말을 전하고 싶다. 우선 파올로 갈루치에게 감사를 표하고 싶다. 레오나르도 다 빈치와 관련해 그와 나눈 대화로 나는 이 유명한 인물을 제대로 이해할 수 있었다. 레오나르도 다 빈치와 관련해 유용한 조언을 제공해주었을 뿐만 아니라 그에 관한 방대한 도서와 기사를 사용하도록 허락해준 조나단 페브스너에게도 감사를 표한다. 아가타 루트코우스카는 로열 컬렉션 트러스트에서 레오나르도 다 빈치의 특정 작품을 찾는 데 큰 도움을 주었으며, 존스홉킨스대학교의 밀턴 S. 아이젠하우어 대학은 방대한 분야에서 수백 권의 참고 도서를 제공해주었다. 제레미 네이선스, 도론 루리, 가리크 이스라엘리안, 엘렌-테레즈 람은 중요한 인터뷰 대상을 소개해주었으며, 리처드 파인만에 관해 소중하고 직접적인 정보를 제공해준 조안 파인만, 데이비드 굿스타인과 주디스 굿스타인, 버지니아 트림블 역시 큰 도움이 되었다.

재클린 고틀리브, 라우라 슐츠, 엘리자베스 보나위츠, 마리케 제프마, 조던 리트만, 폴 실비아, 셀레스테 키드, 애드리언 바라네스, 엘리자베스 스펠크는 소중한 정보를 제공해주었으며 때로는 심리학과 신경과학의 다양한 분야에서 진행 중인 아직 공개되기 전 단계의 연구를 공유해주기도 했다. 이 책에서 그들의 연구 결과를 잘못 해석했다면 그것은 전부 내 불찰일 것이다. 조나 쿤트시와 미카엘 밀햄은 호기심과 주의력결핍 과잉행동장애ADHD의 잠재적인 상관관계에 대해 명확히 설명해주었고, 캐서린 애즈버리는 쌍둥이를 대상으로 호기심의 특성에 관해 진행한 다양한 연구 결과를 공유해주었다. 수자나 허큘라노-하우젤은 뇌의 전반적인 구성 성분과 이것이 인간 뇌의 독특한 특성에 미치는 영향과 파급효과를 다룬 획기적인 연구에 관해 자세히 설명해 주었으며, 노암 사돈 그로스만은 뇌의 구조를 파악하는 데 도움을 주었다. 또한 프리먼 다이슨, 스토리 머스그레이브, 노암 촘스키, 메릴린 보스 사반트, 빅 뮤니츠, 마틴 리스, 브라이언 메이, 파비올라 자노티, 잭 호너는 자신들의 호기심에 관해 굉장히 흥미롭고 통찰력 있는 인터뷰를 제공해주었다.

마지막으로 조언과 격려를 아끼지 않은 훌륭한 에이전트 수잔 라비너, 나의 원고를 꼼꼼히 읽은 뒤 통찰력 있고 세심한 견해를 제공해준 편집자 밥 벤더에게도 감사의 말을 전하고 싶다. 총책임자 조안나 리, 디자이너 폴 디폴리토, 교열 담당자 필 메트카프를 비롯해 사이먼 앤 슈스터의 모든 팀원에게도 감사를 전한다. 그들은 전문가다운 솜씨로 열정을 다해 이 책을 제작해 주었다.

아내 소피에게도 감사를 전한다. 그녀의 인내와 지원이 없었더라면 이 책은 탄생하지 못했을 것이다.

목차

1장
호기심

분량에 관계없이 지속적인 인상을 남기는 이야기가 있다. 19세기 작가 케이트 쇼팽이 쓴 단편소설 『한 시간 이야기』[1]가 그렇다. 이 소설은 다소 충격적인 문장으로 시작된다. "말라드 부인이 심장문 제로 고통 받고 있다는 사실을 알고 있었기에, 남편의 사망소식을 가능한 한 조심스럽게 알려주기 위해서는 상당한 주의가 필요했다."라는 핵심 문장에는 인명 손실과 인간의 나약함이 전부 담겨 있다. 다음 문장을 읽어 보면 이 비극적인 소식을 전달한 이는 남편과 절친한 사이인 리처드라는 사실을 알 수 있다. 그는 (전보를 통해) 사망자 명단의 맨 위에서 철도사인 브렌틀리 말라드라는 이름을 확인한 뒤 가족들에게 이 소식을 전했다.

말라드 부인의 즉각적인 반응은 그다지 특별할 것이 없다. 그녀는 동생 조세핀에게서 이 슬픈 소식을 듣자마자 울음을 터뜨린 뒤 혼자 있고 싶다며 방으로 들어간다. 하지만 방으로 들어간 그녀에게 완전히 예상 밖의 일이 일어난다. 한 동안 흐느껴 울며 꼼짝 없이 앉아 있던 그녀는 멀리 파란 하늘 한 조각을 가만히 응시하더니 낮은 목소리로 뜻밖의 말을 내뱉는다. "자유, 자유, 자유!" 그녀는 더욱 활기 넘치는 목소리로 "자유! 몸과 영혼의 자유!"라고 외친다.

동생의 걱정스러운 요청에 결국 방문을 연 부인은 '승리감에 도취된 흥분한 눈빛으로' 방 밖으로 나온다. 그녀는 동생의 허리를 붙잡은 채 차분하게 계단을 내려온다. 남편의 친구 리처드는 계단 아래서 그들을 기다리고 있다. 바로 그 때 누군가 열쇠로 현관문을 열고 들어오는 소리가 들린다.

쇼팽의 이야기는 그 이후로 8줄이면 끝이 난다. 우리는 여기서 읽는 것을 멈출 수 있을까? 원한다 할지라도 당연히 그러지 않을 것이다. 최소한 문을 열고 들어온 사람이 누구인지는 알고 싶을 것이다. 영국 수필가 찰스 램[2]은 "삶에서 발생하는 소리 중 도시와 시골의 소리를 전부 합친다 하더라도 문을 두드리는 소리만큼 호기심을 자극하는 소리는 없다."라고 말했다. 우리의 호기심을 끌어당기는 이야기의 힘은 상당히 강력해 이를 무시하는 건 꿈조차 꿀 수 없기 마련이다.

모두 예상했겠지만 집으로 들어온 사람은 브렌틀리 말라드 씨였다. 그는 철도 사고 현장과는 상당히 먼 곳에 있어서 사고가 발생했는지조차 모르고 있었다. 신경질적인 말라드 부인이 1시간이라는 짧은 시간 동안 겪어야 했던 극심한 감정기복에 대한 생생한 묘사 덕분에 이 소설을 읽는 독자는 긴장감 넘치는 경험을 하게 된다.

이 소설의 마지막 문장은 첫 문장보다 더욱 혼란스럽다. "의사들은 그녀가 심장질환으로, 갑작스런 기쁨 때문에 죽었다고 말했다." 결국 말라드 부인의 내면세계는 미궁으로 남게 된다.

쇼팽이 지닌 가장 훌륭한 재능은 소설의 거의 모든 문장마다 **호기심**을 유발하는 뛰어난 능력이다. 아무 일도 일어나지 않는 게 분명한 상황을 묘사하는 문장 역시 예외가 아니다. 간담을 서늘하게 만드는 이러한 호기심은 훌륭한 음악을 들을 때 느끼는 감정과 다소 비슷하다. 이는 손에 땀을 쥐게 만들도록 지능적으로 미묘하게 고안된 장치로 흥미진진한 이야기, 수업 시간에 선생님이 들려주는 교훈, 고무적인 예술작품, 비디오 게임, 광고 캠페인, 심지어 지루하지 않은 재미있고 단순한 이야기에서조차 반드시 필요한 장치다. 쇼팽의 이야기는 **공감적인 호기심**[3]을 자극한다. 공감적인 호기심이란 주인공의 욕망이나 감정적인 경험, 생각을 이해하려 할 때나 주인공의 행동에 계속해서 **왜?**라고 물을 때 우리가 취하는 입장이다.

쇼팽이 적절히 사용하는 또 다른 장치는 놀라움이다. 이는 흥분과 집중을 고조시킴으로써 호기심에 불을 지피는 확실한 전략이다. 뉴욕대학교 신경과학자 조셉 르두[4]와 동료들은 놀라움이나 공포에 대한 반응을 관장하는 뇌의 경로를 추적했다. 예상치 못한 상황에 맞닥뜨릴 때 우리의 뇌는 무언가 조치를 취해야 한다고 생각한다. 그 결과 공감적인 신경계가 빠르게 활성화되며 심장 박동수 증가, 발한, 심호흡 등 익숙한 반응이 나타난다. 이와 동시에 우리는 중요하지 않은 다른 자극에서 관심을 돌려 현재 처리해야 하는 긴급한 사안에 집중하게 된다. 르두는 놀랄 경우, 특히 공포감이 수반될 경우, 빠른 경로와 느린 경로가 동시에 활성화된다는 사실을 입증했다. 빠른 경로는 감각신호를 전달하는 시상에서 편도체(정서적 의미를 부여하고 감정적인 반응을 관장하는 아몬드 모양의 핵 무리)로 곧장 향한다. 반면 느린 경로는 시상에서 편도체까지 이어지는 긴 우회로로 주로 기억과 생각을 담당하는 가장 바깥층 신경조직인 대뇌피질을 관통한다. 이 간접 경로에서는 자극을 좀 더 신중하고 의식적으로 평가하며 심사숙고한 반응을 일으킨다.

호기심에는 몇 가지 '유형'이 존재한다. 영국계 캐나다인 심리학자 대니얼 벌린[5]은 두 개의 주요 차원 혹은 축을 따라 호기심을 구분 지었다. **지각적 호기심**과 **인식적 호기심** 사이를 오가는 축, **구체적 호기심**과 **일반적 호기심**을 가로지르는 축이다. **지각적 호기심**은 극단적인 대상, 신기하고 애매모호하거나 혼란스러운 자극에 기인하며 시각적인 탐구를 유도한다. 외딴 마을에 사는 아시아 어린이가 백인을 처음 보았을 때의 반응이 그 예다. **지각적 호기심**은 보통 해당 상황에 지속적으로 노출되면서 감소한다. 벌린의 표에서 **지각적 호기심**의 반대편에 놓인 것은 **인식적 호기심**으로 지식을 추구하고자 하는 참된 욕망(철학자 임마누엘 칸트의 말에 따르면 '지식욕')이다. 이 호기심은 기초 과학 분야의 온갖 연구와 철학적 탐구의 주요 동인으로 인류 역사의 초창기에 이루어진 영적 탐구의 원동력이었을 것이다. 17세기 철학자 토마스 홉스[6]는 이를 '마음의 욕망'이라 불렀으며 '지속적이고 끈질기게 지식을 생산할 때 느끼는 즐거움'은 '성욕에서 느끼는 짧은 격렬함'을 능가하며 한 번 빠지면 더욱 원하게 될 뿐이라고 했다. 홉스는 '**왜**인지 알고 싶은 욕망'이 인간을 다른 생명체와 구분 짓는 특징이라고 보았다. 7장에서 살펴보겠지만 오늘날 인류가 이렇게 발전할 수 있었던 것은 '왜?'라고 묻는 능력 덕분이다. 아인슈타인 역시 자신의 전기 작가에게 '나에게는 특별한 재능이 없다. 그저 열정적인 호기심이 있을 뿐이다.'라고 말하며 **인식적 호기심**을 언급한 바 있다.[7]

벌린이 정의한 **구체적 호기심**은 십자말풀이를 하거나 지난주에 본 영화 제목을 기억하려는 시도처럼 특정한 정보를 얻고자 하는 욕망을 반영한다. **구체적 호기심**은 우리로 하여금 특정한 문제를 더욱 깊이 이해하고 잠정적인 해결책을 파악하기 위해 해당 문제를 살펴보도록 만든다. 마지막으로 **일반적 호기심**은 탐구를 향한 끝없는 욕망과 지루함에서 벗어나기 위해 새로운 자극을 추구하는 행위 둘 다를 일컫는다. 새로운 문자 메시지나 e-메일을 계속해서 확인하거나 새로운 스마트폰 모델을 초조하게 기다리는 것이 이러한 유형의 호기심이 발현된 예라 하겠다. **일반적 호기심**은 때로는 **구체적 호기심**으로 이어질 수 있다. 참신한 것을 추구하는 행동이 구체적인 흥미를 자극할 수 있기 때문이다.

벌린의 호기심 유형 분류법은 수많은 심리학 연구에서 상당히 유용하게 활용되고 있지만 호기심이 생기는 근본적인 기제를 보다 종합적으로 이해할 수 있을 때까지는 그저 제안적인 시도로 봐야 할 것이다. 이 네 가지 유형 외에 다른 호기심도 존재한다. 앞서 언급한 공감적인 호기심은 벌린의 분류에 들어맞지 않는다. 또한 호기심 중에는 우리의 고개를 돌리게 만드는 병적인 호기심[8]도 있다. 이러한 호기심은 사고 장면을 목격하기 위해 운전자가 고속도로에서 속도를 낮추고 폭력적인 범죄나 화재 현장 주위로 사람들이 일제히 몰려들어 주변을 구경하며 가게 만드는 현상을 낳는다. 2004년 이라크에서 영국 건설노동자 켄 비글리의 참수 장면을 담은 섬뜩한 동영상의 구글 조회수가 어마어마했던 것 역시 이 호기심 때문이다.

호기심은 그 종류가 다양하기도 하지만 강도 또한 천차만별이다. **구체적 호기심**의 경우처럼 단편적인 정보만으로도 호기심이 만족될 때가 있다. '어느 한 곳에라도 불의가 존재한다면 정의는 어디에서나 위협받는다.'라고 말한 사람이 누구였는지 궁금해 하는 것이 그 예라 할 수 있다. 이와는 반대로 누군가로 하여금 평생에 걸쳐 열정적인 여정을 떠나게 만드는 호기심도 있다. **인식적 호기심**이 '지구에서 삶은 어떻게 발생했고 진화했는가?'와 같은 과학적인 탐구로 이어지는 경우다. 호기심에는 개인적인 차이도 존재한다. 사람마다 호기심의 발생 빈도나 강도, 탐구 준비 기간, 참신한 경험을 하고자 하는 전반적인 성향 등이 각기 다르기 마련이다. 독일 북해안에 위치한 암룸섬의 해안으로 떠밀려온 오래된 병이 누군가에게는 그저 환경을 더럽히는 오염 물질일 뿐이지만 다른 누군가에게는 매력적인 과거의 세계를 들여다볼 수 있는 기회를 선사할 수 있다. 2015년 4월, 실제로 그러한 메시지가 담긴 병이 발견되었는데, 1904년과 1906년 사이에 작성된 것으로 밝혀졌다. 병 안에서 발견된 메시지 중 가장 오래된 것으로, 해류 연구와 관련된 실험의 일부였다.[9]

비슷한 예는 또 있다. 일주일 중 5일째 아침마다 쓰레기를 수

거하는 스물 두 살의 뉴욕시 환경미화원 에드 셰블린[10]는 아일랜
드에서 사용하는 게일어에 강한 열정을 느꼈고 결국 아일랜드계
미국인 연구를 위해 뉴욕대학교 석사 과정에 등록했다.

　거의 20년 전 발생한 천문학적으로 드문 사건을 하나 살펴보
자. 이 사건은 새로운 것을 추구하고자 하는 호기심과 지식을 향
한 욕구가 반영된 호기심처럼 각기 다른 유형의 호기심들이 결합
되어 거부하기 힘든 마력을 낳는 과정을 보여주는 훌륭한 예다.
1993년 3월, 알려지지 않은 혜성 한 개가 목성의 궤도를 도는 것
이 목격되었다. 이 혜성을 발견한 이들은 전문 혜성 사냥꾼들로
캐롤린 슈메이커와 유진 슈메이커 부부 천문학자와 또 다른 천문
학자 데이비드 레비였다. 이 팀은 자신들이 발견한 이 아홉 번째
주기혜성週期彗星에 슈메이커-레비 9[11]라는 이름을 붙였다. 궤도를
구체적으로 분석한 결과, 이 혜성은 수십 년 전 목성의 중력에 의
해 궤도에 진입했으며 1922년 비극적으로 목성에 가까워지면서
강력한 조석력(장력)에 의해 산산조각이 났다는 사실이 밝혀졌다.
그림 1은 1994년 5월, 허블 우주망원경으로 찍은 이미지로, 20개
가량으로 쪼개진 파편이 반짝이는 진주 목걸이처럼 혜성의 경로
를 따라 계속해서 이동하는 모습이다.

　컴퓨터 시뮬레이션 결과 이 파편들이 1994년 7월 목성의 대기
와 충돌한 뒤 목성을 들이받을 거라는 예측이 나오자 천문학계를
비롯한 온갖 학계가 떠들썩해지기 시작했다. 이러한 충돌은 상당
히 드문 현상으로(지구에서 6600만년 전에 발생한 이 같은 충돌로 공
룡이 멸종하고 말았다) 직접 목격된 적이 한 번도 없었다. 전 세계

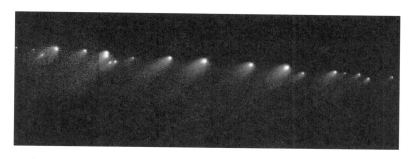

그림 1

천문학자들은 큰 기대감을 품은 채 충돌의 순간만을 기다렸다. 하지만 충돌하는 모습을 과연 지구에서 관측할 수 있을지, 거대하고 잔잔한 호수에 던져진 작은 조약돌마냥 가스로 가득 찬 목성의 대기에 파편들이 조용히 잠식당할지 아무도 알 수 없었다.

얼음처럼 차가운 첫 파편 조각은 1994년 7월 16일 저녁, 목성의 대기와 충돌할 예정이었다. 허블 우주망원경을 포함해 지상과 우주에 위치한 거의 모든 망원경이 일제히 목성을 향했다. 천문학적으로 기이한 현상을 실시간으로 목격하는 경우는 좀처럼 드문 일이었기에(우리가 관심을 갖는 수많은 물체에서 빛이 지구까지 이동하는 데에는 수 광년이 걸리지만 목성에서 지구까지 이동하는 데에는 30분밖에 걸리지 않는다) '일생에 딱 한 번' 뿐인 경험을 고대하며 나를 비롯한 수많은 과학자가 망원경으로부터 자료가 전송되는 순간 컴퓨터 스크린 주위로 몰려들었다(그림 2). 모두의 마음속에 자리한 질문은 단 한 가지였다. 과연 우리가 무언가를 목격할 수 있을까?

그림 2에 제목을 붙여야 한다면, 바로 **호기심!**이 될 것이다. 호

그림 2

기심의 전염성을 느끼고 싶다면 이 자리에 모인 과학자들의 자세
나 표정을 살펴보면 된다. 다음 날 이 사진을 보자마자 나는 거의
400년 전에 선보인 훌륭한 예술작품이 떠올랐다. 렘브란트의 〈툴
프 박사의 해부학 강의〉[12]라는 그림이었다. 이 그림과 앞선 사진은
간절한 호기심이라는 감정을 거의 동일한 방법으로 포착하고 있
다. 렘브란트가 가죽이 벗겨진 채 해부되고 있는 시신의 내부 구
조나 얼굴이 반쯤 그늘져 있는 송장의 신분(어린 나이에 코트를 훔
쳐 1632년에 참수된 아리스 킨딧)에 초점을 맞추지 않았다는 사실이
특히 흥미롭다. 그는 의료 전문가들과 수업에 참석한 견습생들의
반응을 정확히 표현하는 데 집중했다. 호기심을 주요 대상으로 삼
은 것이다.
　호기심의 힘은 우리가 흔히 생각하듯 유용하게 활용되는 데 그

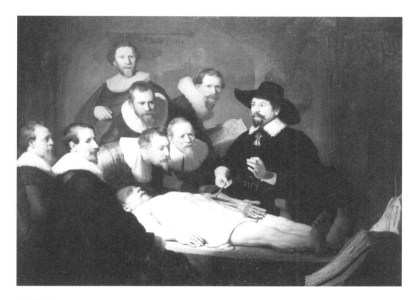

그림 3

치지 않는다. 이는 멈출 수 없는 욕망으로 발현되기도 한다. 예를 들어, 주위 세상을 탐사하고 해독하기 위한 인간의 노력은 그저 생존에 필요한 노력을 훨씬 능가한다. 인간은 호기심이 끝도 없으며 일부는 강박적일 정도로 호기심이 많다. 서던캘리포니아대학교의 신경학자 어빙 비더만[13]은 인류는 정보를 탐하는 '정보탐식가(정보를 수집하고 해석하고자 하는 욕망에 사로잡힌 사람-옮긴이)'로 설계되었다고 말한다. 호기심이라는 가려움을 해소하기 위해 우리가 때때로 무릅쓰는 위험을 달리 어떻게 설명할 수 있단 말인가? 로마의 위대한 웅변가이자 철학자인 키케로[14]는 율리시스가 항해 도중 사이렌 섬을 지나친 것을 **인식적 호기심**의 유혹에 저항하기 위한 노력으로 해석했다. "지나가는 여행자를 끌어들이던 것은 사이렌의 달콤한 목소리나 그들이 부르는 참신하고 다양한 노래가 아니라 지식을 향한 욕구였다. 사람들로 하여금 사이렌의 험준한 해안에 뿌리내리게 한 것은 지식을 향한 욕망이었다."

프랑스 철학자 미셸 푸코[15]는 호기심의 근본적인 특성에 대해 근사하게 묘사한다. "호기심은 '관심', 즉 존재하거나 존재할지도 모르는 것에 대한 사람들의 관심을 자아낸다. 이는 예리한 현실감각이지만 현실 앞에서 자유롭게 발현되는 것, 주위에서 독특하고 기이한 대상을 찾고자 하는 의지, 익숙한 사고방식에서 벗어나 동일한 것을 다른 방식으로 바라볼 줄 아는 확고한 결단력, 현재 발생하고 있는 것과 사라지고 있는 것을 파악하고자 하는 열정, 무엇이 중요하고 기본적인지를 판단하는 기존의 위계질서에서 벗어나려는 태도다."

앞으로 살펴보겠지만 근래에 진행된 연구 결과에 따르면 호기심은 유아기의 지각 능력과 인지 능력의 적정한 발달에 반드시 필요한 요소다. 호기심이 성인의 지적이고 창의적인 표현에 큰 영향을 미치는 것 또한 사실이다. 이 말인 즉, 호기심은 자연선택의 직접적인 결과라는 뜻일까? 그렇다면 때로는 아주 사소해 보이는 문제에도 우리는 왜 그렇게 호기심을 느끼는 것일까? 우리는 왜 이따금 레스토랑의 옆 테이블에서 낮은 목소리로 이루어지는 대화를 해독하기 위해 그렇게 애쓰는 것일까? 우리는 왜 두 사람이 얼굴을 마주보고 하는 대화보다는 (대화의 절반 밖에 듣지 못하는 데도) 누군가 전화기에 대고 얘기하는 소리에 더 귀를 기울이게 되는 것일까? 호기심은 전적으로 선천적인 것일까, 후천적인 것일까? 역으로 어른이 되면서 우리는 어린 시절의 호기심을 잃는 것일까? 호기심은 루시(과도기적이기는 하지만 현재의 인간과 거의 동일한 인류로 에티오피아에서 뼈가 발견되었다)를 현생 인류인 **호모 사피엔스**와 구분 짓는 320만 년 동안 진화했을까? 호기심과 관련된 심리학적인 절차와 뇌의 구조는 무엇일까? ADHD 같은 신경 발달 장애는 호기심이 '지나치게 발현되거나' 지나치게 질주한 결과일까?

나는 호기심과 관련된 과학 연구를 자세히 살펴보기 전에 잠시 우회해 (개인적인 호기심을 채우기 위해) 두 인물을 낱낱이 분석해보기로 결심했다. 내가 보기에 역사적으로 호기심이 가장 많은 대표적인 인물이다. 레오나르도 다 빈치와 물리학자 리처드 파인만이 그런 인물이라는 데 이의를 제기하는 사람은 거의 없을 것이다. 레오나르도는 예술, 과학, 기술 등 온갖 분야를 넘나드는 무한한 호기심 덕분에 오늘날까지도 전형적인 르네상스인으로 여겨진다. 미술사학자 케네스 클라크는 그를 '역사상 가장 호기심 넘치는 사람[16]'이라고 부른다. 적절한 칭호라 하겠다. 수많은 물리학 분야에서 선보인 파인만의 천재성과 성과는 전설적이지만 그는 생물학, 그림, 금고털이, 봉고 연주, 매력적인 여성, 마야 성형문자 공부에도 매료되었다. 파인만은 챌린저 우주왕복선의 참사를 조사한 패널의 일원이자 개인적인 우화로 가득 찬 베스트셀러 작가로 대중에게 알려졌다. 과학적인 발견을 하게 만드는 핵심 동인이 뭐라고 생각하는지 묻자 그는 이렇게 답했다. "호기심이죠[17]. 무언가가 왜 그렇게 행동하는지 의문을 가지는 것입니다." 그의 답변은 16세기 프랑스 철학자 미셸 드 몽테뉴의 생각과 일맥상통한다. 몽테뉴는 독자에게 일상의 수수께끼를 탐구하라고 독려했다. 5장에서 살펴보겠지만 어린 아이를 대상으로 한 실험 결과에 따르면 그들의 호기심은 바로 주위에서 목격되는 현상의 원인과 결과를 이해하고자 하는 욕망에 기인하는 것임을 알 수 있다.

레오나르도와 파인만의 특성을 아무리 자세히 살펴본다 한들 호기심의 습성을 깊이 들여다볼 수 있을 거라고는 기대하지 않는다. 예전에도 천재로 여겨지는 역사적인 인물들의 공통된 특징을 밝히고자 수많은 시도가 이루어졌으나[18] 이들의 배경과 심리적인 특징은 혼란스러울 정도로 다양하다는 사실만 밝혀졌을 뿐이다. 과학계의 거장 아이작 뉴턴과 찰스 다윈을 살펴보자. 뉴턴은 독보적인 수학 능력으로 유명했지만 다윈은 스스로도 인정했다시피 수학에는 취약했다. 특정 과학 분야의 대가들 가운데에서도 각기 다른 습성이 나타난다. 물리학자 엔리코 페르미는 열일곱 살의 나이에 난제를 해결했지만 아인슈타인은 상대적으로 대기만성형이었다. 그렇다고 해서 그들 간의 공통적인 특성을 밝히려는 모든 노력이 실패로 돌아갈 수밖에 없다는 뜻은 아니다. 예를 들어, 천재들에게서 목격되는 창의력을 주로 연구하는 시카고대학교 심리학자인 미하이 칙센트미하이[19]는 상당히 창의적인 사람들(2장의 마지막에서 간단히 살펴볼 것이다)과 관련된 것으로 보이는 몇 가지 공통된 성향을 밝힐 수 있었다. 따라서 레오나르도와 파인만의 매력적인 특성에서 지칠 줄 모르는 호기심의 근원과 관련된 단서를

그림 4

살펴보는 것만으로도 의미 있는 일일 것이다. 레오나르도나 파인 만이 호기심 외에 다른 공통점을 지니고 있는지에 관계없이 두 사람 다 탐구정신에 있어서는 타의 추종을 불허하기 때문에 그들의 관점에서 무언가를 바라보는 것은 틀림없이 고무적인 일이다. 우선 레오나르도부터 살펴보겠다. 그는 한 때 이해하고자 하는 열정을 다음과 같이 우아하게 표현한 적이 있다. "어떤 것이든 그것에 대해 잘 알지 않고서는 사랑하거나 미워할 수 없다."

참고로 슈메이커-레비 9의 첫 번째 파편이 목성의 대기에 부딪히는 것을 우리가 정말로 목격했는지 궁금해 할 여러분을 위해 결과를 말해주겠다. 우리는 그 장면을 목격했다! 처음에는 목성 테두리 위로 빛이 보였다.[20] 그러더니 파편이 대기를 관통하면서 폭발했고 핵폭발 후 발생하는 것과 비슷한 버섯구름이 생겨났다. 모든 파편은 목성의 표면에 눈에 보이는 '상처(황이 포함된 혼합물이 있는 지역)'를 남겼다(그림 4). 이 자국은 몇 달 동안 지속되다가 목성 대기 내의 물줄기와 난기류에 의해 서서히 사라졌고, 잔해는 고도가 낮은 곳으로 확산되었다.

2장

호기심 많은 인물
: 레오나르도 다 빈치

오늘날 레오나르도 다 빈치 하면 떠오르는 이미지는 아마 조르조 바사리의 짧은 두 문장[1] 속에 가장 잘 담겨 있을 것이다. 『미술가 열전』(원제는 『Lives of the Most Eminent Painters, Sculptors and Architects』이고 보통 줄여서 『열전』이라 부른다. -옮긴이)이라는 유명한 저서를 남긴 조르조 바사리는 레오나르도가 사망했을 당시 고작 여덟 살이었다. 바사리는 감탄에 젖은 목소리로 이렇게 썼다. "충분히 칭송 받지 못한 인체미 뿐만 아니라 그의 모든 행동에는 무한한 품위가 어려 있었다. 그의 천재성은 대단했고 그 확장력 또한 놀라웠다. 그 결과 그는 어떠한 어려움에 직면하더라도 쉽게 해결했다." 나는 이 말에 아주 약간의 수정을 가해 이렇게 말하고 싶다. "그의 천재성과 **호기심**은 대단했고 그 확장력 또한 놀라웠다."

바사리는 이 뛰어난 특징을 서술하면서 놀라울 정도로 많은 분야에서 아주 빠르게 새로운 주제를 습득하는 레오나르도의 능력을 강조했다. "그는 산수의 경우 고작 몇 달 동안 공부한 뒤 큰 발전을 보였다. 자신을 가르치는 스승에게 계속해서 의문을 제기해서 스승을 종종 당황케 했을 것이다. 그는 음악에도 관심을 조금 보이더니 리라 연주법을 금세 익혔으며 선천적으로 고결하고 교양 있는 사람답게 리라 연주에 맞춰 즉석에서 거룩하게 노래를 불렀다.” 이러한 요란스러운 칭찬에 비춰보면, 최근 연구 결과 레오나르도가 수학 분야에서 남긴 기록에서 (예를 들어 근풀이에서) 당혹스러운 실수와 부주의가 발견되었다는 사실이 의아하게 여겨질 수 있다. 게다가 그는 그리스어를 읽을 수 없었으며 라틴어마저 박식한 친구들의 도움을 받아 힘겹게 읽었다. 언뜻 보면 이 두 가지 특징, 즉 새로운 지식을 습득하는 놀라운 능력과 부족한 기초 교육은 완전히 상반되는 것처럼 보인다. 하지만 이 두 가지 사실에서 우리는 최소한 설명의 실마리를 찾을 수 있다. 첫째, 레오나르도가 빈치에서 받은 초기 교육은 다소 기초적인 것이었으며 플로렌스에서 안드레아 델 베로키오 밑에서 공부했을 때에는 과학자나 수학자, 기술자가 아니라 예술가로서 훈련을 받았다. 그는 기초적인 읽기와 쓰기를 배웠으며 그림과 조각 기술, 기하학의 실질적인 규칙, 역학, 금속 세공술에 필요한 실습을 추가적으로 배웠다. 이렇게 보잘 것 없는 교육에서 시작한 레오나르도가 보편적인 인간이라는 르네상스 이상향의 상징으로 부상하리라고는 아무도 예측하지 못했을 것이다. 모든 것을 아우르는 박식함은 독학의 결과이거나 훗날 끊임없는 실험과 관찰을 통해 얻은 성과였다. 레오나르도와 같은 시기에 활동하던 인본주의 학자들은 그가 고전을 잘 모르는 것을 두고 ‘제대로 글을 쓸 줄 모르는 사람’이라든지

'박식하지 않은 사람'이라며 계속해서 업신여겼다. 하지만 레오나르도는 "고대의 작품만 연구하고 자연의 작품은 연구하지 않는 이들은 모든 훌륭한 작가의 어머니인 자연의 친자가 아니라 양자다.[2]"라며 이에 재빨리 응수했다. 그는 계속해서 자신을 비판하는 자들에게 맞서 이렇게 말했다. "나는 그들과는 달라서 다른 작가들의 말을 인용할 수는 없을지 모르지만 훨씬 더 위대하고 고상한 것에 의존할 것이다. 바로 대가들의 정부情婦인 경험이다.[3]" 레오나르도는 두말할 것 없이 전형적인 '경험의 신봉자'였다.

우리는 레오나르도의 교육에 존재하는 상반된 측면을 밝히는 데 도움이 되는 두 번째 단서를 바사리에게서도 얻을 수 있다.[4] 그는 "레오나르도는 수많은 것을 배우려고 노력했다. 그리고 배우기 시작한 뒤에는 그만두었다."라고 말했다 즉, 레오나르도는 모든 학문을 계속해서 연구한 것은 아니었다. 하지만 이는 새로운 궁금증을 낳는다. 레오나르도는 처음에 큰 관심을 보인 주제를 왜 더 이상 연구하지 않았을까? 이는 중요한 질문이기 때문에 나중에 다시 살펴볼 것이다. 레오나르도의 호기심 넘치는 마음을 이해하는 데 도움이 될 것이이다.

레오나르도가 호기심이 많은 사람이었다는 단순한 진술은 천년이라는 시간을 다 담기에는 역부족일 것이다. 1503년에서 1504년 사이 그의 서재에 꽂힌 책의 일부만 해도 116권이 넘는다.[5] 해부학, 의학, 자연사에서 산수, 기하학, 지질학, 천문학을 거쳐 철학, 언어, 문학작품, 심지어 종교적인 논문에 이르기까지 실로 방대한 분야의 주제와 관련된 책이다. 게다가 알다시피 그는 독서보다는 실험을 훨씬 좋아하는 사람이었다. 그의 서재에서 발견된 방대한 주제의 책들에서 영감을 받아 레오나르도를 연구하는 과학 사학자 조르지오 데 산틸라나는 '레오나르도와 그가 읽지 않은 책들'이라는 제목으로 강의를 진행하기도 했다.

레오나르도의 특성 중 가장 독특한 측면은 자연의 비밀을 파헤칠 때 발현되는 침착하고 초인적일 정도로 예리한 관점과 열정적인 미적 감각 간의 뚜렷한 차이다. 물리학자이자 사학자인 파올로 지오비오는 (레오나르도가 사망한 지 불과 8년 후인) 1527년, 과학과 자연 간의 불가피한 연결고리에 대한 레오나르도의 독특한 관점을 소개했다.[6] "레오나르도 다 빈치는…… 그림이라는 학문에 필요한 고귀한 과학과 교양과목을 배우지 않은 이들은 그림을 제대로 그릴 수 없다며 그림이라는 예술에 위대한 빛을 부여했다." 레오나르도의 독특한 접근법을 설명하기 위해 지오비오는 레오나르도가 수행한 수많은 과학 활동을 잇달아 소개한다. "그에게는 광학이라는 과학이 가장 중요했다. …… 그는 의대 재학 시절 범죄자의 시신을 해부했다. 척추 신경의 활동으로부터 영향을 받는 팔다리 관절의 움직임은 자연 법칙에 따라 그려야 하기 때문이다."

지오비오의 글은 레오나르도가 초기 작품에서 자연을 예술 작품의 하인으로 활용했다는 중요한 사실을 제대로 포착하고 있다. 그는 최대한 정확한 예술 작품을 구현하기 위해 자연 세계를 관찰했다. 하지만 훗날 예술은 그의 과학적 연구 과정에서 비굴한 조수가 된다. 그는 자연 현상을 묘사하고 그 원인을 밝히는 데 자신의 타고난 예술 감각을 사용했던 것이다.

바사리보다 20년 앞서, 지오비오 역시 작품을 완수하지 못하거나 일부 프로젝트를 마무리 짓는 데 흥미를 잃는 레오나르도의 습성에 대해 진술한 바 있다. 그는 "레오나르도는 자신이 추구하는 예술의 하위 분야를 자세히 연구했지만 고작 몇 개의 작품만을 완성했다."고 말했다. 작품을 끝마치지 못하는 그의 성향은 아주 유명했다. 레오나르도가 그림을 그리는 대신 광택제를 만드는 다양한 방법에 지나치게 관심을 보인다는 얘기를 들은 교황 레오 10세는 이렇게 불만을 표했다.[7] "아아, 이 사람은 아무것도 하지 않겠구나. 일을 시작하기도 전에 끝을 생각하니."

　　표면적으로 레오나르도에게 그림은 과학 실험이기도 했다. 그림을 그린다는 행위 자체뿐만 아니라 묘사하고자 하는 대상을 정확하게 담는다는 점에 있어서도 그랬다. 이는 호기심을 기르는 연습이기도 했다. 그는 "예술의 과학을 공부해라. 과학의 예술을 공부해라. 보는 법을 배워라.[8]"라고 말했다. 화법의 물리적인 실천이라는 측면에 있어 〈최후의 만찬[9]〉(그림 5) 같은 그림은 실패작이 분명하다. 레오나르도가 살아 있을 당시에조차 벽에 걸리지 않았을 것이다. 하지만 다른 관점에서 보면 이 그림은 대성공이자 걸작이다. 이는 원근법이라는 측면에서, 빛과 그림자의 효과적인 사용이라는 측면에서 모범적인 사례라 할 수 있다. "너희 중의 한 사람이 나를 속여 배반하리라."라는 예수의 말 속에 흐르는 감정의 파동에서 레오나르도가 물 속 파동 전파를 관찰함으로써 얻은 교훈을 발견할 수 있을지도 모른다.

　　하지만 여기에 또 다른 모순이 내제되어 있다. 인간의 가장 미

그림 5

묘한 감정과 분위기를 그토록 섬세하게 포착할 수 있었던 사람이
(〈성 안나와 성모자[10]〉와 유명한 〈모나리자〉도 참고하기 바란다) 개인적
인 감정에 대해서는 거의 아무런 기록도 남기지 않았다는 사실이
다. 그가 남긴 수많은 기록 중에서 그의 감정이 담긴 글은 거의 찾
아볼 수 없다. 외부 세계에 대해 호기심을 느낀 만큼 자신의 내부
세계에 호기심이 있었다 할지라도 이를 남들에게 알리지 않기로
결심한 게 분명하다.

잘 놀라고 호기심 많은[11]

레오나르도가 남긴 수많은 기록과 상세한 설명, 정교한 그림을 이

용해 그의 실질적인 성과와 그가 과학과 기술 분야에 새로이 기여한 바를 평가하기 위한 훌륭한 연구가 수없이 진행되어왔다.[12] 또한 당시에 존재하던 지식을 고려할 때 그의 기여가 얼마나 독창적이었는가[13]를 비판적으로 평가하기 위한 시도도 있었다. 나는 이 연구들만큼이나 솔깃하지만 색다른 질문을 던지고자 한다. '레오나르도의 호기심을 부추기는 것은 무엇이었으며 그것이 레오나르도의 호기심을 부추긴 이유는 무엇인가? 그는 호기심을 만족시키기 위해 무엇을 했을까? 그는 특정한 주제에 대해 어느 시점에 흥미를 잃었을까?'와 같은 질문이다. 나는 그가 과학적인 시도나 예술 및 기술 관련 프로젝트에서 어떠한 성공과 실패를 했는지, 과학의 진보나 예술사에 그가 어느 정도 영향을 미쳤는지보다는 그의 상상을 사로잡은 것, 그의 동기를 유발한 것이 무엇이었으며 그가 이러한 자극에 어떻게 반응했는지가 궁금하다.

레오나르도가 개인적으로 남긴 기록은 이러한 질문에 대한 답을 찾을 수 있는 훌륭한 실마리를 제공해준다. 첫째, 그는 6천 5백 페이지에 달하는 노트와 그림을 남겼다.[14] 하지만 이는 그가 남긴 기록 중 일부에 불과하며 일부 연구자들은 전체 기록이 1만 5천 페이지에 달할 것이라고 예측한다. 레오나르도는 서른다섯 살 무렵에나 기록을 시작했기 때문에 30년 동안 하루 평균 1.5페이지의 기록을 남긴 셈이다! 공들여 그림을 그리고 자신의 생각과 관심사, 고민을 꼼꼼히 적는 일(대부분 왼손을 이용해 오른쪽에서 왼쪽으로 썼기에 좌우가 뒤바뀐 모습이었다)을 레오나르도는 소중한 작업으로 여겼을 것이다. 놀랍게도 레오나르도는 16세기에 가장 많은 그림을 그린 제도가보다도 네 배나 많은 그림을 남겼다. 둘째, 이성적인 사고로 분석하고 기록하는 일에 집착한 것 외에도 그가 남긴 기록의 실제 내용[15]은 해부학, 시각과 광학, 식물학, 지질학, 자연지리학, 새의 비행, 운동과 무게, 물의 성질과 움직임, 평화로운 목적과 전쟁 목적의 말도 안 될 정도로 다양하고 창의적인 발명품에 이르기까지 실로 방대하다. 마지막으로 레오나르도는 과학 및 기술과 관련된 방대한 기록을 현실과 접목해 색과 빛, 음영, 원근법, 화가의 수칙, 조각, 건축 같은 예술적인 사안에 관해 계속해서 기록을 남겼다. 그 결과물은 레오나르도의 그림에 등장하는 일부 요소가 그렇듯 아주 확실한 동시에 불가사의하다.

　레오나르도는 자신의 주위를 둘러싼 복잡한 세상에서 마주치는 거의 **모든 것**에 호기심을 느꼈다. 강박적인 필기와 그림에는 이 모든 것을 이해하고자 한 그의 독특한 시도가 잘 반영되어 있다. 그는 역사나 이론, 경제, 정치에는 별다른 관심을 보이지 않았다(현명한 일이었을 것이다. 그가 살던 시기에는 음해로 악명 높은 잔인한 체사레 보르자[르네상스시대 이탈리아의 전제군주이자 교황군 총사령관-옮긴이]가 집권 중이었기 때문이다). 그럼에도 불구하고 레오나르도는 갈릴레오 갈리레이가 천년 후에나 '자연의 책(자연 자체를 지식과 이해를 위해 읽어야 할 책으로 보는 종교적이고 철학적인 개념-옮긴이)[16]'이라 부른 것을 '읽고' 해독하기 위해 노력했다. 하지만 레오나르도가 읽은 자연의 책은 갈릴레오가 읽은 책보다 훨씬 더 두툼했다. 갈릴레오가 큰 관심을 갖지 않은 해부학과 식물학 같은 복잡한 주제를 담고 있었기 때문이다. 레오나르도가 남긴 대부분의 기록은 청사진용으로 제작된 것도, 구체적인 사업을 실행하기 위한 준비 단계의 스케치나 기술계획서로 제작된 것도 아니었다. 그저 레오나르도의 호기심이 구현된 것뿐이었다. 그는 "자연은 경험으로 표현된 적이 없는 무한한 원인으로 가득 차 있다. ……훌륭한 인간의 자연적인 본능은 지식이다."라고 말했다. 레오나르도의 이 말은 심리학자 헤르만 넌버그가 거의 5천년 후에 한 말[17]을 예견하고 있다. 헤르만 넌버그는 "호기심이라는 희열을 통해 우리는 특정한 지식을 획득할 수 있다. 이는 또 다시 새로운 문제와 새로운 질문을 낳을 수 있다. 따라서 호기심은 **지식을 향한 욕구**라 부를 수도 있을 것이다."라고 말했다.

레오나르도가 남긴 기록들을 보면 과학과 기술, 예술이 레오나르도의 마음속에서 상호의존하고 있다는 사실을 확실히 알 수 있다.[18] '사진은 천 마디 단어만큼이나 가치가 있다'라는 문구는 1911년 신문기사에서 처음 선보인 것으로 여겨지지만[19] 레오나르도는 이미 수세기 전에 이러한 생각을 확실히 표명했다. "사람의 형상을 말로 표현하려할 경우[20] …… 이는 어려워진다. 묘사에 공을 들일수록 독자의 마음은 혼란스러워지며 독자는 묘사하는 대상과 관련된 지식에서 더욱 멀어지기 때문이다. 따라서 그림으로 표현하는 편이 낫다."

하지만 그림의 역할은 말로 표현하기 힘든 주제를 묘사하는 데서 그치지 않는다. 우리는 그림을 보면서 때로는 말 그대로 레오나르도의 호기심이라는 구불구불한 여정을 따라갈 수 있다. 로열 컬렉션에서 소장하고 있는 아래 그림(그림 6)이 훌륭한 예시라

그림 6

하겠다. 레오나르도 연구자 카를로 페드레티[21]는 이 종이 한 장에 '[레오나르도의] 과학적인 호기심과 다재다능한 예술성이 완벽하게' 담겨있을지도 모른다고 말했다.

언뜻 보면 이 종이는 아무런 관련 없는 대상들을 휘갈긴 것에 불과해 보인다. 원, 곡선, 구름, 백합에 우거진 잡초, 나사 압착기, 옷을 걸친 노인, 연못의 물결, 나뭇가지 등 다양한 기하학적인 구조물이 나열되어 있다. 하지만 이것들을 자세히 살펴보면 자욱하게 피어오르는 구름에서 남자의 곱슬머리에 이르기까지 거의 모든 낙서에 기하학적인 곡선이나 곡선형 표면, 혹은 가지치기라는 현상이 담겨 있다. 따라서 레오나르도가 연못의 물결 같은 특정한 현상을 심사숙고하기 시작하면 시각적으로 영감을 받은 그의 마음속에서 해당 문제가 즉시 기하학적인 형태로 치환되었다고 추측할 수 있다. 게다가 그는 종잡을 수 없는 호기심 때문에 이와 비슷한 곡선이나 기하학적인 구조가 보이는 다른 자연 현상을 비롯해 인간이 만든 장치를 부수적으로 떠올렸다. 예를 들어, 이 그림을 확대해 보면 나뭇가지가 노인이 걸친 망토 사이로 보이는 정맥으로 변형되는 모습을 볼 수 있다.

레오나르도가 가지치기 구조[22]를 살펴본 것은 이 그림에서뿐만이 아니다. 그는 강의 지류에서 식물 줄기, 인체의 혈관에 이르기까지 광범위한 분야에서 이러한 구조가 존재하는 것을 파악했다. 그림 6을 그리게 된 어지러울 정도로 복잡한 정신적 여정은 이질적으로 보이는 것들을 관찰한 뒤 이들의 공통적인 특성을 추출하는 과정에서 정점에 달했다. 레오나르도는 "그림은 화가의 마음이 스스로 자연의 마음으로 바뀌어 자연과 예술 사이에 통역가의 역할을 하도록 만든다. 그림은 법칙의 지배를 받는 자연 현상의 원인을 설명해준다."[23]라고 말했다.

레오나르도가 활동하던 당시의 과학적 배경을 고려할 때 이 마지막 문장은 실로 인상적이다. 그는 자연이 특정 법칙을 따른다고 주장하고 있는 것이다! 갈릴레오가 관성의 법칙을 설명하기 약 한 세기 전이자 뉴턴이 운동의 법칙과 중력의 법칙을 구상하기 거의 두 세기 전에 말이다. 레오나르도는 이 법칙이 무엇이었을지도 궁금해 하지 않았을까? 아마 그랬을 것이다. 안타깝게도 그가 활동하던 당시 과학계에서는 아직 논리 정연한 이론을 수립하거나 구체적인 실험이나 관찰을 통해 이 이론을 시험하는 전통이 자리 잡지 못했다. 그래서 레오나르도는 자신이 생각할 수 있는 온갖 질문을 단순히 나열하곤 했다. 끈질길 정도로 호기심 넘치는 마음속에 떠오르는 순서대로 질문을 나열한 뒤 보다 꼼꼼한 관찰을 통해 그 일부만을 살펴보았다. 하지만 그가 발견한 대상 속에는 예술적인 환상과 과학적인 환상이 뒤섞여 있기도 했다. 예를 들어, 물의 흐름을 묘사한 그림[24]은 땋은 머리와 비슷하며 지네브라 데 벤치의 초상[25](그림 7)에서 곱슬머리는 흡사 격렬한 물살처럼 보인다. 다양한 연구를 통해 레오나르도는 두 가지 주요한 사실을 깨달았다. 첫째, 그는 자연 현상의 패턴을 확실히 파악하려면 반복적이고 정량적인 실험과 관찰이 절대적으로 중요하다고 결론지었다. 그는 "증명에 방해가 되거나 증거를 조작할 수 있는 사고가 발생하지 않도록 실험은 수없이 행해져야 한다. 실험은 연구자를 속이든 그렇지 않든 잘못될 수 있기 때문이다."라고 말했다. 이는 레오나르도의 기록에 수많은 반복이 담긴 이유를 부분적으로 설명해준다. 물론 그의 정량적인 측정은 기껏해야 근사치일 뿐이었다. 둘째, 그는 인간의 정신은 수학적 언어를 통해 자연의 법칙을 파악할 수 있다고 추론했다. 레오나르도는 사망하기 전 20년 동안 강물의 흐름에서 빛과 음영, 복잡한 인체 구조에 이르기까지 다양한 현상에 적용될 수 있는 일반적인 기하학 법칙을 파악하는 데 전념했다.

플라톤과 신플라톤주의자의 전철을 밟아, 기하학은 레오나르도가 우주를 설명하고 해석하는 여정에서 등불이 되었다. 물론 이

그림 7

여정은 확실한 실증적 자료에 기반했다기보다는 믿음의 문제였다. 우선 그는 시각적인 절차와 관련된 기하학이 존재한다고 믿었다.[26] 그 다음에는 자연계가 따라야 하는 기하학 법칙이, 최종적으로 수학적 언어 자체의 특징이 존재한다고 생각했다. 레오나르도에게 수학적 언어는 우리가 학교에서 배운 유클리드 기하학을 의미했다. 예를 들어, 빛의 증식과 관련해 레오나르도는 삼각형(그의 용어로는 '피라미드')을 여러 개 그린 뒤 (정량적인 측면에서는 잘못되었지만) 빛의 강도가 광원과의 거리에 따라 반비례적으로 감소한다고, 즉 두 배 멀리 떨어져 있는 광원의 경우 밝기가 절반으로 감소한다고 결론지었다. 실제로 밝기는 역제곱 법칙에 따라 감소한다. 광원에서 두 배 떨어져 있을 경우 밝기는 네 배 어두워지며 광원에서 3배 떨어져 있으면 아홉 배 어두워지는 식이다. 레오나르도는 이와 비슷한 법칙을 자신이 명명한 네 가지 자연의 '힘'인 '운동, 힘, 무게, 충돌'에도 적용했다.

나무 같은 가지치기 구조에 있어 레오나르도는 독특한 법칙을 제안했다. 이 법칙에 따르면 어느 부위든 각 단면적의 총합은 동일해야 한다. 예를 들어, 그는 나무 가장자리에 위치한 가장 작은 가지들의 단면적의 총합은 나무 몸통의 단면적과 동일해야 한다고 추론했다. 이러한 주장을 뒷받침하는 근본적인 사고 자체는 독창적이고 정확했지만(레오나르도는 유입된 것은 유출되어야 한다고 추정했다) 그는 흐름의 속도가 도중에 바뀔 수 있다는 사실을 간과했고 그 결과 그의 법칙은 정확하지 못했다. 하지만 레오나르도의 법칙이 옳았는지, 그가 정확한 법칙을 구상하려고 시도할 만큼 수학에 능했는지 여부가 중요한 게 아니다. 핵심은 그가 법칙들의 기하학적인 표현을 활용했다는 점이다. 게다가 레오나르도는 "수리 과학을 비롯해 수리 과학과 관련된 어떤 것에도 적용할 수 없는 확실성은 없다."고 주장했다. 이 예외적인 통찰력은 갈릴레오의 유명한 격언 "우주를 기록한 문자를 이해하고 언어를 배우지 않고는 [우주]를 이해할 수 없다. 우주는 수학의 언어로[27] 기록되어 있으며 문자는 삼각형과 원을 비롯한 기타 기하학적인 형태다."에 견줄만하다. 하지만 갈릴레오는 수학자였다. 놀랍게도 곡선기하학 조금[28]과 수학자 친구 루카 파치올리에게서 배운 몇 가지 요소를 제외하고는 수학에 약했던 레오나르도는 우주를 조금이라도 확실히 이해하는 유일한 방법은 수학을 통해서라고 생각했던 것이다. 그 결과 그는 이렇게 대담한 글을 남기기도 했다. "수학자가 아닌 자는 내 작품 속의 요소를 읽어서는 안 된다.[29]" 플라톤의 아카데미 문 위에 걸려있던 전설적인 문구 "기하학을 모르는 자는 들어오지 못할지다."를 상기시키는 말이다.

레오나르도가 깨달은 사실 중 하나는 어떠한 법칙이든 공통적인 부분이 존재한다는 거였다. 즉, 그는 세상 전체라는 대우주[30]에서 발현되든, 인체로 대변되는 소우주에서 발현되든, 혹은 인간이 만든 기계를 통해 작동하든 온갖 '힘'에는 동일한 법칙이 적용된다고 생각했다. 그는 "비례는 숫자나 치수에만 존재하는 게 아니라 소리, 무게, 시간, 공간 등 온갖 힘에도 존재한다."라고 기록했으며 뉴턴의 제 3 운동 법칙(두 물체 사이에 작용하는 모든 힘은 크기가 같고 방향이 반대이다-옮긴이)과 동일한 예측을 하며 "사물은 공기가 저항하는 만큼 공기에 저항한다.[31]"고 말했으며 곧이어 "물과의 관계도 마찬가지다."라고 말했다.

일반적인 법칙이나 광범위한 분야에 존재하는 독특한 특징을 찾아내고 이를 구체적인 상황에 적용하고자 하는 열망의 일환으로 레오나르도는 결국 인체에 관심을 보였다. 이 분야에서 토론토대학교 해부학 교수 제임스 플레이페어 맥뮤리[32]는 이렇게 말한다. "해부학에서 새로운 운동을 추진하려는 충동이 예술가에게서 나왔다면, 레오나르도를 발기인으로, 베살리우스[레오나르도가 사망하기 5년 전에 태어난 해부학자 안드레아스 베살리우스]를 위대한 주인공으로 인정할 수 있을 것이다."

내 모든 마음이 나에게 열려있다[33]

인간의 심장이 작동하는 방식을 끈질기게 연구한 것[34]은 레오나르도의 열정적인 호기심이 가장 잘 반영된 예일 것이다. 인류는 고대부터 수수께끼와도 같은 이 가슴 속의 끊임없는 고동에 매료되어 왔다. 하지만 중국에서 이미 기원전 2세기에 부분적으로만 맞지만 심장을 피를 순환시키는 펌프로 여긴 것과는 달리, 서양에서는 오랫동안 이 사상이 보편적인 이론으로 자리 잡지 못했다. 서양의 경우 16세기까지도 2세기에 활동한 그리스 물리학자 갈레노스의 가르침이 지배적이었다. 갈레노스는 심장을 펌프가 아니라 내부 열을 발생시킴으로써 신체에 활력을 불어넣는 난로로 생각했다.[35] 아이러니하게도 갈레노스는 원숭이, 돼지, 개를 해부함으로써 해부학적 관찰을 시도한 상당히 호기심 있는 사람이었음에도 불구하고 그의 추종자들은 상당수가 천 년이 넘는 시간 동안 그의 결론을 맹목적으로 받아들였다. 아리스토텔레스식 사고방식이 자연과학보다 우세했던 것처럼 당시에는 프톨레마이오스의 천동설(지구가 우주의 중심으로 고정되어 있어서 움직이지 않으며, 지구의 둘레를 달·태양·행성들이 각기 고유의 천구를 타고 공전한다고 하는 우주관–옮긴이) 역시 아무런 의심 없이 받아들여졌으며 해부학에서는 갈레노스의 이론이 신성시되었다. 중세에는 호기심이 얼어붙은 것만 같았다. 하지만 레오나르도는 갈레노스의 조언을 마음에 새겨 "우리는 과감하게 진리를 탐구해야 한다. 진리를 찾지 못한다 할지라도 최소한 현재보다는 진리에 가까워질 것이다."라고 말했다.

갈레노스의 주장에 따르면, 심장은 팽창하면서 폐에서 공기를 들이마신다. 그 결과 공기는 좌심실로 들어가고 좌심실에서 피와 섞여 '내부 열'에 의해 '생명의 영'을 생산한다. 심장이 수축하면 피와 생명의 영은 동맥을 통해 빠져나가고 온갖 조직에 도달해 '생명을 불어넣는다.'

레오나르도가 심장에 보인 관심은 실로 대단했다. 그가 남긴 기록 중 심장에 대한 기록이 그 어떤 기관에 관한 기록보다도 많은 것도 그 이유다(그림 8은 황소의 것으로 보이는 심장 그림 두 개다). 안타깝게도 그조차도 갈레노스의 사고방식에서 완전히 벗어나지는 못했다. 레오나르도는 주로 10세기에 활동한 박식한 페르시아인 이븐 시나(라틴명으로는 '아비센나')와 13세기 이탈리아 의사 몬디노 데 루치의 작품을 통해 갈레노스의 사고를 접했다.

레오나르도가 이븐 시나의 『The Cannon of Medicine(의학의 근본원리)』와 데 루치의 『The Anatomy of Human Body(인체의 구조)』를 자체 실험을 위한 시작점으로 삼은 건 다소 안타까운 일이다. 일부 사례에서 이 옛 문서를 부분적으로나마 고수함으로써 잘못된 방향으로 향하고 말았으며 불필요한 실수를 하게 되었기 때문이다. 그럼에도 불구하고 자체적으로 꼼꼼한 조사와 실험을 통해 레오나르도는 '내부 열'이나 '자연의 영과 동물의 영' 같은 갈레노스의 애매모호한 개념을 대부분 정정할 수 있었다. 그는 이 개념들을 표준적인 유체의 운동과 관련된 물리적인 현상으로 대체했다. 레오나르도는 "심장은 본질적으로 생명의 시작이 아니다.

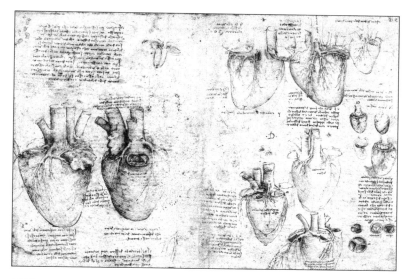

그림 8

심장은 다른 근육들처럼 동맥과 정맥에 의해 생명을 얻고 영양을
공급받는, 두꺼운 근육으로 만들어진 그릇이다."라고 주장했다.

　레오나르도는 이 단순하지만 기본적인 이해를 바탕으로 갈레
노스가 언급조차 하지 않았던 심장 부위, 특히 심방을 발견하기에
이르렀다. 심방이 심실로 혈액을 보내는 수축실이라는 그의 진단
은 정확했다. 관련된 기초 물리 과정을 바탕으로 그는 생명의 특
징인 열은 피가 들어오고 나가면서 생기는 마찰에 의해 발생한다
고 생각했다. 레오나르도는 이 개념을 바탕으로 "심장의 고동으로
움직이는 과열된 맥박을 보면 알 수 있듯, 심장이 빠르게 움직일
수록 열이 올라간다."며 맥박이 빠르게 뛰면 몸에서 열이 나는 이

유를 설명했다.

탐구 정신에 입각한 레오나르도는 창의적인 실험과 세심한 관찰을 통해 다양한 심장 부위의 기능을 해독했다. 그는 독창적이게도 대동맥은 유리 모형[36]으로, 심실은 신축성 있는 자루로 표현하기도 했다. 또한 혈액의 흐름을 파악하기 위해 강물의 흐름을 조사했던 방식과 동일한 방식으로 액체 내에서 씨앗의 움직임을 관찰했다.

레오나르도가 혈액 순환의 전체적인 개념과 기제[37]를 이해하고 파악하는 데 궁극적으로 방해가 된 것은 살아 있는 사람의 가슴을 해부한 것을 한 번도 보지 못했다는 사실일 것이다. 그 결과 그는 놀라운 기계라 여긴 인간의 심장이 뛰는 상태를 직접 볼 수 없었다. 순환 체계를 종합적으로 이해한 인물은 그로부터 한 세기가 훌쩍 넘은 뒤 등장한 영국 의사 윌리엄 하비였다. 하지만 레오나르도가 집요한 탐구를 통해 달성한 성과는 실로 놀라웠다. 그는 생명의 과정을 묘사하는 갈레노스의 부자연스러운 설명들을 거의 전부 없앤 뒤 생명 자체를 일반적인 물리법칙의 영역 내에 위치시켰다. 그의 명확하고 예지력 있는 판단은 곧 이어질 과학적 자각의 서막이었다. "자연이 동물 안에 창조한 운동의 힘을 다루는 이 책에서 나는 자연이 기계 장치 없이 동물에 운동의 힘을 줄 수 없는 이유를 설명했다. 그리하여 나는 자연의 네 가지 힘[38]이라는 법칙을 만들어냈다."

즉, 레오나르도는 갈레노스, 이븐 시나, 데 루치의 글에 만연한 불가사의한 검은색 담즙, 정신력, 영혼을 '운동, 무게, 힘, 충돌'이라는 물리적인 힘이자 역학의 구성요소로 치환했다. 그는 이 기계적인 개념을 이용해 생리학적인 절차를 밝히기도 했다. 예를 들어 그는 맥박을 이렇게 묘사했다. "[혈관]이 지나치게 많은 혈액을 받을 경우 팽창이 일어나며 지나치게 많은 혈액을 내보낼 때 수축이 일어난다."

그가 활용한 방법 중 상당수가 현대적인 기준에서는 비과학적으로 여겨질지도 모른다. 그럼에도 불구하고 초자연적인 결과가 아니라 물리적인 법칙으로 현상을 설명[39]하려고 노력했다는 측면에서 레오나르도의 사고방식은 과학 연구에서 급성장하던 현대적인 사고방식을 대변했다 할 수 있다. 관찰에 기초한 그의 경험적인 탐구 방식은 결국 갈릴레오, 뉴턴, 마이클 패러데이, 다윈 같은 호기심 넘치는 과학자와 존 로크 같은 경험주의 철학자들로 이어졌다. 지식이란 신성한 힘에 의해 마음에 심어지는 것이 아니라 감각을 이용한 인식과 이성적인 사고를 통해 획득하는 것이라고 주장한 이들이었다.

나는 호기심 넘치는 아이를 보았다[40]

그렇다면 레오나르도가 그보다 앞서 등장한 해부학자, 수력학자, 식물학자, 기술전문가와 다른 점은 무엇일까? 예술가로 훈련받은 그가 과학적으로, 기술적으로 위대한 발견을 할 수 있었던 이유는 무엇일까? (그의 발견은 잘못된 경우도 있었지만 동시대 전문가들이 발견한 것보다 때로는 훨씬 더 앞서 나가기도 했다) 사실 당시에 활동하던 다른 과학자나 예술가도 마음만 먹으면 해부학 연구에 쉽게 참여할 수 있었다. 위 질문들에 대한 답은 시시해보일 정도로 아주 단순하다. 레오나르도는 권위자의 진술에 의존하기보다는 직접 관찰함으로써 지칠 줄 모르는 호기심을 스스로 채우려 했다는 것이다. 레오나르도와 당대에 활동하던 다른 인물들과의 주요한 차이점은 특정한 조사 방법이나 구체적인 탐구 방법이 아니었다. 그것은 바로 레오나르도는 거의 모든 자연 현상을 흥미롭게 바라보았으며 연구할 만한 가치가 있는 대상으로 여겼다는 점이다.

자신의 관찰이 당시에 지배적인 생각과 상충할 경우 그는 어떻게 했을까? 레오나르도는 "그럴 경우 기존의 이론을 수정하거나 철저히 무시해야 한다."라는 확실한 답을 제시했다. 그는 "사람들은 부당하게도 아무 죄 없는 경험을 탓하며 경험은 기만적이고 그릇된 결과라고 비난한다. ……경험은 잘못이 없다. 경험이 어찌할 수 없는 것을 경험하게 만든 우리의 판단력이 잘못된 것뿐이다![41]"라고 말했다.

해부학이라는 분야를 예로 들어 보자. 중세의 많은 해부학자들에게 해부는 이븐 시나의 가르침을 입증하는 방법일 뿐이었지만 레오나르도에게 해부는 직접 관찰하고 증명을 할 수 있는 수단이었다. 역학 분야 역시 마찬가지다. 레오나르도의 초창기 기록에는 영구 운동 기계에 관한 당시의 지배적인 생각이 담겨 있지만 1494년, 직접 실험한 결과를 바탕으로 그는 최소한 일부 설계는 제대로 작동하지 않을 거라고 확신했다. "오! 영구 운동에 관한 투기꾼이여, 당신들은 이 같은 탐구를 통해 얼마나 많은 키메라 (사자의 머리에 염소 몸통에 뱀 꼬리를 단 그리스 신화 속 괴물-옮긴이)를 탄생시켰는지. 금을 찾는 사람들이랑 함께 하지 그러는가!⁴²"

앞서 언급했다시피 레오나르도에게는 특별히 주목할 만한 개인적인 특징이 몇 가지 존재한다. 첫째, 그에게는 은둔적인 모습과 이와는 정반대로 집착적일 정도로 모든 개념을 기록하는 모습(결국 다른 사람들이 자신의 기록을 읽을 거라고 생각했을 것이다)이 있다. 그가 좌우가 뒤바뀌게 글을 쓴 이유가 사람들이 자신의 노트를 읽기 힘들게 만들기 위해서라는 추측이 있다. 곧 살펴보겠지만 이는 사실이 아닐 수 있다.

둘째, 자연 세계를 냉철하게 분석하는 예리한 레오나르도와 이와는 반대로 아주 미묘한 인간의 감정을 로맨틱하게 그리는 부드러운 화가로서의 레오나르도가 존재한다. 작품에서 그가 자신의 감정적인 측면을 글로 남긴 적은 딱 한 번뿐이다(그림을 통해 정기적으로 감정을 표현한 것과는 대조적이다). 산으로 떠난 여행에 관해 그는 이렇게 기록했다.

어둑어둑한 바위 사이를 조금 돌아다니다가 커다란 동굴 입구에 다다랐다.⁴³ 거기 잠시 서서 동굴 속 모습에 혀를 내두르며 어리둥절해 했다. 나는 허리를 굽혀 왼손으로 무릎을 짚었고 오른손은 힘없이 찌푸린 눈썹에 갖다 댔다. 동굴 안에서 무언가를 발견할 수 있을까 싶어 이리저리 몸을 굽혀봤지만 동굴 안의 깊은 어둠 때문에 아무 것도 보이지 않았다. 한 동안 그곳에 있다 보니 두 개의 상반된 감정이 내 안에 솟아났다. 두려움과 욕망이었다. 위협적이고 어두운 동굴을 향한 두려움, 그리고 그 안에 무언가 경이로운 것이 있는지 살펴보고 싶은 욕망이었다.

4장에서 살펴보겠지만 레오나르도는 자신도 모르는 사이에 호기심의 특성 중 하나를 포착한 것이다. 흥분과 공포라는 상반되는 감정의 조합이다. 어느 시점까지는 특정 주제에 대한 불확실성이 호기심을 부추긴다. 하지만 그 시점이 지나면 불확실성은 너무 강렬해져 불안과 심지어 공포까지 낳을 수 있는 것이다.

아직 탐구되지 않은 영역에서 새로운 것을 발견하고자 하는 레오나르도의 열정을 보면 아주 명석했지만 사회성은 부족했던 또 다른 천재 아이작 뉴턴의 모습이 떠오르기도 한다. 뉴턴은 사망하기 직전 이렇게 말했다. "세상 사람들이 나를 어떻게 바라볼지 모르겠다. 하지만 내가 보기에 나는 해안가에서 놀고 있는 소년일 뿐이다. 내가 매끄러운 조약돌이나 예쁜 조개껍질을 찾아 이리저리 돌아다니는 동안 진실이라는 거대한 대양은 밝혀지지 않은 채로 내 앞에 놓여 있다." 왕성한 호기심을 자랑하던 또 다른 유명인 아인슈타인은 "인류와는 별개로 존재하며 우리 앞에 거대하고 영원한 수수께끼처럼 서 있는 이 광활한 세상을 탐구와 사고를 통해 우리는 조금이나마 이해할 수 있다.[44]"고 말했다.

셋째, 레오나르도는 연구나 수행을 위해 새로운 프로젝트에 착수하는 데 열정적이었지만 이를 끝마치는 경우는 드물었다. 이 정반대의 성향을 우리는 어떻게 설명할 수 있을까? 이는 그의 탐욕스러운 호기심과 조금이라도 관련이 있을까?

흥미롭게도 한 가지 특징의 양 끝단이 한꺼번에 발현된 것은 한 극단에서 다른 극단으로 이동할 수 있는 그의 비범한 능력 덕분이다. 칙센트미하이의 주장에 따르면 이는 창의적인 사람을 그렇지 않은 사람과 구분 짓는 주요한 특징이다. 그는 이 성향을 '복잡성'이라 부른다. [45] 그의 말에 따르면 "[창의적인 사람]은 '한 개인'이 아니라 '다수의 사람'이다." 이 '복잡성'을 자세히 설명하기 위해 칙센트미하이는 창의적인 사람들에게서 역설적으로 관찰되는 상반되는 특성을 나열한다. 여기에는 왕성한 물리적 활동과 자주 찾아오는 휴식 및 조용한 시간, 책임감과 무책임감, 상상력과 환상을 오가는 능력과 예리한 현실감각, 외향적인 성향과 내향적인 성향, '여성적'이라고 분류되는 태도와 '남성적'이라고 분류되는 태도의 드문 조합인 '심리학적인 양성성' 등이 있다.

레오나르도의 성향과 완벽하게 맞아떨어지는 특징들이다. 마지막 특성과 관련해 지그문트 프로이트를 비롯한 수많은 연구자는 비록 잠복 상태이기는 했지만 레오나르도가 양성애자라고 생각했다.[46] 그는 유아기 시절 강한 성욕을 보였으나 성인이 되어서는 무성성을 보이는 등 극단적인 변화를 겪는 것처럼 보이기도 했다. 위와 같은 상반되는 특성이 그의 성향과 정확히 맞아 떨어지는 것은 놀랄 일도 아니다. 그는 확실히 호기심이 넘치는 사람이었기 때문이다. 그렇다면 호기심 있는 것과 창의적인 것은 동일하다는 의미일까? 사람들은 보통 이 두 가지 특성을 혼동하지만 이 둘이 똑같은 것은 아니다. 창의적인 사람은 자신만의 사고방식이나 활동으로 기존 주류 문화에 큰 변화를 가져오거나 새로운 주류를 생산하는 사람이다. 그저 호기심이 있는 것만으로는 창의적일 수 없다. 하지만 호기심은 창의적이 되기 위한 필수 조건처럼 보인다. 칙센트미하이는 자신이 인터뷰하거나 관찰한 창의적인 사람들 거의 모두가 왕성한 호기심을 보였다고 했다.

다윈과 관련된 흥미로운 일화는 창의적인 사람들에게서 나타나는 호기심의 힘을 잘 보여준다. 다윈은 1828년 캠브리지에 도착했을 때 딱정벌레의 열렬한 수집가였다. 그는 죽은 나무의 껍질을 벗긴 후 딱정벌레 두 마리를 발견해 양손으로 한 마리씩 잡았다. 바로 그 때 희귀종인 십자가 딱정벌레가 눈에 띄었다. 한 마리라도 놓치고 싶지 않았던 그는 희귀종을 잡기 위해 한 손에 들고 있던 딱정벌레를 입에 넣었다. 이 모험은 좋지 않은 결과를 가져왔다. 다윈의 입에 들어간 딱정벌레는 자극적인 화학물질을 분비했고 그는 결국 딱정벌레를 뱉어야 했다. 그리고 그 결과 세 마리 딱정벌레를 모두 잃고 말았다. 안타까운 이야기이기는 하지만 이 에피소드는 호기심의 거부할 수 없는 매력을 잘 보여준다.

레오나르도에게서 목격되는 특성에는 또 다른 흥미로운 부분이 존재한다. 아래의 '증상' 목록을 잘 살펴보자.[47]

· 쉽게 주위가 산만해지고 잘 잊으며 금세 한 가지 활동에서 다른 활동으로 넘어간다.
· 한 가지 일에 집중하지 못한다.

- 무언가 즐거운 일을 하지 않는 한, 금세 해당 업무에 싫증을 낸다.
- 임무를 조직해 끝마치거나 새로운 것을 배우는 데 집중하지 못한다.
- 주어진 과제를 완수하거나 제출하는 데 어려움이 있다.
- 계속해서 이리저리 돌아다니며 눈에 보이는 것마다 건드리거나 '만지작거린다.'
- 끊임없이 움직인다.

전부는 아닐지라도 어느 정도 레오나르도에게서 목격되는 특징이라 할 수 있겠다. 하지만 이는 ADHD를 진단할 때 사용하는 목록 중 일부다. 레오나르도의 오락가락하는 호기심과 프로젝트를 완수하지 못하는 성향은 그가 ADHD를 앓고 있다는 사실을 의미할까? 아니면 이는 그저 인터넷 검색으로 찾은 명백한 증상을 바탕으로 진단을 내리는 사이버콘드리아(인터넷 공간을 뜻하는 사이버^{cyber}와 건강염려증을 뜻하는 히포콘드리아^{hypochondria}의 합성어로 인터넷상의 잘못된 의학 및 건강 정보만 믿고 부정확한 자가 진단을 하는 것-옮긴이)의 또 다른 사례일 뿐일까? ADHD와 천재적인 창의력 간에는 알려진 혹은 추정되는 상관관계가 존재할까?

거의 5백 년 전에 사망한 사람에 대해 정확한 진단을 내리기는 쉽지 않을 것이다. 나 역시 성격 분석 전문가인 척하지는 않겠다. 하지만 나는 이 마지막 질문에 강한 호기심을 느껴 전문가 몇 명과 얘기를 나누어보았다. 특히 ADHD를 앓고 있는 사람이 레오나르도가 그랬던 것처럼 특정 주제에 비교적 오랜 시간 집중할 수 있을지 궁금했다.

"당연하죠." 킹스칼리지런던에서 ADHD를 연구하는 조나 쿤트시[48]는 이렇게 말했다. "ADHD가 있는 어른은 무언가에 정말로 흥미를 느낄 경우 해당 대상에 집중할 수 있습니다. 사실 ADHD 장애가 있는 아이조차 좋아하는 컴퓨터 게임을 할 경우 집중력이 상당히 높아지죠." 쿤트시는 ADHD를 앓고 있는 사람은 이 특징을 유용하게 활용할 수 있다고 말했다. 런던 올림픽 경기에서 메달을 거머쥔 체조선수 루이스 스미스가 대표적인 예다. ADHD를 앓고 있던 그는 자신의 병과 엄격한 훈련 요법을 결합한 결과 승리를 거머쥘 수 있었다.

뉴욕 어린이 정신 기관에서 일하는 신경학자인 미카엘 밀햄[49] 역시 쿤트시의 의견에 동의한다. "ADHD는 지능이 뛰어난 사람이 '독창적으로' 생각할 수 있도록 해줍니다."

그렇다면 호기심과 ADHD 간에는 알려진 상관관계가 존재할까? 쿤트시는 과잉행동–충동성과 독창적인 것을 추구하는 성향(일반적 호기심의 주요 징후 중 하나)이 관계가 있다는 사실을 입증하는 일련의 연구를 보여주었다. 즉, 주의가 산만한 것은 호기심이 과다 발현된 것으로 볼 수 있는 것이다. 이러한 상관관계에 존재하는 이론적–생리학적인 근거는 무엇일까? 쿤트시와 밀햄 둘 다 ADHD가 신경 전달물질인 도파민의 양[50]과 관련 있다는 사실을 입증하는 연구 결과가 꽤 많다고 말했다. 도파민은 신경 세포 간에 신호를 전송하는 화학물질로 뇌의 보상 체계에서 주요한 역할을 담당하고 있다. 따라서 정말로 그러한 상관관계가 존재한다면 호기심과 보상이 상호 연결되어 있다고 생각할 수 있을 것이다. 이러한 연결고리를 입증하는 연구 결과가 존재할까? 5장과 6장에서 살펴보겠지만 당연히 존재한다. 5장과 6장에서는 호기심의 각성뿐만 아니라 이를 만족시키는 행위와 관련된 뇌의 처리 과정에 대해서도 구체적으로 살펴볼 것이다.

이제 레오나르도와 그의 호기심으로 돌아가 보자. 그는 계속해서 호기심을 느끼는 한, 해당 주제에 집착했지만 이는 그리 오래가지 못했던 것처럼 보인다. 특정 주제를 향한 호기심이 사그라지고 나면 계속해서 살펴봐야 할 필요성을 느끼지 못했던 것이다. 레오나르도는 ADHD를 앓고 있었을까? 아무도 이에 대해 답할 수는 없겠지만 쿤트시와 밀햄은 이 질문을 가볍게 웃어넘기지 않는다. 브래들리 콜린스[51]가 『레오나르도, 정신분석, 예술사Leonardo, Psychoanalysis, and Art History』에서 언급했듯 "정신분석학적인 주장은 진실해야 할뿐만 아니라 적절해야 한다는 이중 부담을 져야 한다." 나는 레오나르도가 특정 형태의 주의력 결핍 장애를 앓고 있었는지를 묻는 질문은 적절하다고 본다. 하지만 그가 정말로 이 병을 앓고 있었다고 감히 주장하지는 않을 것이다. 자제하는 행동에서 충동적인 행동에 이르는 스펙트럼 상에서 ADHD는 독창성을 추구하는 극단적인 징후(레오나르도에게서 확실히 발견되는 특징)로 볼 수 있을 것이다.

폴란드계 미국인 수학자 마크 칵은 자서전에서 두 가지 종류의 천재를 다음과 같이 구분 짓는다. [52]

인간의 활동과 관련된 다른 분야에서처럼 과학에서도 두 가지 종류의 천재가 존재한다. '평범한' 천재와 '마술사' 천재다. 평범한 천재는 당신이나 나도 될 수 있다. 다른 사람보다 몇 배 뛰어나기만 하면 된다. 평범한 천재의 정신이 작동하는 과정은 전혀 신비롭지 않다. 그가 하는 일만 이해한다면 우리도 그 일을 할 수 있다. 마술사 천재는 이와는 다르다. 그들은 수학 전문 용어를 빌리자면 우리와 직교여공간(어떤 부분 공간과 직교하는 최대 부분 공간−옮긴이)에 놓여 있으며 그들의 정신이 작동하는 과정은 그 내용과 목적을 전혀 이해할 수 없다. 그들이 하는 일을 이해한다 할지라도 그 과정은 전혀 알 수 없다. 그들은 모방할 수 없기에 제자를 두는 일이 거의 없으며 똑똑한 젊은이들에게 마술사의 정신이 작동하는 신비로운 방식을 감당하는 일은 상당히 끔찍한 일일 것이다.

칵이 이 흥미로운 글을 썼을 당시 레오나르도를 염두했을 거라 생각할 것이다. 하지만 그가 묘사하고 있는 대상은 리처드 파인만이었다. 칵에게 리처드 파인만은 '뛰어난 마술사'였다.

3장

호기심 많은
또 다른 인물
: 리쳐드 파인만

리처드 파인만이 프린스턴대학원에서 물리학을 공부할 당시 심리학에 관한 한 기사가 그의 관심을 사로잡았다. 저자는 우리의 뇌에 존재하는 '시간 감각'은 철을 수반하는 화학 반응에 따라 어느 정도 결정된다고 주장했다. 파인만은 이 글을 보자마자 '헛소리'에 불과하다고 판단했다.[1] 추론 과정이 애매모호할 뿐만 아니라 지나치게 많은 절차가 관여되어 있어 모두 잘못된 가설일 확률이 높았다. 하지만 그는 시간에 대한 인식을 제어하는 것이 정말로 무엇일까라는 질문에 강한 호기심을 느껴 당시 연구 주제와 아무런 관련이 없는데도 불구하고 자체 조사에 착수했다.

그는 일반적으로 비교적 일정한 속도로 머릿속에서 셈을 할 수 있다는 사실을 입증했다. 그러고 난 뒤 이 속도에 영향을 미치는 요소를 생각해 보았다. 처음에는 심장박동의 속도가 이와 관련 있다고 생각했다. 하지만 계단을 오르내리며(그럼으로써 심장박동수를 증가시키며) 실험을 계속한 뒤, 심장박동의 속도는 셈을 하는 속도에 아무런 영향을 미치지 않는다고 확신했다. 그래서 빨래를 준비하고 신문을 읽는 동안 셈을 해보려고 했다. 하지만 이러한 활동 역시 셈을 하는 속도에 영향을 미치는 것 같지는 않았다. 결국 그는 셈을 하면서 절대로 할 수 없는 것이 단 한 가지 있다는 사실을 깨달았다. 말하는 거였다. 그는 셈을 하는 과정을 스스로에게 말하고 있었기 때문이었다. 한편 그는 이 문제를 논의한 동료의 경우 다른 방법으로 셈을 하고 있는 사실을 알게 되었다. 동료는 숫자가 쓰인 움직이는 테이프를 머릿속에서 심상화하고 있었다. 그는 셈을 하는 동안 읽을 수는 없었지만 말을 하는 데에는 어려움이 없었다. 이 작은 실험을 통해 파인만은 혼자서 셈을 하는 단순한 행위에서조차 사람마다 뇌에서 전혀 다른 절차가 수반될 수 있다고 결론 내렸다. 그의 경우 셈은 '말하는' 행위였지만 동료의 경우 '보는' 행위였다.

궁금해 할 독자를 위해 결론을 말하면, 시간의 흐름이나 신체 내부 시계를 기록하는 일을 전담하는 뇌 부위는 아직 알려진 바가 없다. 시간의 인식이나 우리에게 익숙한 시차를 통제하는 체계는 대뇌 피질, 소뇌, 기저핵 등 뇌의 여러 곳에 분포되어 있으며, 간이나 췌장을 비롯한 온갖 장기의 유전자는 신체의 다양한 부분과 얽혀 있다. 그래서 대표적인 신경퇴행성 질환 중의 하나인 파킨슨병을 앓고 있는 사람의 경우 시간의 흐름을 잘못 판단하는 경향이 있다.[2] 이 주제는 아직까지도 활발한 연구 대상이다.

흥미를 느끼는 현상을 전부 탐구하고 싶어 하는 성향은 파인만의 일생 동안 지속되었다. 전자기와 빛을 다룬 양자론, 마찰 없는 액체헬륨의 독특한 특성을 설명한 초유동성 이론, 일부 방사성

붕괴를 일으키는 약한 핵력의 발견에 지대한 공헌을 한 것 외에도 그는 평범해 보이는 일상의 수수께끼에 대한 답을 찾기 위해 끊임없이 노력했다. 그의 호기심 넘치는 마음은 자신이 해결하려고 한 문제만 우선시하지는 않았다. 하루는 (최고의 물리학자들도 여전히 고군분투중인 난제인) 양자 중력이론을 찾기 위해 고심했으며 다른 날에는 종이를 접어 플렉사곤[3]이라는 다각형 모양의 장난감을 만들기도 했다. 레오나르도와 마찬가지로 파인만은 바람의 작용에 의해 바다의 표면에 이는 물결이나 광이 나는 표면에서 발생하는 마찰에 흥미를 느꼈다. 그는 컴퓨터 과학[4] 분야 정보와 엔트로피(무질서나 무작위성을 측정하는 수단) 같은 최첨단 개념뿐만 아니라 특정한 크리스탈의 탄성이라는 평범한 주제도 연구했다. 독창적인 방식으로 접근하는 한 그에게는 사소하거나 지루한 대상이 없었다. 파인만이 '물리학계의 셜록 홈즈'라 불리는 이유다. 그는 자신만이 볼 수 있는 단서를 활용해 우주의 크고 작은 수수께끼를 해결했다.

파인만이 과학에만 호기심을 느낀 것은 아니었다. 예술과 과학 간의 차이에 대해 예술가 친구 지라이르 '제리' 조시안과 몇 차례 논쟁을 펼친 후 그는 매주 일요일 돌아가면서 서로에게 물리학 수업과 그림 수업을 해주면 좋겠다고 판단했다. 어떻게 이러한 결정에 이르게 되었는지에 관해 조시안은 이렇게 말한다. 그는 어느 날 아침 일찍, 파인만이 자신을 찾아와서는 이렇게 말했다고 한다. "제리, 나한테 좋은 생각이 있네. 자네는 물리학에 대해 쥐뿔도 모르고 나 역시 예술에 대해서는 젬병 아닌가. 하지만 우리 둘

다 레오나르도 다 빈치를 존경하지. 내가 이번 주 일요일에 자네에게 물리학을 가르쳐주고 다음 주 일요일에는 자네가 나에게 예술을 가르쳐주면 어떠한가? 우리 둘 다 레오나르도 다 빈치가 되는 걸세.[5]” 훗날 파인만은 그림을 배우고자 했던 주요 동기에 대해 이렇게 설명했다. “나는 이 세상의 아름다움에 대해 내가 느끼는 감정을 표현하고 싶었다. ……이는 경외심이었다. 과학적인 경외심. 나는 그림을 통해 나와 같은 감정을 느끼는 누군가와 이 감정을 나눌 수 있을 거라 생각했다.[6]”

예술 감각이라는 정반대의 관점으로 현상을 바라보고자 하는 그의 바람은 “그림은 화가의 마음이 자연의 마음으로 바뀌어 자연과 예술 사이에 통역가의 역할을 하도록 만든다.[7]”라는 레오나르도의 말 속에 담겨있던 감정과 사실상 동일하다 하겠다.

예술은 나이고 과학은 우리인가?[8]

매주 일요일 이렇게 서로에게 그림과 물리학을 여러 차례 가르친 뒤 파인만은 최소한 조금이라도 진전이 있었지만 조시안은 그렇지 않다는 것이 확연해졌다. 파인만은 당시의 상황을 이렇게 기록했다. “나는 예술가로 하여금 내가 자연에 대해 느끼는 감정을 이해시켜 그가 이를 묘사할 수 있도록 만든다는 생각을 포기했다. 이제부터 혼자서 그리는 법을 배우기 위해 두 배나 노력해야 할 것 같다.[9]” 파인만이 그린 최초의 그림은 캘리포니아 공과대학교에서 열린 소규모 미술 전시회에서 팔리기까지 했다. 〈태양의 자기장The Magnetic Field of the Sun〉이라는 다소 과학적인 이름이 붙은 그림이었다. 그는 그림을 그린 과정을 이렇게 설명했다. "나는 태양의 자기장이 화염[태양의 홍염]을 붙들고 있는 방식을 알았으며 자기장선(소녀의 물결치는 머리와 비슷했다)을 그리는 일부 기법을 개발한 상태였다." 정말 흥미롭지 않은가? 레오나르도는 요동치는 물의 흐름을 닮은 머리처럼 표현했으며 파인만은 태양의 자기장을 물결치는 머리처럼 그렸던 것이다!

파인만은 레오나르도와 마찬가지로 과학적인 설명과 자연 현상의 맥락을 이해한다고 해서 감정적인 효과가 줄어드는 것은 아니라고 확신했다. 그는 과학을 이해할 경우 오히려 감정이 더욱 풍부해진다고 주장했다. 그는 계속해서 이 사안에 집착해 19세기 영국 낭만파 시인 존 키츠가 쓴 과학을 폄하하는 글을 가리키며 "시인은 과학이 가스 원자 덩어리에 불과한 별의 아름다움을 앗아간다고 한다.[10]"라고 말했다. 존 키츠는 장편 시 〈라미아〉[11]에서 이렇게 노래했다.

철학(이때 철학은 자연철학, 즉 과학이다.-옮긴이)은
천사의 날개를 끊고
모든 신비를 법칙과 선으로 점령하며
음침한 공기와, 동굴 속 도깨비를 몰아내고
무지개를 풀어헤친다.

그림 9

이 시에서 알 수 있듯 키츠는 순진하게도 과학이 호기심을 죽인다고 비난했다. 그와 동시대에 활동한 신비주의 시인 윌리엄 블레이크 역시 마찬가지였다. 그는 "예술은 삶의 나무이며 과학은 죽음의 나무다.[12]"라고 말하며 이를 시각적으로도 표현했다. 펜과 잉크, 수채화 물감으로 표현한 〈뉴턴(그림 9)〉이라는 그림에서 블레이크는 뉴턴이 나침반을 들고 있는 모습을 담았다. 그에게 나침반(그는 〈옛적부터 항상 계신 이〉라는 동판화 수채화에서 신을 묘사할 때에도 나침반을 이용했다)은 상상력을 제한하는 도구를 상징했다. 그림 속에서 뉴턴은 과학 도표에 흠뻑 빠져 자신의 뒤에 놓인 아름다운 바위는 안중에도 없는 모습이다. 블레이크는 창의적이고 예술적인 세상을 상징화하기 위해 바위를 그려넣었을 것이다.

파인만은 이 주장에 전혀 동의하지 않는다. 그는 이렇게 말했다. "나 역시 어둠이 내려앉은 사막에서 별을 볼 수 있고 느낄 수 있다. 하지만 나는 더 많이 보는 것인가, 더 적게 보는 것인가? 하늘의 방대함은 내 상상력을 넘어선다. 이 회전목마[자전하는 지구]에 갇혀 있는 내 작은 눈은 백만 광년 된 빛[백만 광년 떨어진 거리에서 우리에게 도달한 빛]을 볼 수 있다. 나를 이루는 이 거대한 양식, 나를 구성하는 물질은 모두의 기억에서 사라진 어떤 별에서 뿜어져 나왔을지도 모른다. ……양식은 무엇이며 그 의미나 **이유**는 무엇인가? 수수께끼를 조금 안다고 수수께끼에 문제가 생기는 것은 아니다. 진리는 과거의 그 어떤 예술가보다도 훨씬 더 기묘하기 때문이다![13]"

파인만은 우주의 물체나 현상, 사건의 배후에 놓인 과학을 알 경우 자연의 아름다움을 더욱 잘 이해할 수 있게 되며 아름다운 우주의 작동원리를 향한 호기심이 감소하는 게 아니라 더욱 커진다고 주장했다. 그는 "과학 지식은 꽃을 향한 흥분과 경외심, 꽃의 수수께끼를 가중시킨다."라고 말했다. 4장에서 살펴보겠지만 이는 사실이다. 심리학 분야와 신경과학 분야에서 현재 진행되고 있는 연구에 따르면, 특정 주제에 대해 알 경우 이를 모를 때에 비해 호기심이 강해지며 아직 알아야 할 것이 더 많다고 생각하게 되기 때문이다.

파인만이 자기장 같은 물리학 분야에만 흥미를 느꼈다고 생각해서는 안 된다. 예술을 공부하는 대부분의 학생이 그렇듯 그 역시 자신을 위해 포즈를 취해줄 여성 모델을 찾았다. 그는 『파인만 씨, 농담도 잘하시네!』라는 기발한 책에서 그러한 경험을 전한다.

"내가 다음으로 포즈를 취해주기를 바란 여성은 캘리포니아 공과 대학교 학생이었다.[14] 나는 그녀에게 누드모델이 되어줄 수 있겠냐고 물었다. 그녀는 '물론이죠!'라고 대답했고 그렇게 그녀는 내 모델이 되었다!" 조시안은 이와 관련해 이렇게 말했다. "그는 그림에 정말로 관심이 많기도 했지만 여자들을 만날 수 있는 부가적인 혜택도 따라온다는 사실도 당연히 알고 있었다.[15]"

나는 그 학생이 누구인지 안다. 유명한 천체 물리학자이자 파인만의 훌륭한 친구인 버지니아 트림블이다. 그녀는 현재 캘리포니아대학교 어바인 캠퍼스에서 일하고 있다. "파인만은 모델비로 시간 당 5.5달러를 준 데다 제가 소화할 수 있는 한 물리학과 관련된 온갖 지식을 가르쳐주었죠.[16]" 트림블은 나에게 이렇게 말했다. 그녀는 스무 차례에 걸쳐 모델을 섰다. 하루는 파인만이 노벨 물리학상을 받아야 하는 날과 일정이 겹쳤다. "파인만이 저에게 와서 약속을 취소해야 겠다고 말했죠." 트림블은 웃으며 말했다. 그림 10은 훨씬 먼 훗날 자신의 집에 앉아 있는 트림블의 모습이다. 파인만이 그린 그림 하나가 그녀 뒤로 보이는 벽에 걸려 있다.

나는 트림블에게 모델을 서는 동안이나 물리학 수업, 파인만과의 대화 도중 그가 기본적인 물리학과 비교적 관련 없는 분야에도 호기심을 보였는지 물었다. "물론이죠. 언젠가 그는 촛불의 밝기를 결정하는 게 무엇인지 극도로 궁금해 했어요. 이 문제를 파악하기 위한 기존의 시도들은 신경 쓰지 않았죠. 그는 스스로 문제를 해결해야 했어요." 그녀는 이렇게 답한 뒤 한 마디 덧붙였다. "게다가 그는 침묵을 좋아하지 않았죠."

그림 10

　파인만의 여동생이자 천체 물리학자인 조안 파인만은 내게 추
가 정보를 제공해주었다. "오빠에게는 다른 사람들이 전에 쓴 것
을 전부 읽느니 직접 문제를 생각하는 편이 더 쉬웠어요. 다른 사
람들이 쓴 것 중에는 잘못된 것들도 있기 때문이죠."

　파인만이 가장 아끼던 모델, 캐슬린 맥알파인-마이어스 역시
비슷한 의견을 전한다. "제가 말로 다 설명할 수 있을지 모르겠지
만 그는 늘 모든 상황에 엄청난 호기심을 보였어요. 대상은 중요
하지 않았죠. 그는 모든 상황을 호기심 가득한 눈으로 바라보았고
발생하고 있는 현상에 대해 전부 알아야만 했죠.[17]" 모든 것을 직
접 탐구하고 싶어 하는 이러한 태도는 "나는 다른 작가들의 말을

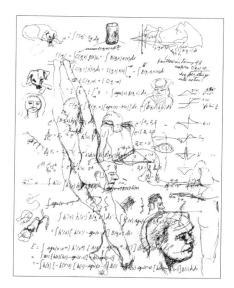

그림 11

인용할 수는 없지만 훨씬 더 위대하고 가치 있는 것을 인용할 것이다. 바로 경험이다."라고 했던 레오나르도의 말을 떠올리게 한다. 사실 파인만이 1985년에 그린 그림(그림 11)은 정교한 수학만 아니었더라면 레오나르도의 기록으로 보아도 무방할 것이다.

거의 5천년이라는 과학적 진보가 레오나르도와 파인만을 갈라놓고 있지만 그들이 흥미를 느낀 대상은 때로는 놀라울 정도로 서로 겹친다. 예를 들어, 둘 다 촛불의 물리학에 강한 호기심을 느꼈다. 〈코덱스 아틀란티쿠스(레오나르도 다 빈치가 직접 그린 2천여 점의 원본 스케치와 글 모음집―옮긴이)〉라는 기록에서 레오나르도는 '불길의 움직임'에 꽤 긴 지면을 할애했다. 이 문서에는 불타는 촛

그림 12

불을 이용한 구체적인 실험과 깜빡거리는 불길(그림 12)을 관찰한 결과가 잘 담겨 있다. 게다가 이 문서에는 레오나르도가 하나의 현상에서 도출한 예리한 결론을 바탕으로 자연의 온갖 과정에 수반되는 보편적인 원칙이라는 통찰력을 이끌어낸 방법이 생생하게 담겨있다. 레오나르도 연구자 파올로 갈루치[18]의 주장에 따르면 레오나르도는 "자신의 책상에서 타고 있는 촛불에서 발화된 일련의 위대한 생각들을 기록했으며" 과감한 분석을 통해 인체와 물리 세상을 통합했다.

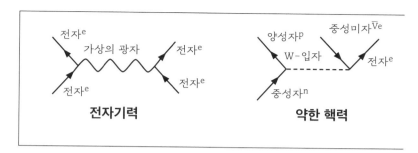

그림 13

'웃긴 그림' 한 개는 수 천 개의 단어와 맞먹는 가치가 있다.

파인만이 물리학계에 남긴 가장 위대한 유산은 아원자 입자와 빛의 상호 작용을 그림으로 표현하기 위해 고안한 만화 같은 도표다. 파인만의 말처럼 이 '웃긴 그림[19]'은 현재 '파인만 도형'이라 불린다. 이 도표의 두 가지 예시가 그림 13에 나와 있다. 이러한 도표가 정말로 무엇을 의미하는지 우선은 단순한 개념으로나마 이해하고 넘어가자. 그림 13의 도표는 두 개의 전자가 서로를 향해 접근하며 '가상의(보이지 않는)' 광자(전자기력을 전달하는 입자)의 교환을 통해 상호작용하는 모습이다. 즉 이 도표는 두 개의 음성 전자가 공간과 시간을 통해 상호작용하면서 서로를 밀어낸다는 사실을 전하고 있다. 우측의 도표는 중성자가 가상의 W-입자(약한 핵력을 전달하는 입자 중 하나)의 교환을 통해 중성미자라 불리는 상당히 가볍고 상호작용성이 약한 입자와 상호작용한 결과 양성자와 전자를 생성하는 모습이다.

이러한 기본적인 물리학 과정을 시각적으로 도표화한 것은 실로 대단한 일이다. 레오나르도는 특별한 예술적 재능을 살려 우리 눈에 포착된 현실을 묘사했으며(그 과정에서 그의 정신 작용을 우리에게 보여주었다) 파인만은 타고난 물리적 직관력을 활용해 눈에 보이지 않는 아원자 세계를 그림으로 표현하는 새로운 방법을 제시했다. 여기서 중요한 사실은 파인만의 도표가 상징적인 만화에 그치지 않는다는 점이다. 그의 도표는 온갖 '가상적인' 절차의 가능성을 제안하고 산정하는 방법에 관한 정확한 처방을 제시한다. 온갖 '가상적인' 절차는 특정한 상호작용을 연구하는 데 도움이 되며 실험적인 결과와 즉시 비교할 수 있는 이론적인 예측을 하는 데 도움이 된다. 예를 들어, 이 새로운 사고방식을 통해 우리는 전자가 만들어낸 작은 자석의 세기를 예측할 수 있다. 이 이론적인 예측치는 경험적인 측정치와 1조개 당 몇 개의 오차 범위 내에서 일치한다.[20]

　파인만의 도표는 물리학자들에게 매우 효과적인 새로운 도구를 제공해 주었다. 파인만은 이 도표가 산출이라는 과정에서 누락된 것을 보완해준다고 생각했다. 각 단계를 어떻게 밟아가야 할지 확실히 보여주는 이 방법은 시각화에서만 가능한 특징이라 하겠다. 사실 파인만은 아인슈타인조차도 추론에만 의존함으로써 설득력을 잃었다고 주장했다. 그는 물리학자 프리먼 다이슨에게 아인슈타인의 위대한 업적은 물리적인 직관에 기인했으며 아인슈타인이 구체적이고 물리적인 이미지로 생각하는 것을 멈추고 방정식의 조종자가 되었기 때문에 더 이상 위대한 업적을 남길 수 없었다고 말한 바 있다(다이슨 역시 이 말에 동의했다)[21].

만물박사 파인만

파인만의 중대한 작업은 대부분 물리학에서 이루어졌지만 그는 물리학과 다른 과학 분야의 관계[22]에 대해서도 고심했다. 예를 들어 그는 이론 화학은 사실 양자역학의 법칙을 적용한 것이므로 물리학의 일부라고 주장했다. 물론 화학 분야에서의 정확한 예측은 복잡한 체계 때문에 쉽지 않았다. 캘리포니아 공과대학교 물리학 부서에 몸담고 있던 파인만은 생물학에도 관심을 가져 해당 교수진의 도움으로 1년 동안 생물학을 진지하게 공부하기도 했다. 그는 유전자 변형 연구에 독창적인 기여를 할 만큼 많은 것을 배웠다. 파인만은 혈액 순환과 정보의 교환에서 신경, 그리고 시력과 청각이 작동하는 방법에 이르기까지 생명 과정은 결국 물리법칙의 지배를 받는다고 주장하곤 했다. 이는 레오나르도의 관점과 동일했다. 물론 레오나르도는 이 법칙이 무엇인지 전혀 알지 못했다. 파인만은 유명한 『파인만의 물리학 강의』에서 효소, 단백질, DNA의 기본적인 작동 원리[23]를 구체적으로 설명하고 있다. 그는 생물학적 요소와 절차에 내제된 복잡성을 알고 있었지만 그럼에도 불구하고 물리학적인 관점에서 생명을 이해할 필요가 있다고 생각했다. 그는 "모든 것은 원자로 이루어진다. 따라서 살아있는 모든 것은 원자를 이리저리 움직이고 흔들고 비틀면 이해할 수 있다."고 주장했다. 이러한 주장은 다소 애매모호하게 들리지만 대부분의 과학자에게는 반박 불가능한 근본적인 진리를 의미한다.

파인만은 천체 물리학자들이 발견한, 태양과 별에 동력을 제공하는 에너지의 원천에 매료되었다. 별의 중심부에 존재하는 극도로 뜨거운 용광로에서 가벼운 원자들을 결합시켜 무거운 원자를 탄생시키는 핵융합 반응이 바로 그것이었다. 오늘날 천문학과 물리학은 밀접하게 관련되어 있어 노벨 물리학상은 때때로 천문학 분야에서 위대한 발견을 한 인물에게 돌아가곤 한다.

천체 물리학 덕분에 파인만은 자연 현상의 기저에 놓인 과학을 이해할 경우 과학의 영향력이 커진다는 주장을 펼칠 수 있는 또 다른 기회를 얻기도 했다. 그는 시인들이 그동안 행성과 별에 관해 쌓인 어마어마한 지식을 존중하지 않는 현상을 개탄했다. "목성을 사람처럼 그리기만 할 뿐 메탄과 암모니아로 이루어진 회전하는 거대한 구체로는 그리지는 못한다면 그게 무슨 시인이란 말인가?" 그는 〈로스엔젤레스 타임즈〉에 선보인 시들을 비난하기까지 했다. 그의 비난에 로버트 웨이너 부인은 "현대 시인들은 성간 공간, 적색 편이(천체 물리학에서 도플러 효과에 의해 스펙트럼선이 장파장Red 쪽으로 편향되는 현상-옮긴이), 준항성(항성은 아니지만 항성과 비슷한 성질을 가지고 있는 물체-옮긴이) 등 사실상 거의 모든 것에 대해 쓸 수 있다."고 반박했다.[24] 그녀는 편지에 W. H. 오든의 시 〈어린이를 위한 현대 물리학 안내서를 읽고 난 후After Reading a Child's Guide to Modern Physics〉를 동봉했으나 파인만은 설득당하지 않았다. 1967년 10월 24일, 그는 이 시를 읽고 나자 현대 시인들은 "지난 400년 동안 밝혀진 자연의 모습을 감상할 줄 모른다."는 자신의 믿음이 강화되었을 뿐이라고 답변을 보냈다.

이 같은 맥락에서 파인만은 (출처가 불분명한) 이야기를 즐겨했다. 오늘날 이 이야기[25]는 천체 물리학자 아서 에딩턴이나 물리학자 프리츠 후터만스과 관련이 있을 거라고 여겨지기도 한다. 두 인물 모두 별이 핵융합 '원자로'에서 동력을 제공받는다는 사실을 파악한 과학계의 개척자였다. 이 우화에 따르면 에딩턴(혹은 후터만스)과 그의 여자친구는 밤하늘의 별을 바라보고 있었는데 여자친구가 이렇게 말했다고 한다. "별이 얼마나 아름답게 반짝이는지 봐봐!" 이 말에 에딩턴(혹은 후터만스)은 이렇게 대답했다. "그래, 지금 이 순간 별이 **왜** 반짝이는지 아는 사람은 이 세상에 나 하나뿐이네." 당시에 어린 나이였던 여자친구는 그의 말을 웃어넘겼다. 여기서 중요한 점은 이 이야기의 진실성 여부가 아니다. 후터만스의 여자친구이자 훗날 아내가 된 샬롯 리펜슈탈 역시 물리학자로, 별의 동력을 해독하는 것이 중요하다는 사실을 누구보다도 잘 알고 있었다. 이 이야기가 중요한 이유는 파인만은 이 이야기가 사실이라고 생각했으며 그에게는 이것이 과학의 '시적인 아름다움'을 인정하지 않고 가치 있게 여기지 않는 현상이 발현된 또 다른 예일 뿐이었기 때문이다.

파인만이 물리학자가 구체적인 예측을 하지 못한 분야로 기상학과 지질학을 지목한 것도 당연하다. 기상 예측과 관련해 그는 난류(그가 지대한 관심을 보였으며 아직까지 그 비밀을 파헤치지 못한 주제)에 관한 우리의 이해력은 형편없을 정도로 낮다고 말했으며, 지구과학과 관련해서는 우리가 화산활동과 지구 내부의 순환전류를 발생시키는 원인에 대해 정확히 알지 못한다고 말했다. 파인만의 특징 중 하나는 자신의 무지를 서슴없이 인정했다는 점이다.

그는 "우리는 별의 상태에 대해서보다 지구의 상태에 대해 아는 게 더 없다."고 말한 뒤 곧이어 실망감과 함께 희망을 내비쳤다. "관련된 수학이 너무 어려워 보인다. 하지만 머지않아 누군가 이것이 중요한 문제라는 사실을 깨달아 이 문제를 해결할 것이다." 그는 자신만큼 호기심이 넘치는 누군가가 이 어려운 문제를 해결해주기를 희망했던 것이다.

물리학을 다른 과학 분야와 연결하는 역작을 수행하는 과정에서 파인만이 다룬 가장 복잡하고 흥미로운 주제는 심리학일 것이다. 이 분야에서 그의 왕성한 호기심은 다음과 같은 통찰력 있는 질문으로 나타났다. "동물이 무언가를 배우면 전과는 다르게 행동할 수 있다. 또한 그들의 뇌세포가 원자로 만들어졌다면 뇌세포 또한 변한 게 분명하다. 그렇다면 어떠한 방식으로 달라진 것일까?" 기능적 자기공명 영상 같은 기술이나 작동하는 뇌의 영상을 전달하는 경두개자기자극법 같은 실험이 존재하지 않았던 시절의 분위기를 반영하듯 파인만은 이렇게 덧붙였다. "우리는 무언가가 기억될 때 어디를 살펴봐야 할지, 무엇을 찾아야 할지 모른다." 하지만 이때조차 그는 "개의 행동이라도 이해할 수 있다면 훨씬 더 많은 것을 알 수 있을 텐데."라며 반 농담이었지만 통찰력 있게 보다 단순한 문제를 먼저 해결함으로써 대상에 접근하려 했다.

파인만이 동료들과 달랐던 점은 다양한 물리학 분야뿐만 아니라 전혀 상관없는 분야에까지 큰 관심을 가졌다는 점이다. 예술가 친구 조시안은 파인만과 함께 캘리포니아 공과대학교에서 일하던 명석한 물리학자 머레이 겔-만이 파인만이 주위가 산만하다며 불만을 토로했다고 기록한 바 있다. "그[파인만]는 캘리포니아 공과 대학에 기여해야 한다네, 물리학에 대해 우리에게 얘기해줘야 하지. 하지만 정작 뭘 하고 다니나? 그저 이리저리 돌아다니며 시종일관 고고댄서(디스코텍에서 관중을 즐겁게 만들기 위해 고용된 댄서-옮긴이)나 드럼 연주자, 예술가들과 어울릴 뿐이라네.[26]"

파인만처럼 방대한 지식과 열띤 호기심을 갖추고 있고 기본 물리학의 모든 영역에 관심이 있던 사람이라면 '모든 것의 이론'이라 알려진 이론을 적극 지지했을 거라 생각할지도 모르겠다. 기본적인 아원자 입자를 전부 아우르고 설명하며 자연 내에 존재하는 모든 기본적인 힘을 통합하는 이론이다. 하지만 파인만은 주저했다. "사람들은 자신이 정답에 아주 가깝다고 생각하지만 나는 그렇게 생각하지 않는다.[27]" 그는 이렇게 시인하며 그러한 이론의 존재에 의문을 제기하기까지 했다. "자연이 궁극적이고 단순하며 통합적이고 아름다운 형태를 갖추고 있는지 그렇지 않은지에 대해서는 확실한 답이 존재하지 않는다. 나는 어느 쪽도 옳다고 말하고 싶지 않다."

결국 그는 자신의 지칠 줄 모르는 호기심조차 한계가 있다고 인정했다. 레오나르도가 산에서 본 접근 불가능한 동굴 안에 무언가 '경이로운 것이' 감춰져 있다는 사실을 인정해야 했듯 파인만 역시 이렇게 시인했다. "나는 정답을 알아야 할 필요가 없다. 나는 모르는 것이 두렵지 않다. 수수께끼로 가득 찬 우주에서 목적 없이 방황하는 것이 겁나지 않는다. ……조금도 두렵지 않다."

흥미롭게도 파인만과 레오나르도가 관심을 보인 공통 분야가

하나 더 존재한다. 물론 그들이 활동하던 시기 간에 존재하는 거대한 기술 격차 때문에 그 양상은 다소 다르게 나타나기는 했지만 두 사람 다 글쓰기라는 단순한 행위에 큰 관심을 보였다.

얼마나 많은 천사가 장식핀 위에서 춤출 수 있을까?

레오나르도는 대부분의 기록에서 글자를 거꾸로 쓴 것으로 유명했다. 즉, 노트의 오른쪽에서 출발해 왼쪽으로 써내려갔으며 그 결과 그가 쓴 글은 거울로 비춰봐야만 정상적으로 보였다. 레오나르도가 왜 이러한 방식으로 글을 썼는지는 알 수 없다. 다른 사람에게 보내는 단순한 쪽지에서는 왼쪽에서 오른쪽으로 글을 썼기 때문이다. 이와 관련해 최소한 두 가지 이론이 제기되었는데, 하나는 다소 음모성이 짙으며 다른 하나는 보다 현실적이다. 첫 번째 이론에 따르면 레오나르도가 다른 사람들에게 자신의 생각을 숨기기 위해 그렇게 썼다는 것이다. 자신의 발명품을 훔칠 수 있는 사람이나 자신의 관찰 결과에 반할지도 모르는 내용을 가르치는 교회 사람들로부터였다. 두 번째 이론은 레오나르도가 왼손잡이였기 때문에 왼쪽에서 오른쪽으로 쓰다 보면 아직 젖은 상태인 잉크가 손에 의해 번질 수 있기 때문이라는 것이다.

갈루치는 음모 이론은 사람들을 헷갈리게 만들기 위한 것이라고 확신했다.[28] 그는 오른쪽에서 왼쪽으로 글을 쓰는 것은 왼손잡이에게 상당히 자연스러운 일이라는 점을 지적했다. "게다가 무언가를 숨기기 위해 글자를 거꾸로 쓰는 것은 상당히 어리석은 방법이다. 거울만 있으면 쉽게 읽을 수 있기 때문이다.”라고도 말했다.

파인만은 1959년에 한 강의에서 글 쓰는 과정에 대한 호기심을 드러냈다. “우리는 왜 24권에 달하는 브리태니커 백과사전의 내용을 전부 장식핀 위에 쓸 수 없을까요?[29]”라는 놀라운 질문으로 강연을 시작한 그는 날카로운 논리로 문제를 분석했다. 그의 추산은 상당히 단순했다. 장식핀 머리는 지름이 1/16인치(0.15875센티미터)이므로 장식핀 위의 면적은 브리태니커 백과사전의 전체 페이지 면적보다 25,000배가 작다. 따라서 파인만은 브리태니커 백과사전에 담긴 모든 내용을 25,000배 축소시키면 된다고 추론했다. 하지만 레오나르도와 마찬가지로 파인만은 문제를 지적하는 데서 그칠 사람이 아니었다. 그는 그 즉시 이것이 물리학의 법칙에 따라 실현 가능한 일인지 연구하기 시작했다. 그는 이렇게 축소시킨 뒤에도 백과사전을 망판(신문의 사진과 같이 미세한 점으로 사진을 나타내는 방법-옮긴이)으로 재생산한 인쇄물의 작은 점들에 여전히 각기 천 개 가량의 원자가 포함되어 있으며 따라서 ‘장식핀 위에 충분한 공간이 있는 게 확실하다“고 주장했다. 그는 1950년대 말 당시의 기술로도 글씨를 읽을 수 있다고 주장하기까지 했다.

파인만은 브리태니커 백과사전을 그렇게 축소할 수 있다면 인간의 문화사가 담긴 중요한 책들도 축소할 수 있지 않을까, 하는 의문을 제기했다. 그리고 기록된 문서의 총 합은 2,400권 정도일 거라고 추정했다. 그는 암호화 작업을 거치지 않더라도 기존에 존재하는 것을 재생산해 축소할 경우 브리태니커 백과사전으로 35페이지도 되지 않을 거라고 결론지었다. 그는 당시의 기술로는 실제로 글을 쓰는 것은 불가능하지만 그렇다고 해서 아예 불가능한 일은 아니라고 주장했다. 자신의 논점을 납득시키기 위해 그는 인쇄물을 25,000배 줄이되 읽을 수 있도록 만드는 사람에게 천 달러의 상금을 주겠다고 제안하기까지 했다.

파인만의 생각은 옳았다. 결국 상금은 1985년 당시 스탠포드 대학교의 대학원생이었던 톰 뉴만[30]에게 돌아갔다. 그는 컴퓨터 칩에 전자회로를 인쇄하는 데 사용되는 기술로 이상적인 축소화를 구현할 수 있었다. 그는 『두 도시 이야기』(영국의 소설가 C.디킨스의 장편소설-옮긴이)의 첫 장을 5.9×5.9마이크로미터 크기로 축소시켰다. 축소된 글은 전자현미경으로 읽을 수 있었으며, 그의 작업 덕분에 파인만의 뛰어난 직감에 대한 신뢰가 강화되었다.

오늘날은 나노기술─사물을 원자나 분자의 크기로 조작하는 것─덕분에 놀라운 수준의 소형화 작업이 일상적으로 이루어지고 있다. 예를 들어, 싱가포르기술디자인대학교의 조엘 양[31]은 인상주의 운동이 이름을 얻은 클로드 모네의 〈인상, 해돋이〉를 작은 크기로 복제할 수 있었다. 조엘 양은 유성 페인트를 미소한 실리콘 기둥으로 바꾸어 지름이 1/100인치 밖에 되지 않는 걸작을 구현할 수 있었다. 이와 마찬가지로 1,200개가 넘는 글자가 담긴 히브리 성서 전체가 핀 머리 크기의 금박 실리콘 칩에 새겨진 나노 성서[32]도 존재한다.

최후의 호기심

파인만의 놀라운 호기심이 발현된 가장 엉뚱한 사례는 그의 동생인 천체 물리학자 조안 파인만의 생생한 증언을 통해 엿볼 수 있다. 그의 마지막 날에 있었던 일로, 조안 파인만은 당시에 관해 이렇게 기록했다. "하루 반나절 동안 의식불명인 상태로 움직이지도 않았던 오빠는 마치 마술사처럼 '난 숨기는 게 아무 것도 없어'라고 말하듯 손을 들어 올리더니 머리 뒤로 손을 넣었어요. 혼수상태일 때에도 들을 수 있고 생각할 수 있다는 걸 우리에게 말해주려는 거였죠.[33]"

잠시 후 그녀는 파인만이 혼수상태에서 잠깐 벗어나 농담조로 이렇게 말했다고 했다. "죽는다는 건 지루한 일이야. 다시는 하고 싶지 않아.[34]" 이것은 그가 마지막으로 남긴 말이 되고 말았다. 조안은 오빠가 마지막 순간까지 삶과 자연, 죽음에 대해 살아 있는 자에게 더 많은 정보를 주려고 했다는 사실에 놀라워했다. 그는 떠나는 순간까지도 자연을 살폈던 것이다.

파인만은 1988년 2월 15일, 자정이 되기 직전 숨을 거두고 말았다. "나는 아무 것도 모른다. 하지만 깊이 있게 들여다보면 모든 것이 흥미롭다는 사실만은 안다."는 아마 그의 성격을 가장 잘 함축한 말일 것이다.

한편 1517년 10월 10일, 아라곤의 루이스 추기경이 레오나르도를 방문했다. 추기경의 비서 안토니오 데 비티스는 레오나르도가 추기경에게 보여준 그림 세 점을 묘사하며 레오나르도에 대해 감탄어린 목소리로 이렇게 기록했다. "이 사람은 해부학에 관한 특정 자료들을 엮어 팔다리뿐만 아니라 근육, 신경, 혈관, 관절, 장기를 비롯해 남녀의 신체에 관해 추론할 수 있는 모든 부위를 직접 그렸다.[35] 그 누구도 시도하지 않았던 방식으로 이 모든 것을 실행한 것이다. 우리는 두 눈으로 똑똑히 보았다. ……그는 물의 특징, 다양한 장치를 비롯해 자신이 끝도 없이 연구한 온갖 것들도 기록했다."

레오나르도는 1519년 5월 2일, 프랑스 클루 성에서 사망했다. 그는 한 때 "나는 사는 방법을 배우고 있다고 생각했으나 죽는 방법을 배우고 있었다.[36]"라고 기록했다. 레오나르도가 프랑수아 1세의 팔에 안겨 숨을 거두었다는 바사리의 그림과도 같은 묘사는 시적인 표현에 불과했지만 왕이 레오나르도의 위대함을 제대로 인정한 것만은 틀림없다. 훗날 프랑수아 1세가 고용한 조각가이자 금세공인인 벤베누토 첼리니의 말에 따르면 왕은 그에게 "레오나르도만큼 아는 것이 많은 사람도 없을 것이다. 그는 그림, 조각, 건축 분야에서 박식했을 뿐만 아니라 위대한 철학가이기도 했다."라고 말했다고 한다.

레오나르도와 파인만은 호기심 있는 사람 가운데서도 그 극단에 위치한 보기 드문 사람들이었다. 둘 다 인간의 (그리고 개인적인) 약점조차 우주라는 위대한 수수께끼를 이루는 흥미로운 퍼즐 조각으로 바꿀 줄 알았다. 하지만 우리 모두에게도 (아주 심각한 우울증이나 뇌 손상을 겪고 있는 사람을 제외하고는) 호기심은 있다. 깊이와 폭이 서로 다를 뿐이다. 사실 새로운 아기가 탄생할 때마다 호기심의 강력한 원천이 하나씩 이 세상에 모습을 드러내곤 한다.

레오나르도와 파인만을 살펴봄으로써 호기심에 관한 구체적이고 즉각적인 교훈을 얻을 수 있었을까? 최소한 한 가지 사실만은 확실해 보인다. 호기심을 자극하는 뇌의 기제는 뛰어난 수학 능력(레오나르도에게는 부족했던 점)과 관련있거나 특출한 예술 재능(파인만에게 부족했던 점)과 관련 있지 않다는 점이다. 강한 호기심의 필수 조건은 정보를 처리하는 능력처럼 보인다. 레오나르도와 파인만처럼 수많은 주제에 천재적인 호기심을 보이려면(조안 파인만은 "오빠는 자연에 대한 호기심을 만끽했다."라고 말했다) 뛰어난 인지력뿐만 아니라 학습과 이로 인해 습득된 지식에 큰 가치를 부여하는 뇌의 기제도 필요하다. 그러기 위해서는 결국 자료를 고효율적으로 처리하는 능력이 중요하다.

그렇다면 호기심의 실질적인 성격과 매개체, 목표에 대해 현대 과학은 어떤 관점을 취하고 있을까? 4장과 5장에서는 현대 심리학 분야의 연구 결과 탄생한 개념과 실험을 살펴보고, 6장에서는 흥미로운 신경과학의 초창기 결과물에 대해 간략하게 살펴보겠다. 호기심에 관한 우리의 이해도를 크게 향상시켜 준 상당히 흥미로운 최근 연구 결과를 포함하고 있는 이 세 장에서는 다른 장보다 기술적인 내용을 담을 수밖에 없었음을 이해하기 바란다.

4장

호기심에 관한
호기심
: 정보 격차

노스캐롤라이나대학교 그린즈버러 캠퍼스에 몸담고 있는 심리학자 폴 실비아가 쓴 호기심과 동기부여에 관한 기사는 정신이 번쩍 들게 만드는 뛰어난 관찰력으로 시작된다. [1] "호기심은 동기부여라는 학문에서 오래된 개념으로 심리학의 수많은 숭고한 문제들처럼 쉽게 다룰 수 있을 것 같아 구미가 당기지만 지나치게 복잡해 파악하기가 쉽지 않다." 그녀의 이 같은 진술이 놀라운 이유는 이 글이 비교적 최근인 2012년에 발표되었기 때문이다. 이러한 관점에서 보면, 20여 년 전 사우스플로리다대학교의 심리학자 찰스 스필버거와 로라 스타가 "수많은 연구자가 호기심과 이를 뒷받침하는 행동을 연구하는 데 전념했지만 다양한 이론과 각기 다른 경험적 결과만 발견했을 뿐이다.[2]"라는 비슷한 말을 했다는 사실도 그리 놀랄 일이 아니다. 호기심의 동기부여적인 성격이 각기 다른 심리학 이론을 낳은 것을 보면 호기심이 상당히 유동적인 연구 분야라는 사실을 알 수 있다. 즉 호기심에 관한 종합적이고 주목할 만한 이론이 탄생하려면 아직 더 많은 노력이 필요하다. 호기심은 인지과학 같은 심리학 요소들과 같은 분야로 취급되는 경향이 있으며 철학자 대니얼 대넷이 말했듯 "마지막까지 살아남은 수수께끼다.[3]" 대넷의 말이 의미하는 바는, 현재 우리는 최소한 시간, 공간, 자연법칙(물론 이 모든 것에 관한 확실한 이론은 아직 모른다) 같은 복잡한 개념에 대해 생각하는 방법은 알지만 의식에 대해서는 '가장 수준 높은 사상가조차 말문이 막히고 혼란스럽게 만드는 독보적인 주제로 남아 있다'는 것이다.

호기심의 성격을 완벽하게 이해하기가 더욱 어려운 이유는 **호기심**이라는 용어에 대해 모두가 동의하는 단 하나의 정의가 존재하지 않기 때문이다. 그 결과 심해 탐사를 하겠다는 충동이나 TV에서 〈제퍼디〉(미국 퀴즈 프로그램-옮긴이)를 볼 때 느끼는 감정 같은 복잡한 현상이 동일한 호기심으로 분류된다. 게다가 신경과학은 심리학보다 비교적 역사가 짧은 학문이기 때문에 호기심에 관한 정확한 신경학적인 근거를 찾기란 심리학적인 근거를 찾기보다 훨씬 어렵다.

이러한 어려움에도 불구하고 최근 들어 인지심리학의 발전과 뇌 영상 기술의 진보 덕분에 연구자들은 호기심을 자극하는 대상과 이를 구성하는 기제를 연구하고, 호기심을 불러일으키거나 완화시킬 때 활성화되는 뇌의 부위를 정확히 파악하는 데 있어 큰 진전을 보이고 있다.

처음부터 지나치게 깊이 들어가지 않기 위해 우선 로체스터대학교의 인지과학자 셀레스테 키드와 벤자민 헤이든이 제안한 광범위한 표현을 이용해 호기심을 정의하겠다[4]. 그들의 정의에 따르면 호기심은 정보를 갈망하는 상태다. 더욱 간단히 말해 호기심은 왜, 어떻게, 그리고 누구인지를 알고자 하는 욕망이다(뒷부분에 가서, 특히 인지 및 신경과학 연구와 관련해 보다 명확하고 정확한 정의를 채택하도록 하겠다).

호기심의 진수를 파악하기 위해 과학적으로 깊이 파고들기 전에 훨씬 더 단순한(최소한 그래 보이는) 문제에서 출발해보자. 사람들이 일상에서 호기심을 느끼는 대상은 무엇인가? 이 질문에 대한 답을 찾기 위한 예비 단계로 나는 동료들을 대상으로 비과학적인 소규모 투표를 실시했다. 나는 그들에게 직업적인 흥미 말고 그들의 호기심을 가장 크게 자극하는 것이 무엇인지 물어보았다. 나는 그들이 펼쳐져 있는 일기장을 흘깃 보고 싶은 유혹에 굴복한 적이 있는지는 별로 관심이 없다고 말했다. 내가 알고 싶은 건 그들이 특정 시간을 할애한 대상, 독서나 대화, 인터넷 검색, TV 프로그램 시청 등을 통해 파고들만큼 충분히 매료된 대상이었다.

나는 16명의 인터뷰 대상자에게서 꽤 흥미로운 결과를 얻었다. 동일한 주제를 언급한 사람은 아무도 없었다. 한 명은 '천성 vs. 양육'이라는 난제에 호기심을 느꼈다. 그는 유전자와 환경 중 어느 것이 인간의 발전과 개성에 영향을 미치는 주요 요소인지 알고 싶어 했다. 이 주제와 관련 있는 대상을 언급한 또 다른 동료는 두 명에 불과했다. 한 명은 어린아이가 학습할 때 뇌에서 정확히 어떠한 일이 발생하는지 궁금해 했으며 다른 동료는 '개방적인' 사람과 상당히 보수적인 사람의 뇌 간에 확실히 식별 가능한 생리학적인 차이가 있는지 알고 싶어 했다. 앞으로 살펴보겠지만 이 두 가지 주제는 사실 호기심과 직접적으로 연결되어 있다. 호기심의 주요 '목적' 중 하나가 학습을 극대화하는 것이며 호기심은 개방성의 주요 특징 중 하나이기 때문이다. 따라서 어떤 의미에서 이 친구들은 호기심에 호기심을 느낀다고도 말할 수 있겠다.

다른 두 명의 동료는 스포츠의 특징에 호기심을 보였다. 한 명은 다양한 스포츠 분야에서 도핑이 사용되고 있는 현황을 알고 싶어 했으며 다른 동료는 스포츠의 이면에 놓인 과학에 사로잡혀 있었다. 또 다른 두 명은 지구와 관련된 주제에 호기심을 느꼈다. 한 명은 지구의 지질학적인 역사를, 다른 한 명은 탐사되지 않은 심해 세계를 궁금해 했다. 다른 두 명은 역사에 관심이 있었다. 한 명은 제 2차 세계대전에 관해, 다른 한 명은 우리가 산업혁명 시대 이후로 지금까지 어떻게 발전해왔는지를 궁금해 했다. 나머지 동료들은 각기 독특한 대상에 호기심을 보였다. 골동품, 와인, 사람들의 삶을 규정짓는 자료, 인테리어 디자인의 색상과 형태, 항공사, 벌집군집붕괴현상, 저명한 사회운동가의 업적 연대기 등이었다.

나는 이 비체계적인 실험만으로도 다소 흥미로운 결과를 얻을 수 있었다. 첫째, 일부 주제는 개인적인 취미를 반영했다. 주로 쾌락이나 휴식을 위해 추구하는 대상으로, 인테리어 디자인, 와인, 골동품 등이 포함된다. 다른 주제는 뜻밖이거나 놀랍기 때문에 호기심을 불러일으키는 것처럼 보였다. 벌집군집붕괴현상(전 세계적으로 일벌 무리가 꿀벌 군집에서 갑작스럽게 사라지는 현상), 사이클링과 야구, 심지어 테니스에서조차 만연한 도핑 남용에 대한 엄청난 폭로가 그 예시다. MIT 인지과학자 로라 슐츠는 호기심의 원조처럼 보이는 또 다른 독특한 특징을 '혼란스러운 증거'라 부른다.[5] 너무 애매모호하기 때문에 그 누구도 서로 상충하는 가설이나 주장 중 어느 것이 옳다고 판단할 수 없으며 확실한 결론을 내리기에는 주어진 정보가 불충분한 상황이다. 천성 vs. 양육의 딜레마, 개방성과 고지식함이 인간의 뇌에서 관찰 가능한 모습을 통해 발현되는지에 대한 궁금증이 그 예다.

그렇다면 대부분의 미국인은 무엇에 관심이 있을까? 나는 그 답을 찾기 위해 2012년, 2013년, 2014년, 2015년 위키피디아에서 가장 많이 검색된 기사를 살펴보았다. 상위를 차지하는 기사는 기술 기업과 그들이 구축한 소셜 미디어, 정보 제품(페이스북, 구글, 유튜브, 인스타그램, 위키), 대성공한 영화나 TV 프로그램(《헝거게임》, 〈브레이킹 배드〉, 〈어벤저스〉, 〈다크 나이트 라이즈〉, 〈스타워즈: 깨어난 포스〉), 유명인(닐 암스트롱, 휘트니 휴스턴, 딕 클라크, 마가렛 대처, 넬슨 만델라, 로빈 윌리엄스, 올리버 색스, 요기 베라)의 사망, 유명 인사(케이트 미들턴, 킴 카다시안, 마일리 사이러스)의 일상, 스포츠 사건(2014년 월드컵 축구대회 등) 등이었다.

이 단순한 인터넷 설문조사는 호기심을 유추할 수 있는 추가적인 요소와 관련해 단서를 제공해주었다. 예를 들어, 새로운 기술 제품에 대한 호기심은 새로운 것을 추구하고자 하는 욕망과 학습하고자 하는 욕구를 반영했다. 유명 인사의 삶과 죽음에 호기심을 느끼는 것은 '가십'으로 분류할 수 있는데 가십은 (7장에서 살펴보겠지만) 인간이 진화하는 과정에서 중요한 역할을 수행했을 것으로 여겨진다. 하지만 위키피디아는 비교적 젊은 인구층의 취향을 반영할 뿐이다. 예를 들어 2015년 12월, 인스타그램을 이용하는 미국 내 인터넷 '중독자'의 48.5퍼센트는 18세에서 35세 사이로, 65세 이상은 5.5퍼센트 밖에 되지 않았다.[6]

호기심을 유발하는 다양한 주제들은 언뜻 보기에 감당이 안 될 정도로 많아 보이지만 심리학자들은 창의적인 방법을 이용해 이 주제를 소규모 항목으로 분류시켰다. 호기심을 2차원적인 그리드로 보여준 심리학자 대니얼 벌린을 생각해 보자.[7] 그가 제시한 표에서 한 축은 **구체적 호기심**(특정한 정보를 알고자 하는 욕망)에서 **일반적 호기심**(지루함에서 벗어나기 위해 계속해서 자극을 찾는 행위)으로 이어지며, 다른 축은 **지각적 호기심**(놀랍고 애매모호하거나 독창적인 자극에 의해 각성되는 호기심)에서 **인식적 호기심**(새로운 지식을 향한 진정한 갈망)을 따라 놓여 있다. 벌린의 통찰력 있는 분류 방법은 유일무이한 것은 아니지만 특정 호기심을 그리드 상에 위치시켰다는 점에서 유용하다. 예를 들어, 혼란스러운 정보에서 촉발된 호기심이나 기초 과학을 연구하도록 만드는 호기심은 **인식적-구체적 호기심**의 사분면에 해당된다고 볼 수 있다. 우리가 여러 대안 중에서 선택에 도움이 되거나 혼란스러운 문제를 해결하는 데 도움이 되는 정보를 찾는 것, 과학자들이 정의가 확실한 특정한 문제에 대한 답을 찾고자 연구를 수행하는 것이 그 예다. 반면 계속해서 트위터를 살펴보고 타블로이드 신문의 표제를 읽거나 새로운 문자를 확인하고 싶게 만드는 호기심은 **일반적-지각적 호기심**의 영역에 해당된다. 사람들이 주위를 딴 데로 돌릴만한 것이나 자극, 흥분을 추구하는 것이 그 예라 하겠다. 6장에서 살펴보겠지만 **지각적 호기심**(새로운 대상에 의해 환기되는 호기심)과 **인식적 호기심**(지식을 추구하고자 하는 호기심)은 특히 각기 다른 뇌 영역에서 발현될지도 모른다.

벌린은 호기심이라는 개념을 심리학적인 측면에서 바라보았다는 점에서 그 업적을 인정받을 만하다. 벌린이 저술한 『갈등, 각성, 호기심Conflict, Arousal and Curiosity』이 이 세상에 등장하기 전(1960년)에 출간된 〈심리학 초록〉(심리학 주제와 연관되어 있는 거의 모든 학술지 논문의 초록을 등재한, 미국 심리학회APA가 발행하는 학술지-옮긴이)을 보다 최근의 논문들과 비교만 해봐도 그가 이 연구 분야에 미친 영향을 가늠할 수 있다. 뛰어난 피아노 연주자이자 예술의 열렬한 지지자이기도 했던 벌린은[8] 훗날 미학에도 호기심을 느꼈으며 특정 예술작품이 사람의 마음을 끄는 이유를 궁금해 하기도 했다. 친구들의 증언에 따르면 그는 심리학 단체에서 주최하는 사교 행사에서 구석에 조용히 선 채 진을 따라 마시곤 했던[9] 다소 내성적이고 수줍음이 많은 사람이었지만 실험 및 심리학 커뮤니티에 전반적인 영향을 미친 것만은 틀림없었다.

벌린은 탐구할 가치가 있는 흥미로운 대상을 결정해주는 일련의 요소들을 파악함으로써 호기심 연구에 다시 한 번 중대한 기여를 했다. 그가 주장한 이 요소들은 새로움, 복잡성, 불확실성, 갈등이다. **새로움**은 기존의 실험이나 기대 하에 쉽게 분류될 수 없는 주제나 현상을 가리킨다. 새로운 생물종의 발견이나 최초의 스마트폰 등장이 그 예다. **복잡성**은 평범한 양식을 따르지 않으며 광범위한 분류 하에 통합된 다양한 요소로 이루어진 대상이나 사건을 의미한다. 이 개념은 경제학적인 상황을 설명할 때 자주 사용된다. 수많은 사람이나 기업이 주어진 정보를 바탕으로 시장의 행동을 이해하려 할 때나 그들이 집단적으로 낳은 상황에 재빨리 반응해야 할 때다. **불확실성**(이제 곧 구체적으로 살펴볼 것이다)은 온갖 대안이 가능한 상황을 말한다. 일기 예보를 보는 사람이라면 이러한 불확실성에 익숙할 것이다. 정교한 컴퓨터 모델과 최신 기술에도 불구하고 기상학자들은 이따금 잘못된 기상 예측을 내놓곤 한다. 마지막으로 **갈등**은 새로운 정보가 기존의 지식이나 편견과 양립하지 않는 상황(이라크에 사실은 대량 살상 무기가 없었다는 발견처럼), 혹은 행동을 취함으로써 상황에 반응해야 할지, 해당 활동을 아예 피해야 할지 확실치 않은 상황을 일컫는다. 심리학자 블라디미르 코네크니는 1978년 벌린의 사망 기사[10]에서 그에게 감사함을 표하듯 그의 업적을 이렇게 요약했다. 벌린은 "생명체가 왜 호기심을 보이며 환경을 탐구하고자 하는지, 왜 지식과 정보를 추구하는지, 왜 그림을 보거나 음악을 듣는지, 그들이 하는 일련의 생각을 관장하는 것이 무엇인지 알고 싶어 했다."

내 동료들을 대상으로 수행한 소박하고 주관적인 설문조사만으로도 호기심을 자아내는 요소를 최소한 두 가지 발견할 수 있었다. (지각적 호기심을 촉발시키는) 놀라움과 (지식이나 인식적 호기심을 갈망하게 만드는) 혼란스러운 증거다.

그렇다면 호기심의 원인과 정신 작용에 관한 주류 심리학파의 관점은 무엇일까?(신경과학에 관해서는 6장에서 살펴보겠다).

정보 격차에 유의하라

현대 심리학의 수많은 동향처럼 호기심에 관한 초창기 개념 중 일부는 철학자이자 심리학자인 윌리엄 제임스에게서 영감을 받았다. 제임스는 선견지명적으로 그리고 현대 인지 용어를 사용해 19세기 말, '형이상학적 경이'나 '과학적 호기심'은 '철학적인 뇌'가 '지식의 ……불일치나 격차에 반응하는 것'이라고 주장했다.[11] '음악적인 뇌가 불협화음에 반응하는 것처럼' 말이다. 그는 호기심이 우리가 이해하지 못하는 대상을 더 알고 싶어 하는 욕망이라고 해석하기까지 했다. 그로부터 천 년 후 카네기멜론 대학교의 심리학자 조지 뢰벤슈타인[12]은 이 개념을 현대적으로 해석해 '정보 격차 이론'이라는 상당히 영향력 있는 이론을 내놓았다.

호기심을 설명하는 이 시나리오의 기저에 놓인 기본 개념은 단순하다(파악하기만 하면 말이다!). 이는 합리적인 가정에서 시작된다. 우리는 주위를 둘러싼 세상이나 특정 주제에 일종의 선입견이 있기 마련이며 일관성을 추구한다는 가정이다. 상상이든 실제든 우리가 믿고 있던 기존 지식, 내부 예측 모델이나 편견에 상충되는 것처럼 보이는 사실에 직면할 때 '격차'가 발생한다. 우리는 이 격차를 불쾌하게 여겨 회피하려 하며, 그 결과 불확실성과 무지라는 감정에서 벗어나기 위해 탐구를 하고 새로운 관점을 추구한다.[13] 이 논리에 따르면, 호기심을 비롯해 이와 관련된 행동은 그 자체로는 목적이 아니다. 이는 우리가 불확실성과 혼란으로 야기된 불편한 느낌을 완화시키기 위해 활용하는 수단일 뿐이다. 뢰벤슈타인의 말을 빌리면 호기심은 '지식과 이해력 간의 격차를 인식하는 데서 기인한 박탈감.'이다. 즉 정보 격차 이론에 따르면 호기심은 정신적 혹은 지적 가려움을 긁는 것이나 다름없다.

정보 격차 이론은 그 특성상 **불확실성**(기존의 정보 상태와 희망하는 정보 상태 간의 차이 인지)을 호기심의 주요 원인으로 본다.[14] 인생의 위험천만한 교차로에서 어떤 결과가 발생할지 확실히 알지 못할 경우 우리는 불안해질 수밖에 없다. 뢰벤슈타인의 연구와 벌린이 제안한 이와 비슷한 주장 모두 불확실성의 개념을 정보 이론이라는 전통적인 방법에서 차용했다. 쉽게 말해 정보 이론에 따르면 다른 조건이 동일할 경우 대안이나 가능한 결과가 많은 상황일수록 불확실성이 커진다. 예를 들어, 여성 축구팀의 실력이 대동소이할 경우 어떠한 팀이 월드컵에서 승리를 거머쥘지를 처음부터 예측하는 것은 마지막 두 팀이 남았을 때 예측하는 것보다 어려울 것이다. 이와 마찬가지로 불확실성은 특정 결과가 발생할 확률이 거의 동일할 경우 더욱 커진다. 두 팀이 실력과 동기부여 측면에서 비슷할 경우 한 팀이 다른 팀보다 월등히 우세할 경우보다 어느 팀이 승리할지 예측하기가 훨씬 어려워진다. 2016년 클리블랜드 캐벌리어스와 골드스테이트 워리어스 간에 펼쳐진 NBA 결승전을 본 사람이라면 이 주장이 옳다는 것을 알 수 있을 것이다.

심리학 분야에서 지난 수십 년 동안 이루어진 수많은 연구[15]와 신경과학 분야에서 최근에 이루어진 수많은 연구 결과, 정보 격차 이론이 부분적으로나마 사실임이 입증되었다. 예를 들어, 연구 결과에 따르면 사람들은 놀랍거나 복잡한 사물이나 상황에 맞닥뜨릴 경우 큰 관심을 보인다고 한다. 하지만 무언가를 관찰하고 탐구하려는 욕망은 새로운 정보를 획득함으로써 불확실성을 해소했다고 생각할 때까지만 지속된다. 뢰벤슈타인은 사람들이 예측하는 정보 격차의 크기는 사전 지식의 깊이를 비롯해 정보를 회수할 수 있는 능력에 대한 주관적인 판단에 달려 있다고 주장하기도 했다. 인지과학자들은 이를 가리켜 '안다는 느낌'feeling-of-knowing이라 부른다.[16] 뢰벤슈타인의 추측에 따르면, 안다는 느낌이 강한 사람은 특정 정보 격차를 다른 이들에 비해 쉽게 극복할 수 있다고 여긴다. 그는 정보 격차를 극복할 수 있는 능력이 호기심을 강화시킨다고 보았다. 사람들은 별로 큰 노력을 기울이지 않고도 불확실성을 제거해 불안감이라는 불쾌한 감정 상태에서 벗어날 수 있다고 생각할 것이기 때문이다. 예를 들어, 특정 영화에 출연하는 배우들의 이름을 대부분 알고 있는 사람이라면 기억이 잘 나지 않는 단 한 명의 배우의 이름을 기억하기 위해 기꺼이 조금 더 노력할 것이다.

뢰벤슈타인의 정보 격차 이론은 최소한 특정 종류의 호기심의 특성에 상당히 흥미로운 관점을 제공한다. 이 이론을 적용하면 정보 격차에 의해 어떻게 **구체적 호기심**(개별 정보를 획득하고자 하는 욕구)이 생기는지 쉽게 알 수 있다.[17] 아가사 크리스티나 댄 브라운, 로버트 겔브레이스(조앤 롤링의 필명)가 쓴 추리소설[18]이나 알프레드 히치콕 감독의 영화를 보며 우리는 살인을 저지른 사람이 누구인지, 때로는 그 이유와 방법까지도 궁금해 한다. 이와 마찬가지로 친한 친구가 와서 "정말 중요한 할 말이 있어. 아니야, 됐

98

다, 신경 쓰지 마."라고 말할 경우 안달이 나기 마련이다. 이 같은 상황에서는 채워져야 할 정보 격차를 파악하기가 어렵지 않으며, 우리는 알고 있는 정보와 알고 싶은 정보 간의 정확한 차이를 확실히 알고 있기 때문에 호기심이 발동한다. 정보 격차는 우리가 대화의 절반을 엿듣는 이유이기도 하다. 우리는 옆 자리에 앉은 사람의 핸드폰 통화를 들을 때 전체 대화를 듣는 것보다 호기심이 발동하며 마음이 심란해진다. 코넬대학교의 심리학자들은 연구[19]를 통해 이러한 '반쪽대화'(halfalogue, 둘 사이의 대화에서 어느 한 쪽을 의미하는 말로 'half'와 'dialogue'의 합성어-옮긴이)를 들을 경우 집중을 필요로 하는 다양한 인지 과제에서 형편없는 결과를 보인다는 사실을 발견했다. 이야기의 절반을 놓칠 경우 대화의 흐름을 예측하기가 불가능하기 때문에 우리는 어떻게 해서든 나머지 대화를 들으려고 애쓰게 된다. 이 연구를 총괄한 로렌 엠버슨은 매일 45분 동안 버스를 타고 학교에 출근하는 길에 이러한 현상을 관찰해야겠다고 생각했다. 그녀는 "다른 사람이 핸드폰으로 통화를 할 때 전 아무 일도 할 수 없었죠."라고 설명했다. 이 사실은 지하철이나 버스에서 왜 그렇게 많은 사람이 이어폰을 끼고 있는지를 부분적으로나마 설명해 줄 수 있을지도 모른다.

TV 연속극 제작자나 스릴러 작가들은 정보 격차가 호기심을 유발할 수 있다는 사실을 잘 알고 있다. 그래서 모든 에피소드나 장의 마지막 부분에서 청중이나 독자를 애태우는, 손에 땀을 쥐게 하는 상황을 연출한다.

정보 격차 시나리오에 따르면 호기심은 최소한 표면적으로는 음식이나 수면, 배설물 배출 같은 신체적 욕구와 별 차이가 없어 보인다. 하지만 일부 연구진은 단순한 생물학적 욕구와 호기심 간에는 중요한 차이가 있다고 지적한다. 예를 들어, 배고픔 같은 생물학적인 욕구는 보통 뱃속 꼬르륵 소리나 공복통 같은 신체의 확실한 신호에 의해 촉발된다. 하지만 정보 격차는 지식을 바탕으로 한 기제를 필요로 한다.[20] 정보 격차를 인식하고 평가하려면 초기 정보 상태와 목표, 이상적인 상태를 전부 알아야 한다. 예를 들어 모든 공간에 스며들어 우주 팽창을 가속화시키는 암흑 에너지의 수수께끼 같은 형태에 대해 알지 않는 한, 이 에너지의 물리적인 특성에 호기심을 느낄 수 없다.

따라서 온갖 종류와 유형의 호기심을 다뤄야 하는 종합적인 이론이라는 측면에서 보았을 때 정보 격차 시나리오에는 다음과 같은 첫 번째 내제된(잠재된) 문제가 존재한다. 때로는 광범위한 맥락에 대한 온전한 지식이 없는 상태에서 개인이 불확실성의 시작 수준이나 바람직한 수준을 제대로 측정할 수 있는 방법을 파악하기가 쉽지 않은 경우가 있다. 예를 들어, 과학 연구에서는 실험 결과와 관찰, 이론의 탄생으로 인해 예측하지 못한 새로운 질문이 발생하기 마련이다. 자연 선택설에서 탄생한 다윈의 진화론은 실제 생명체의 **기원**에 대한 질문(다윈이 다루지 않은 주제)을 낳았다. 이와 마찬가지로 태양 이외의 별들의 궤도를 도는 수십 억 개의 행성이 존재한다는 최근 발견에 따라, 수많은 천문학자가 '우주에는 우리만 존재하는가?'라는 질문에 대한 답을 찾는 데 혈안이 되었다. 결국 뇌가 어떻게 정보 격차를 인식하고 제대로 판단할 수 있을지가 문제다. 우리는 어떻게 지식의 범위를 측정하고 우리가 모르는 것이 얼마나 많은지 판단할 수 있을까? 결국 특정 상황에서 모두가 느끼는 생물학적인 욕구는 동일한 조건에서조차 사람마다 다를 수 있는 호기심과 확실히 구분될 수밖에 없다. 게다가 **구체적 호기심**은 원하는 정보가 제공되면 채워질지 모르지만 **일반적 호기심**(특히 인지적 호기심)과 탐구하고자 하는 욕구는 절대로 쉽게 만족되지 않는다.

심리학자들은 온갖 종류의 호기심을 다루는 종합 이론으로서 정보 격차 이론에 내제된 또 다른 문제들도 파악했다. 첫째, 이 이론은 호기심을 부정적이고 회피적이며 불쾌한 상태로 본다. 하지만 탐구적인 행동을 관찰한 수많은 실험[21] 결과, 새로움과 다양성은 보통 흥미와 관심을 촉발시키는 긍정적이고 즐거운 경험으로 인식된다. 예를 들어, 7학년과 8학년을 대상으로 한 실험에서 '호기심 있다'고 여겨진 학생들은 학급 활동에 참여하는 것을 유쾌하지 못한 경험이 아니라 만족스럽고 가치 있는 경험이라고 말했다.[22] 정보 격차 모델에서 주요 원동력인 불확실성조차 늘 부정적인 영향을 미치는 것은 아니다. 만약 그렇다면 아무도 추리소설을 읽거나 엉뚱한 행동에 가담하지는 않을 것이다. 불확실성이 불편한 느낌을 주는 것만은 확실하지만(심각한 질병에 대한 의혹을 없애주거나 확정지을 수 있는 의료 검사 결과를 기다릴 때처럼) 긍정적인 결과를 낳는 것과 관련된 불확실성은 지속적인 즐거움을 선사할 수 있다.

이 마지막 사실은 2005년에 심리학자 티모시 윌슨과 대니얼 길버트를 비롯한 동료들이 수행한 흥미로운 연구 결과[23]에 의해 입증되었다. 이 실험에 참가한 총 6명의 참가자(남성 3명, 여성 3명)는 자신들이 인터넷을 통해 형성된 인상에 관한 실험에 참가한다고 믿었다. 그들은 3명의 이성에 대해 평가한 뒤 자신과 가장 잘 맞을 것으로 생각되는 친구를 한 명 택한 뒤 그 이유를 적어야 했다. 연구진은 참가자에게 (사실은 허구의) 이성 3명이 전부 자신을 최고의 친구로 선택했다고 얘기해주었다. 참가자들은 두 그룹으로 나뉘었다. '확실한' 그룹에 속한 이들에게는 어떤 이성이 어떤 기분 좋은 설명을 했는지 말해주었다. '불확실한' 그룹에 속한 이들에게는 이 정보가 제공되지 않았다. 어떠한 그룹이 더 오랫동안 행복감을 느꼈는지 추측할 수 있겠는가? 참가자 모두 자신이 최고의 친구로 선택되었다는 긍정적인 피드백에 만족감을 느꼈다. 하지만 불확실한 그룹에 속한 이들은 15분 동안 더 오래 자신감에 차 있었다. 즉, 특정 사건이 긍정적인 결과를 낳는다는 사실을 알 때 사람들은 호기심을 느끼는 상태를 즐긴다. 그래서 아기를 임신한 부모는 간혹 태아의 성별을 알고 싶어 하지 않고, 사랑하는 상대를 향해 처음으로 느끼는 기쁨은 이룰 말할 수 없는 즐거움을 안겨주며, 어떤 사람들은 윔블던 테니스 경기의 결승전을 녹화했다 해도 직접 경기를 보기 전에는 결과를 알고 싶어 하지 않는다. 그들은 모두 불확실성을 즐기는 것이다. 해당 사건이 긍정적인지 부정적인지(내가 선택한 학교에 입학하게 될까? 특정한 의학 치료가 도움이 될까?) 모를 경우에만 불확실성은 부정적인 것으로 간주된다.

낭만파 시인 존 키츠는 불확실성을 견디고 수용하기까지 하는 능력과 알지 못하는 것을 수수께끼인 상태로 두고자 하는 의지는 시를 비롯한 문학 작품에서 반드시 필요한 요소임을 주장하기 위해 '부정적인 능력'이라는 용어를 도입했다. 키츠가 보기에 '위대한 시인에게 미적 감각은 다른 요소보다 우선시되며 다른 요소를 말소시키기까지 했던 것이다.' 그가 제시한 부정적인 능력[24]이라는 개념은 이를 사회적 맥락에 적용시킨 로베르토 웅거[25], 이를 실용주의라는 철학적인 전통에 통합시킨 존 듀이[26] 등 20세기 철학자들의 사상에 큰 영향을 미쳤다. 시인이 아니라 과학자였으며 현상을 해독할 경우 아름다움이 증대될 뿐이라고 주장했던 파인만조차 한 때 "나는 모르는 것이 두렵지 않다. 수수께끼로 가득 찬 우주에서 목적 없이 방황하는 것이 겁나지 않는다."라고 말한 바 있다.

종합 이론으로서 정보 격차 이론에 내제된 두 번째 문제는 다음과 같다. 사람들은 이따금 선행 정보의 영향을 받아 호기심을 느낀다. 따라서 '정지해 있던 물체는 계속 정지 상태로 있다.'는 뉴턴의 제 1 운동 법칙에 의거할 경우 호기심이 불쾌한 감정을 낳는다면 왜 사람들이 굳이 호기심을 느낄지 의아해할 수 있다. 하지만 보통 특정 주제에 대한 호기심은 더 많은 주제를 탐구하고자하는 욕망으로 이어지기 마련이다. 결국 호기심의 가장 기본적인특성은 질문을 하고 그 결과 더 많은 불확실성을 야기할 위험을감수하는 것이다. 정보 격차 모델에서 이는 더욱 괴로운 상황으로여겨진다.

세 번째 문제는 정보 격차 이론의 보편성과 관련 있다. 이 이론의 기본적인 전제가 옳다 할지라도 지나친 단순화처럼 보인다. 특히 호기심의 다양한 유형을 고려할 경우 더욱 그러하다. 호기심을 유발할 수 있는 잠재적인 대상이 지나치게 많이 존재하기 때문에 그 과정에서 중요한 정보를 놓치지 않은 채 이를 불확실성이라는 단 하나의 변수로 치환하기란 불가능한 일이다. 예를 들어, 중력파의 정확한 성격, 음악이 강력한 감정을 불러일으키는 이유, 마술사가 속임수를 부리는 방법, 함께 점심식사를 하는 사람의 생각, 꿈의 역할, 킴 카다시안의 최근 인스타그램에 대해 궁금해 하는 것이 단순히 정보 격차의 인식에 기인한 것이라고 정말로 주장할 수 있을까?

곧 살펴보겠지만 정보 격차 모델이 특정 유형의 호기심을 설명하는 훌륭한 기제를 제공해 주기는 하지만 일반적인 형태의 호기심은 다양한 기제로 이루어져 있다는 것이 현재 지배적인 생각이다. 하지만 다른 이론들을 살펴보기 전에 적절한 통합 이론(만약 그런 이론이 존재한다면)이 무엇일지에 관계없이 보편적으로 적용되는 호기심의 특징에 대해 추가적으로 살펴보기로 하자.

알려진 무지

플라톤의 소크라테스식 대화[27]를 다룬 『메논』을 보면 명문 출신의 젊은 메논은 무지를 탐구하는 것은 사실 불가능하다는 사실을 입증할 수 있다고 주장함으로써 위대한 소크라테스에 도전하려 한다. 그는 "소크라테스, 그렇다면 무엇인지 모르는 것을 어떻게 탐구한단 말입니까? 모르는 것 중 무엇을 탐구 대상으로 제안할 거죠?"라고 묻는다. 그 유명한 '알려지지 않은 무지' 문제를 지적한 것이다. 우리가 모른다는 사실조차 모르는 대상이다.

'알려지지 않은 무지'는 도널드 럼스펠드 전 미 국방부장관이 2002년 2월, 이라크 전쟁과 관련해 열린 단신 보도[28]에서 창안한 말이다. 이라크가 테러리스트 단체에 대량살상 무기를 공급했는지를 입증할 수 있는 증거가 없는 상황과 관련해 럼스펠드 국방부장관은 기자들에게 이렇게 말했다. "무언가 발생하지 않았다는 보도는 늘 흥미롭습니다. 왜냐하면 알다시피 이 세상에는 우리가 안다는 사실을 아는 '알려진 유지有智'가 있습니다. 우리가 모른다는 사실을 아는 것, 즉 '알려진 무지'도 있죠. 하지만 모른다는 사실조차 모르는 경우도 있습니다. 바로 '알려지지 않은 무지'죠." 그의 진술은 상당히 논리적이었지만 이 발언으로 럼스펠드는 2003년 실언상[29]을 받았다. 유명 인사의 입에서 나온 가장 당황스러운 발언에 주어지는 상이었다.

메논의 이야기로 돌아가 보자. 그의 질문에 소크라테스는 더욱 알쏭달쏭한 답으로 대응했다. '메논의 역설'로 유명해진 이 대답은 다음과 같다. "메논, 자네의 말을 이해하네. 하지만 자네의 주장이 얼마나 논쟁적인지[논의의 여지가 있는지] 살펴보세. 누군가 아는 대상이나 모르는 대상을 탐구하는 것이 불가능하다는 주장 말이네. 그는 자신이 아는 것을 탐구하지는 않을 걸세. 이미 알고 있는 내용이라면 굳이 탐구할 필요는 없기 때문이지. 그렇다고 해서 자신이 모르는 것을 탐구하지도 않을 걸세. 자신이 탐구하려는 대상을 모르기 때문이지."

소크라테스의 마지막 말은 호기심이라는 측면에 초점을 맞춰 이렇게 바꾸어 말할 수도 있을 것이다. "누구든 자신이 알고 있는 대상에 호기심을 느끼지는 않을 것이다. 이미 알고 있는 내용이기 때문이다. 그렇다고 해서 자신이 모르는 대상에 호기심을 느끼지도 않을 것이다. 무엇에 호기심을 느껴야 하는지 모르기 때문이다." 그렇다면 우리는 절대로 호기심을 느낄 수 없다는 말일까? 당연히 그렇지 않다. 따라서 메논의 역설은 진짜로 역설이 아니다.

내가 알기로 현대 심리학자들은 플라톤의 『메논』을 (최소한 정기적으로) 참고하지는 않는다. 하지만 일부는 이와 비슷한 논리를 내세워, 특정 주제를 향한 호기심의 수준이 해당 주제에 대한 사전 지식으로부터 얼마나 영향을 받는지를 표현한 함수가 역 U자형 (그림 14)을 보인다고 주장한다. [30] 간단히 말해 거의 모르는 주제에 대해서는 호기심을 느끼지 못하며, 마찬가지로 특정 주제에 대해 너무 많이 알 경우 더 이상 호기심을 느끼지 않는 것이다. 우리의 호기심은 특정 주제와 관련해 약간의 정보를 갖추고 있을 때 절정에 달한다. 소크라테스는 그의 도발적인 대답에서 이 중요한 중간 범위의 정보를 누락했다. 우리가 모른다는 사실을 아는 대상, 즉 '알려진 무지'라는 영역이다.

역 U자형 곡선의 한 가지 사례(그림 15)는 19세기 말에 활동한 심리학의 창시자 중 한 명인 빌헬름 분트의 곡선으로 거슬러 올라

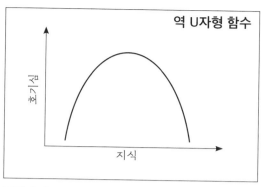

그림 14

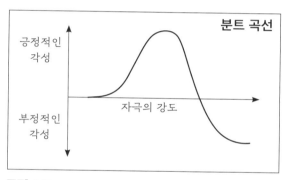

그림 15

간다.[31] 분트는 자극의 강도가 증가하면 긍정적인 각성 또한 증가하지만 여기에는 한계가 존재한다고 주장했다. 자극이 강해지면 경험이 지나치게 강렬해져 긍정적인 반응이 감소하고 결국 부정적인 각성이 증가하게 되는 것이다.

1970년대 말, 벌린은 분트의 곡선이 각기 다른 두 가지 뇌기능의 상호작용을 보여준다고 주장했다.[32] 보상 기제를 통해 호기심

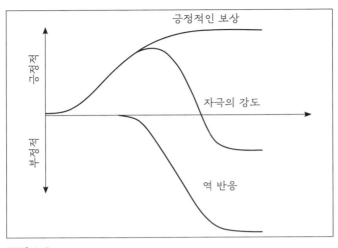

그림 16

과 탐구적인 행동을 유도하는 기능과 불쾌한 감정을 불러일으킴으로써 주의를 주는 기능이다. 벌린의 개념을 개략적으로 도식화하면 그림 16과 같다. 이 모델에 따르면 긍정적인 보상 기제[33](그림의 상단에 위치한 곡선)는 특정 수준까지는 놀랍고 복잡한 현상일수록 호기심이 증가하는 방식으로 작동한다. 하지만 특정 지점에 이르면 호기심은 정체되며 아무리 복잡하고 참신하며 수수께끼 같은 현상이 발생하더라도 우리는 더 이상 호기심을 보이지 않는다. 우리의 호기심은 (상부 곡선의 평편한 부분처럼) 수평을 유지하는 것이다.

　벌린의 해석에서 부정적인 역 반응(그림의 하단에 위치한 곡선)은 즉각적인 강도가 높을 경우에만 발동한다. 즉 자극이 위협적이거나 공포를 자아내는 경우다. 강도가 심해질수록 (하부 곡선이 계속해서 아래로 내려가는 것처럼) 부정적인 감정은 계속해서 증가한다. 벌린은 분트의 곡선은 뇌가 긍정적인 반응과 부정적인 반응을 인지적으로 요약한 결과일 뿐이라고 말했다. 즉 부정적인 반응이 활성화되지만 않는다면 보상이 커질수록 호기심은 증가한다. 하지만 뇌가 잠재적으로 부정적인 영향을 긍정적인 영향보다 더 크게 받아들이기 시작하면 호기심이 줄어들며 그림 15에서처럼 역 U자형 곡선을 보인다. 우리는 단순한 비유를 통해 벌린의 개념을 이해할 수 있다. 옐로스톤 국립공원을 돌아다니다가 멀리서 그리즐리 곰 한 마리를 갑자기 발견했다고 치자. 이는 당연히 호기심과 흥분을 자아낼 것이다. 바로 그 때 첫 번째 곰 옆에 새끼를 끼고 있는 엄마 그리즐리 곰을 봤다고 치자. 이 새로운 발견은 더 많은 호기심을 불러일으킨다. 얼마 안 그리즐리 곰 한 무리가 나타나고 호기심의 강도는 더욱 강해진다. 곰은 무리지어 다니는 동물이 아니기 때문이다. 하지만 더 많은 곰을 보는 순간 호기심이 생기기도 하지만 두려움[34]이 일기 시작한다. 한 곳에 그렇게나 많은 곰이 나타나는 것은 우려할 만한 일이다. 근처에 더 많은 곰이 나타나자 걱정과 두려움이 더욱 강해진다.

여러분은 벌린의 인지 반응 개념이 레오나르도가 산에서 발견한 동굴의 입구에서 느꼈던 탐구심과 공포가 뒤섞인 감정과 정확히 일치한다는 것을 눈치 챘을 것이다.

역 U자형 곡선에 대한 벌린의 해석은 호기심 이론에 새로운 요소를 도입시켰다. **긍정적인 보상 체계**라는 요소다. 벌린의 개념이 정보 격차 이론보다 먼저 소개되었으며 정보 격차 이론에 큰 영감을 주었지만 정보 격차 이론은 여전히 호기심을 주로 부정적인 감정을 완화하기 위한 욕구로 본다. 호기심과 긍정적인 인식 간의 관계는 비교적 미미하다. 뢰벤슈타인은 (박탈감이 아니라) 긍정적인 호기심이 탐구적인 행동을 낳을 수도 있다고 인정했지만 그의 정보 격차 모델은 지식을 향한 긍정적인 욕망은 그 자체만으로는 호기심으로 이어지지 않는다는 점을 내포적으로 암시하고 있다. 그러나 다음 장에서 알 수 있듯이 다른 연구자들은 호기심을 그저 불쾌한 감정을 제거하기 위한 수단이 아니라 자체적인 동기부여 수단으로 보았다.

분트 곡선에 대한 벌린의 설명은 시사하는 바가 크지만 논쟁의 여지를 낳기도 했다. 우선 이것이 합리적인 해석이 되려면 서로 상반되는 감정인 즐거움과 공포가 공존해야 한다. 이러한 상황이 가능한지에 대해서는 의견이 분분하지만 대부분의 심리학자는 긍정적인 영향이 부정적인 영향에 앞서는 것은 타당하지 않다는 벌린의 주장에 동의한다. 그의 주장을 논리적으로 만들려면 즐거움은 불쾌한 상태로 가기 위해 반드시 필요한 단계라고 가정해야 했다. 그림 16에서 알 수 있듯 높은 자극 단계에서는 긍정적인 보상 체계 이후에 역 반응이 발생하기 때문이다. 하지만 조셉 르두가 광범위하게 연구한 두려움이라는 감정의 경우, 두려움이 느껴지기 전에 보상 체계가 활성화된다는 증거는 존재하지 않는다. 게다가 정량적인 차원에서 벌린은 긍정적인 감정과 부정적인 감정의 상대적인 크기나 이들이 활성화되는 것으로 추정되는 시점에 대해 명확한 설명을 제공하지도 못했다. 그럼에도 불구하고 호기심은 즐거운 요소와 불쾌한 요소가 통합된 것이라는 벌린의 가정은 호기심을 이해하는 과정에 크게 기여했다. 이는 호기심이 다양한 기제로 구성되어 있을지도 모른다는 생각을 낳았는데, 이 부분에 관해서 다음 장에서 자세히 살펴보겠다.

　앞서 언급했듯, 정보 격차 이론은 호기심을 다루는 종합적인 이론으로 간주되기에는 문제가 있었다. 호기심을 불쾌한 감정으로만 보는 심각한 문제 외에도 이 이론은 언뜻 보기에 역 U자형 패턴을 설명하지도 못한다.[35] 불확실성이 가중될 때마다 호기심이 증가하기만 한다면 호기심이 감소하기 시작하다 결국 지루함이나 초조함으로 바뀌는 불확실성의 지점은 존재하지 않을 것이다. 즉, 역 U자형 곡선은 존재하지 않는 것이다. 하지만 이 문제는 기본적인 개념에 약간의 수정을 가함으로써 쉽게 해결할 수 있다. 일관성 없는 온갖 관찰들, 즉 정보 격차의 불확실성이나 의문, 가치가 전부 호기심으로 이어지는 것은 아니라고 보면 된다. 알려진 것과 관찰된 것 간의 격차가 상당히 적을 경우 우리는 (최소한 일부 경우) 호기심을 갖기는커녕 관심조차 보이지 않을 것이다. 반면 그 차이가 상당히 클 경우(의심이나 갈등이 클 경우) 이는 혼란이나 불안감을 낳을 것이며 호기심을 불러일으키는 대신 메우기 힘든 격차로 간주될 것이다. 이 해석에서는 오직 중간 수준의 불확실성만이 호기심을 불러일으키고 유지할 수 있다. 달리 말해, 우리는 거의 모든 것을 알고 있거나 사실상 아는 게 거의 없는 대상에는 그다지 흥미를 보이지 않는다. 우리는 무언가를 조금 알지만 더 많이 알아야 한다고 느낄 경우(알려진 무지)에만 호기심을 보이는 경향이 있다. 정보 격차 모델은 이처럼 단순한 보완으로 역 U자형 함수를 설명한다.

6장에서 자세히 살펴보겠지만 (정보 격차 모델과 역 U자형 곡선에서처럼) 정보를 어느 정도 아는 상태에서는 호기심이 증가하지만 추가적인 정보가 주어질 경우 호기심이 줄어든다는 주장은 흥미로운 신경과학 실험을 통해서도 뒷받침되었다.

정보 격차 모델로 호기심에 관한 궁금증이 일부 해결되기는 했지만 (역 U자형 곡선으로 보완하더라도) 이 모델은 여전히 문제를 내포하고 있었기에 인지과학자들은 결국 다른 개념을 찾을 수밖에 없었다. 그리하여 그들은 호기심이 그 자체로 보상성이 있으며 지식의 결여와 박탈감이라는 불쾌한 감정이 아니라 경이와 흥미라는 즐거운 감정을 추구하기 위한 욕구에 기인한다는 주장을 탐구하기 시작했다.

5장

호기심에 관한 호기심 : 지식을 향한 본질적인 사랑

호기심이 불확실성에 기인한 불쾌한 감정을 누그러뜨리기 위한 수단이 아니며 최소한 다른 역할도 수행한다면 그것은 도대체 무엇일까? 심리학 분야에서 이루어진 최근 연구 결과에 따르면 호기심은 그 자체만으로도 보상이 될 수 있다.[1] 즉 외부나 내부 압력에 의해 제어 받지 않으며 자체적인 활동 이외에는 확실한 보상이 없는 강력한 자체 동기 부여수단이 될 수 있는 것이다. 이 관점에 따르면 정신은 정보 수집과 지식 습득에 가치를 부여하는 보상 체제를 제공할 수 있어야 한다.

이러한 생각은 J. 클라크 머레이와 존 듀이 같은 심리학계의 개척자가 20세기 초에 수행한 연구에 뿌리를 두고 있다. 이 개념은 참신한 자극, 흥미로운 인물, 예상치 못한 새로운 생각을 찾는 것은 인간만의 독특한 특징이라는 단순한 관찰 결과에 기반하고 있다. 인간이 우주 바깥세계와 우리의 내면을 탐구하지 않는 세상을 상상조차 할 수 있을까? 소우주와 대우주를 탐구하지 않는 세상을 상상할 수 있을까? 레오나르도와 파인만은 당연히 그럴 수 없었다. 뢰벤슈타인이 정보 격차 이론을 내놓은 해에 심리학자 찰스 스필버거와 로라 스타는 최적 자극/이중 절차 시나리오를 제안했다.[2] 이 이론(뢰벤스타인의 이론처럼 벌린의 초기 개념을 몇 가지 통합했다)에 따르면 최적 자극은 두 가지 상반되는 과정의 결과로 발생한다. 그들의 주장에 따르면 독창적이고 복잡하며 부적합한 현상은 '즐거운 호기심'과 '불쾌한 두려움'이라는 두 가지 상태를 유발하는데, 기폭제 역할을 하는 외부 자극의 강도가 낮을 경우 탐구하고자 하는 욕망과 함께 호기심이 우세하게 된다. 보상의 강도가 보통일 경우에는 높은(즐거운) 호기심과 약한(불쾌한) 두려움이 혼합된 상태가 되어 우리는 구체적인 탐구, 즉 특정한 정보를 추구하게 된다. 마지막으로 완전히 예상 밖의 일이나 아주 혼란스러운 것을 목격하는 것처럼 상당히 강력한 자극의 경우 두려움의 강도가 지나치게 높아져 우리는 탐사를 추구하기는커녕 상황을 전면적으로 회피하게 된다.

스필버거와 스타는 이 모델을 통해 (벌린과 마찬가지로) 호기심을 흥미와 경이라는 긍정적인 감정으로 개념화할 수 있다고 주장한다. 아마추어 마술사가 마술을 선보이는 것을 반짝이는 눈으로 바라보는 아이를 본 사람이라면 이러한 관점을 쉽게 이해할 수 있을 것이다. 하지만 스필버거와 스타는 뢰벤슈타인의 생각과는 정반대로 불확실성에 기인한 불쾌한 상태를 '호기심'이 아니라 '두려움'으로 보았다. 뢰벤슈타인은 호기심이란 정보 격차에서 발생한 불안한 감정을 완화하기 위한 수단일 뿐이라고 보았다. 그의 모델에서는 순수한 흥미에서 발현된 정보 추구 행위를 '호기심'이라 명할 수 없다.

다시 말해 뢰벤슈타인에게 호기심은 배우고자 하는 욕망이 아니라 불안한 감정을 완화하기 위해 가려운 곳을 긁는 것인 반면, 스필버거와 스타에게 호기심이란 지식을 향한 갈망을 의미한다. 그들이 보기에 불확실성은 호기심이 아니라 두려움을 야기할 뿐이다. 하지만 중요한 점은 이 두 가설 모두 실험을 통해 입증되어야 한다는 사실이다.

예상했겠지만 스필버거와 스타의 최적 자극 모델 역시 몇 가지 문제가 있다. 우선 바람직한 상태라고 할 수 있는 '최적' 자극 상태가 과연 존재하는지 의문이다. 게다가 그러한 상태가 존재한다 할지라도 사람들이 품고 있는 의문이나 수수께끼를 해결할 경우 호기심이라는 긍정적인 경험이 최적 이하의 자극 수준으로 낮아진다면 그들이 굳이 왜 이 문제를 해결하겠느냐는 문제가 남아 있다.

이러한 문제를 피하는 동시에 (때로는 상충하는) 몇 가지 개념을 하나의 모델로 통합시키기 위해 인간 기계 인지연구소의 심리학자 조던 리트만은 2005년, 호기심에는 두 가지 측면이 있다고 주장했다.[3] 'I 호기심'은 지식을 향한 관심(Interest의 I)과 이를 추구하려는 노력으로 즐거운 감정 경험이 수반되며, 'D 호기심'은 특정 정보를 획득할 수 없는 데서 기인한 불확실성과 결핍(Deprivation의 D)이라는 감정의 결과로 발생한다.

리트만의 모델이 양다리를 걸치기 위한 애매한 전략이 아니라는 점을 강조하고 싶다. 그는 수많은 동기부여 장치가 각기 다른 상황에서 즐거운 감정을 불러일으킬 수도, 불쾌한 감정을 불러일으킬 수 있다고 말하는데 이는 옳은 지적이다. 예를 들어, 우리는 도리토스 TV 광고나 훌륭한 요리의 향연이 이어지는 〈바베트의 만찬〉, 〈마사의 부엌〉, 〈줄리 앤 줄리아〉 같은 영화를 보면 배고픔을 느낄 수 있다. 하지만 위가 빌 때나 무시당한다는 느낌이 들어 스스로를 위로하고 싶을 때도 극심한 배고픔을 느낄 수도 있다. 이와 마찬가지로 성관계를 맺고자 하는 욕망은 사랑하는 상대를 향한 즉흥적이고 즐거운 감정에 기인할 수도 있지만 해외에서의 군복무 같은 장기 금욕에서 유발된 결핍 상태 때문일 수도 있다.

달리 말해, 리트만의 추측에 따르면 호기심이란 불쾌한 상태를 완화시키는 행위와 내부적으로 동기 부여된 즐거운 상태를 유도하는 행위를 둘 다 가리킬 수 있는 것이다. 어떠한 상태가 지배적일지는 자극의 유형과 개인적인 차이에 달려 있을 것이다. 예를 들어, 레오나르도의 인지적 호기심(탐구하고자 하는 원동력)을 자극해 그로 하여금 수많은 페이지에 걸쳐 기록을 하도록 만든 인간 심장 박동의 경우 동시대인들의 상당수가 관심조차 주지 않았다. 이와 마찬가지로 고등학교 때 옆자리에 앉은 친구들의 이름을 기억하지 못하는 것이 누군가에게는 미칠 노릇이지만 다른 이들에게는 전혀 신경 쓰이지 않는 문제일 수 있다. 혹은 동물원에서 처음 보는 동물을 보는 것이 어떤 사람들에게는 **지각적 호기심**을 불러일으키겠지만(그들은 동물의 이름이 적힌 설명서를 찾아볼 것이다) 다른 사람에게는 인지적 호기심을 불러일으킬 것이다(그들은 집으로 가 이와 관련된 광범위한 정보를 찾아볼 것이다).

컬럼비아대학교의 재클린 고틀리브와 로체스터대학교의 셀레스테 키드, 프랑스 컴퓨터 과학 및 자동화 연구소의 피에르-이베로 이루어진 연구팀은 호기심이 단 하나의 체계가 아니라 다양한 기제로 이루어져 있다[4]는 일반적인 주장을 보다 자세히 연구했다. 그들은 우리가 호기심의 다양한 요소와 형태에 얼마나 많은 중요성을 부여하는지는 자극적인 사건이나 주제, 개인적인 특징(지식, 편견, 인지 특성 등)에 달려 있다고 주장한다. 6장에서 살펴보겠지만 신경과학 분야의 최근 연구 결과에 따르면 각기 다른 종류의 호기심에는 다른 뇌 부위가 관여된다고 한다.

앞서 언급했듯 호기심의 개인적인 차이는 어마어마할 수 있다. 예를 들어, 레오나르도와 파인만은 거의 모든 것에 호기심을 느낀 반면, 어떤 사람들은 자신의 업무 외에는 별로 호기심을 느끼지 않는다. 이러한 차이는 인간의 특질을 분류하는 '빅 파이브' 중 하나인 '개방성'이라는 일반적인 특징의 맥락 내에서 주로 연구되어왔다.[5] 심리학에서 이 빅 파이브[OCEAN] [6]는 개방성[Openness], 성실성[Conscientiousness], 외향성[Extroversion], 친화성[Agreeableness], 신경증[Neuroticism]을 의미한다. 이 다섯 가지 특징 중 개방성은 지적인 호기심, 독창적인 것과 탐구를 선호하는 경향을 의미한다. 물론 **개방성**의 정확한 정의에 관해서는 다소 논쟁의 여지가 있기는 하다. 보편적으로 말해 개방성이 높은 사람은 호기심이 많을 뿐만 아니라 복잡한 예술 작품 같은 대상을 더 잘 감상할 줄 안다. 추상적인 관념으로 생각하는 능력이 남들보다 뛰어난 것이다.

(온갖 종류의) 호기심이 불확실성에 기인한 결핍상태와 정보를

추구하려는 내적 욕구에 기인한 보상 기대심리 둘 다를 의미한다는 합리적인 주장을 받아들인다 할지라도 여전히 많은 문제가 남아 있다. 뇌는 지식과 이의 습득에 어떻게 가치를 부여할까? 정보 추구와 탐색의 기저에 놓인 정신의 전략은 무엇일까? 예를 들어, 우리는 TV 화면에 방대한 양의 정보가 담긴 전파가 지나가지 않더라도 백색소음이 존재한다는 사실을 안다. 하지만 깜빡거리는 빛과 쉿쉿 소리에 관심을 갖는 사람은 거의 없다. 인간의 마음은 어떤 과정을 통해 우리 주위에 넘쳐나는 정보를 걸러내고 그 중 무엇에 호기심을 가질지 결정하는 것일까?

　　인지과학자들은 이 같은 문제를 파악하기 위해 노력하고 있다. 즉 호기심에서 유발된 행동에 특정한 전략적 계획이나 궁극적인 목표가 있는지 이해하기 위해 노력하고 있는 것이다.

온갖 가능성 탐구하기

일상의 경험과 수많은 연구 결과, 사람은 금전적인 보상을 비롯한 기타 명확한 외부 보상이 없을지라도 탐구적인 행동(우리가 보통 호기심이라고 여기는 것)을 취한다는 사실이 입증되었다.[7] 상식적으로 사람들이 취하는 활동은 주로 다음과 같은 양상을 띤다. 우리는 너무 쉬워서 지루하다고 느끼는 활동, 혹은 너무 어려워 위협적이거나 괴로워 보이는 활동은 피하는 경향이 있다. 그렇다면 수많은 경로와 선택 중 아무 것이나 선택할 수 있을 경우 우리는 어디에 호기심을 쏟으며 무엇을 탐구하려고 할까? 알다시피 수많은 활동은 인지적으로 막다른 골목이나 이해할 수 없는 상황으로 이어질 수 있다. 처음 책을 접하는 사내아이가 제임스 조이스의『율리시스』를 선택해서는 안 되며 뇌의 기능이 궁금한 여자아이가 처음부터 뇌수술을 시행해서는 안 되는 것이다.

신경과학자 재클린 고틀리브와 동료들은 몇 가지 흥미로운 실험[8]을 통해 우리의 뇌가 보편적인 전략을 사용해 호기심을 자체 동기 부여된 개방적인 탐구로 인도하는지 살펴보았다. 이들은 52명의 실험대상(여자 29명, 남자 23명)에게 하고 싶은 간단한 컴퓨터 게임을 선택하라고 했다. 두 가지 종류의 게임이 주어졌으며 각 게임 별로 다양한 난이도가 존재했다.

실험 결과는 상당히 놀라웠다. 고틀리브와 동료들은 외부 지침이나 유형적인 보상이 없는 상황에도 불구하고 실험 대상들이 자발적으로 일관된 양상에 따라 탐구를 조직했다는 사실을 발견했다. 우선 참가자들은 게임 난이도에 민감한 반응을 보였다. 그들은 가장 쉬운 게임에서 시작해 점차 고난이도로 옮겨갔다. 둘째, 그들은 가능한 선택을 전부 탐구해보고 싶어 했다. 즉 깨는 것이 사실상 불가능한 상당히 어려운 수준을 포함해 온갖 난이도의 게임을 전부 조금씩 시도해 보았다. 셋째, 그들은 중간 난이도의 게임과 고난이도의 게임을 반복하는 경향이 있었다. 마지막으로 참가자들은 새로운 것을 좋아해 새로운 게임을 시도 했지만 이미 익숙해진 게임에서만 새로운 난이도에 도전했다.

이 같은 결과는 인지적 호기심(지식을 향한 갈망)의 흥미로운 면을 보여준다. 첫째, 참가자들이 가장 어려운 수준에까지 도전한다는 사실, 새로운 게임을 시도한다는 사실을 보면 사람들은 온갖 가능한 선택을 알아보고 싶어 한다는 것을 알 수 있다. 그들은 지식을 습득해 이를 마음속으로 부호화하려 하며 새로운 기회를 합리적으로 예측할 수 있는 능력을 향상시키려 한다. 이는 '지식에 기반한 내적 동기[9]'로 예측 오차를 줄이는 데 도움이 된다는 점에서 중요한 역할을 한다. 어떤 대학에 지원할지 결정하기 전에 수많은 대학과 관련된 정보를 살펴보는 고등학생은 이러한 내적 동기에 이끌린다. 한편, 참가자들이 어려운 게임을 반복하고 자신들이 잘하는 게임에서만 새로운 난이도에 도전하는 현상은 연습을 통해 해당 게임에 능숙해지려는 내제된 욕망을 반영한다. 이는 '경쟁에 기반한 내적 동기'라 부른다.

고틀리브의 실험 결과는 인지적 호기심이 개방적인 환경에서 작동하는 방식에 관한 상당히 중요한 통찰력을 제공해준다. 가장 놀라운 점은 힌트나 조언, 지침이 없는 상황에서도 사람들이 비슷한 경로를 따르는 경향이 있다는 사실이다. 전략적인 계획이라는 측면에서 인지적 호기심은 두 가지 목표를 추구하는 것처럼 보인다. 즉 인지적 호기심은 우리가 잠재적인 선택의 한계를 이해하도록 만들고 지식과 경쟁력을 극대화하도록 만드는 동기부여장치라 할 수 있다.

고틀리브는 호기심을 주로 연구하는 몇 안 되는 연구자 중 한 명이므로 나는 그녀가 이 주제에 관심을 갖는 이유가 궁금해졌다. 그녀는 이렇게 말했다. "처음에는 관심의 기제를 이해하려고 했습니다. 그러다가 두 가지 이유 때문에 호기심에 관심이 생겼죠. 우선 행동적인 측면에서 관심이 우리의 행동을 좌우하는 데 어떠한 역할을 하는지 알고 싶었습니다."

"그게 정확히 무슨 의미죠?" 내가 물었다.

"예를 들어, 눈의 움직임을 관심의 지표로 보는 대부분의 연구에서는 실험대상에게 화면의 붉은 사각형 같은 물체에 집중하라고 말한 뒤 이렇게 유도된 주의력이 반응 시간 같은 변수에 어떠한 영향을 미치는지 살펴봅니다. 하지만 실제 결정이 내려지는 과정에 대해서는 살펴보지 않죠. 즉 무언가에 관심을 기울일 만한 가치를 부여하는 게 무엇인지는 연구하지 않아요." 잠시 멈춘 뒤 그녀는 계속해서 말했다. "그래서 저는 선택의 유형을 결정하는 논리를 파악해야겠다고 생각했죠. 예를 들어, 우리는 보통 예상되는 보상에 맞춰 선택을 합니다. 목표 지향적인 행동이죠. 하지만 명확한 보상이 없는데도 우리는 수많은 것에 관심을 보입니다. 바로 호기심이 발동하는 순간이죠." 그녀는 이렇게 덧붙였다. "저는 호기심에 어떠한 과정이 수반되는지, 배움의 정확한 결과를 알지 못할 때조차 우리를 **배움**으로 이끄는 것이 무엇인지 알고 싶었습니다."

"호기심에 관심이 생긴 두 번째 이유는 뭐죠?"

고틀리브가 웃으며 말했다. "두 번째 이유가 있다는 걸 잊지 않으셨군요. 그건 신경과학 때문이었어요. 저는 관심을 가질 자극을 선택하는 대뇌피질[의식을 관장하는 뇌 신경조직의 바깥 층]의 부위가 어디인지 알고 싶었죠. 뇌의 반응과 관련해 수많은 모델이 존재하는데, 그 모델들 역시 보통 대상이 목표나 보상을 염두하고 있는 상황만을 설명해줄 뿐이죠. 행동적인 사례에서와 마찬가지로 저는 '목표와 무관한' 부분에 관심이 있었어요. 그래서 행동적인 측면과 신경과학적인 차원에서 호기심을 통합시켰죠."

나는 고틀리브의 독특한 과학 연구 방식에 여전히 호기심이 가득했기에 이렇게 물었다. "당신이 과학자가 되기로 한 결정에 영향을 미친 배경이 있습니까?"

"저는 이 직업이 제가 가진 재능을 가장 잘 발휘할 수 있는 직업이라고 생각해요. 고등학교 때에는 피아니스트가 되고 싶었죠. 하지만 얼마 안 가 제 재능이 중간 정도라 뛰어난 피아니스트가 되기는 힘들 거라는 사실을 깨달았어요. 그러다가 MIT에서 일하던 중 제게 분석적인 작업을 수행하는 데 타고난 자질이 있다는 걸 발견했죠. 저는 과학에 수반되는 창의성과 자유를 사랑해요. 지루한 걸 잘 못 참는 성격인데 과학은 늘 새로운 도전이 있는 분야잖아요." 잠시 말을 멈춘 뒤 그녀는 이렇게 덧붙였다. "저는 새로운 것을 배울 때 가장 즐거워요."

지적으로 호기심이 있는 사람의 전형적인 모습이라 하겠다.

고틀리브의 실험 대상은 성인이었다. 연구진들 사이에서는 심리학 실험이 늘 대학교 1, 2학년 학생을 대상으로 하기 때문에 심리학 분야의 연구 결과는 전부 그 인구층에만 적용이 된다는 농담이 나돌곤 했다. 하지만 최근 들어 작은 '호기심 기계'(어린이, 걸음마 아이, 심지어 어린 아기에 이르기까지)에 훨씬 더 많은 관심이 쏟아지고 있다. 유아와 어린이에게서 목격되는 호기심이 성인이 보이는 호기심과 비슷한지 파악하기 위해서다. **지각적 호기심, 인지적 호기심, 일반적 호기심, 구체적 호기심**은 평생 동안 그대로 유지될까 아니면 시간이 지나면서 변하게 될까? 어린이와 성인을 직접 비교하는 추적 연구는 아직 불충분하지만 지난 20년 동안 수행된 연구 결과 우리는 어린아이의 호기심에 관한 보다 일관적인 정보를 얻게 되었다. 이제부터 이 매력적인 분야에서 진행된 흥미진진한 실험을 몇 개 살펴보겠다.

아기의 입에서

10개월 된 아이가 쉐이크 앤 래틀 구슬을 갖고 노는 것을 본 적이 있는 사람이라면 아이가 장난감을 양옆으로 흔든 뒤 입에 넣고 바닥에 내리친 다음 알록달록한 조각을 일부 떼어내려고 하는 것을 보았을 것이다. 아이는 이러한 행동을 몇 분 정도 한 뒤 근처에 놓인 보드북을 힐긋 본다. 이제 보드북에 관심이 생긴 아이는 책을 입에 넣은 뒤 두꺼운 책장을 한 번에 한 페이지씩 넘기려고 어설픈 시도를 한다. 아이의 호기심에 불을 지피는 것은 도대체 무엇일까?

로라 슐츠는 MIT 유아기 인지 실험실에서 일하는 인지과학자다. 그녀와 동료들은 지난 10여 년 동안 '아이들이 어떻게 상당히 적은 대상으로부터 꽤 많은 것을 상당히 빨리 배우는지 이해하기 위해' 애써왔다.[10] 아이들은 불과 몇 개월 만에 운동 능력을 완벽하게 습득하고 부모를 인식하며 다양한 방식으로 상호작용하고 소통하기 시작한다. 유아의 주의기제注意機制는 주위의 복잡한 환경에서 학습 과정을 효율적이고 쉽게 만드는 요소를 취하는 게 분명하다. 슐츠를 비롯한 인지과학자들은 아이들이 어떻게 '요란하고 엉성하기 짝이 없는 자료로부터 풍부한 추론'을 할 수 있는지 이해하기 위해 노력하고 있다.

아기는 태어나자마자 최초의 탐사를 이끄는 몇 가지 단순한 탐구학습(스스로 문제를 해결하는 방법)을 시작한다는 사실을 입증하는 연구 자료가 많다. 상당수가 하버드대학교 심리학자 엘리자베스 스펠크의 선구적인 실험에서 탄생했다. 스펠크는 전화 통화에서 자신이 아기를 대상으로 연구를 진행하는 이유에 대해 이렇게 말했다.[11] "성인의 정신은 이미 너무 많은 사실로 가득 차 있어요. 아기들은 우리가 태어날 때 무엇을 아는지 살펴보기 위한 최고의 대상이죠." 그녀는 아기가 사물을 바라보는 시간의 길이가 아기가 호기심을 느끼는 대상을 보여주는 훌륭한 지표라고 생각해 이를 관찰함으로써 아기의 마음을 꿰뚫어볼 수 있다고 생각한다. 예를 들어, 사물의 움직임은 아기의 시선을 사로잡는다. 강렬한 대비를 이루는 영역이나 사람의 얼굴도 마찬가지다. 이 모든 정보는 풍부한 가치를 지닌다. 움직임을 관찰하는 행위는 진화론적으로 생존을 위한 필수 장치이며 대비는 개별 사물을 구분하고 그들의 형태를 파악하는 데 도움이 된다. 아기는 인형의 다리를 움켜쥐면 인형의 다른 부위가 따라온다는 사실도 안다. 사물의 모든 부위가 함께 움직인다는 사실을 아는 것이다. 아기는 단단한 물체는 다른 단단한 물체를 통과할 수 없다는 사실도 알며 숫자를 비롯해[12] 주위 공간의 기하학[13]에 대해서도 타고난 감각이 있다. 인간의 얼굴을 향한 편향은 사회력, 친밀한 관계, 궁극적으로는 언어 능력을 향상시키는 데 있어 핵심적인 요소다. 스펠크와 동료 캐서린 킨즐러, 크리스틴 슈츠는 아기는 자신에게 이미 익숙해진 언어와 억양으로 말하는 사람을 확실히 더 좋아한다는 사실도 발견했다. [14] 이는 미국과 남아프리카 아이를 관찰한 결과 사실로 밝혀졌다. 물론 남아프리카 아이들이 보다 다양한 언어에 노출되기는 하지만 말이다.

아기가 반복적인 사건을 예상하고 이에 반응해야 하는 조건 실험 결과, 아기 역시 예측 전략을 수립하는 데 도움이 되는 정보를 찾는 것으로 밝혀졌다. 하지만 이러한 주의편향의 첫 번째 신호를 '호기심'이라 부를 수 있을까? 이는 호기심이라는 용어의 정확한 정의에 달려있다. 내가 토론을 시작할 무렵 최초로 채택했던 광범위한 정의('정보를 추구하는 상태')에 따르면, 유아의 탐구학습은 확실히 호기심의 표현으로 볼 수 있다. 까꿍 놀이나 'Pop! Goes the Weasel'(족제비가 펑 하고 사라지는 내용의 노래-옮긴이) 같은 노래에 대한 반응처럼 말이다. 하지만 이러한 정의는 진짜 호기심을 보이는 상태뿐만 아니라 우리가 처음 눈을 뜨는 순간부터 발생하는 모든 것을 의미한다고 주장할 수 있을지도 모른다. 따라서 초기의 정보 상태와 희망하는 정보 상태를 명확히 아는 상황에서만 무언가를 호기심이라 부를 수 있다면 이 낮은 수준의 초기 주의 행동은 호기심이라 볼 수 없다. 전조 정도로 볼 수 있을 것이다. 그렇기는 하지만 기초적인 탐구관찰에서 한 단계 더 나아가 생각해 본다면, 세상을 향한 정신적인 인식이 진화하는 동안 아이들은 호기심을 보일 대상을 어떻게 선택하는 것일까?[15]

로체스터대학교에서 7개월과 8개월 된 아기를 대상으로 수행한 실험에서 셀레스테 키드와 동료들은 복잡성의 정도가 다양한 연속적인 사건을 보여줌으로써 아기의 시각적인 주의력을 측정했다.[16] 연구진은 복잡성이 아주 낮거나 높은 사건에서 아기가 화면에서 시선을 거둘 가능성(흥미를 잃었음을 나타내는 징표)이 가장 높다는 사실을 발견했다. 즉, '골디락스 원칙'을 포착한 것이다. 아기는 지나치게 단순하거나 복잡하지 않은(역 U자형 선호) 사건에 호기심을 보였다. 컴퓨터 게임을 하던 학생들을 대상으로 한 고틀리브의 실험과 동일한 결과였다.

키드의 실험 결과는 유아의 뇌가 소중한 인지 자원을 너무 복잡하거나 쉽게 예측 가능한 현상에 낭비하지 않는 전략을 채택한다는 사실을 시사하는 듯하다. 이로부터 우리는 아기의 경우조차 호기심은 지식의 초기 상태와 기대치에 달려 있으며 학습과 암호화의 잠재력을 극대화하는 방향으로 작용한다는 사실을 알 수 있다.

MIT에서 수행한 다른 실험을 통해 우리는 아이들의 호기심에 관한 또 다른 흥미로운 측면을 살펴볼 수 있다. 이 실험 결과에 따르면, 아이 역시 어른과 마찬가지로 불확실성을 줄이고 현상의 진정한 원인을 밝힌다는 목표 하에 놀이를 하거나 탐구를 수행하는 것을 알 수 있다. 이는 인지과학자 로라 슐츠와 엘리자베스 보나위츠가 고안한 깜짝 장난감 상자[17]를 이용한 단순한 실험을 통해서 입증되었다. 연구진은 미취학 아동들에게 손잡이가 두 개 달린 붉은 색 상자를 주었다. 연구진과 아동이 동시에 각자 한 손잡이씩 아래로 누르자 두 개의 작은 꼭두각시 인형이 상자 한 가운데에서 튀어나왔다. 어떠한 손잡이가 어떠한 인형을 튀어나오게 했는지, 혹은 두 손잡이 중 하나만이 두 개의 인형을 튀어나오게 했는지 알 수 없었다. 증거가 '혼란스러운' 상태였다. 연구진은 두 번째 그룹의 학생들을 대상으로 동일한 실험을 반복했다. 이번에는 의도적으로 확실한 상황을 연출했다. 아이와 연구진이 번갈아가며 손잡이를 누르거나 연구진이 해당 손잡이가 각기 어떻게 작동하는지 보여주었다. 따라서 아이들은 어떠한 손잡이가 어떠한 꼭두각시 인형을 작동시키는지 정확히 알 수 있었다. 시연이 끝난 뒤 연구진은 노란색 상자를 새로 가져와 아이들이 알아서 놀도록 했다. 결과는 상당히 흥미로웠다. '혼란스러운 증거'를 접했던 아이들은 작동 방법을 파악할 때까지 붉은 상자를 계속해서 탐구하는 경향이 있었다. 하지만 '확실한 증거'를 접했던 아이들은 예상대로 새로운 것을 선호해 즉시 새로운 노란 상자에 관심을 보였다.

이 실험을 비롯한 기타 실험 결과에 따르면, 아이들의 호기심은 보통 학습을 극대화하고 환경을 좌우하는 인과 관계[18]를 발견하는 것과 관련되어 있음을 알 수 있다.[19] 즉 아이들은 모든 것을 순차적으로 설명하는 방법을 찾는 것이다. 이러한 추론이 옳다면 아주 확실하고 흥미로운 예측도 가능할 것이다. 아이들의 호기심은 그들의 기대에 어긋나는 상황에서 자극을 받으며 이러한 상황을 탐구하는 데 초점이 맞춰져야 한다는 사실이다. 이러한 추론은 관찰된 증거가 기존의 믿음에 어긋날 때 탐구와 학습이 어떠한 영향을 받는지를 관찰함으로써 확인할 수 있다.

보나위츠와 슐츠를 비롯한 동료들은 이를 알아내기 위해 일련의 광범위한 연구를 수행했다. 꼼꼼하게 계획된 실험을 통해 연구진은 아이들에게 균형 막대에 안정적으로 올려놓을 수 있는 비대칭 스티로폼 블록 9개를 살펴보라고 했다.[20] 연구진은 '신념 분류'라는 1단계 실험에서 아이들이 블록의 가운데인 기하학적인 중심에 블록을 놓아 균형을 맞추려고 하는지, 무거운 끝 쪽에 가까운 질량 중심에 블록을 놓아 균형을 맞추려고 하는지 자세히 관찰했다(그림 17). 연구진은 아이들이 막대기 위에 블록을 안정적으로 놓기 직전에 블록을 들어 올려 아이들이 블록이 균형을 이루었는지 실제로 볼 수 없도록 했다. 이러한 식으로 연구진은 세 그룹을 구성했다. 평균 연령 6살 10개월로 기하학적인 중심이 균형점이라는 사전 편향이 있는 아이들, 평균 연령 7살 5개월로 질량의 중심이 균형점이라는 사전 편향이 있는 아이들, 마지막으로 조금 더 어린 평균 연령 5살 2개월 아이들을 실험 대상으로 삼았다. 마지막 그룹의 아이들은 균형점에 대해 믿고 있는 사전 '이론'이 없어서 시행착오를 거쳐 블록의 균형을 맞추려 했다.

두 번째 단계에서는 모든 그룹에게 막대에서 완벽하게 균형을 이루는 것처럼 보이는 블록의 모습을 보여주었다. 이때부터 상황이 재미있게 돌아가기 시작한다. '기하학적인 중심'이나 '질량 중

질량 중심에서 균형을 이루는 상황

질량 중심 이론가의 믿음과 일치함
기하학적인 중심 이론가의 믿음에 반함

기하학적인 중심에서 균형을 이루는 상황

기하학적인 중심 이론가의 믿음과 일치함
질량 중심 이론가의 믿음에 반함

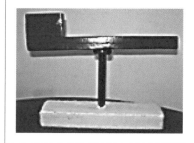

그림 17

심'이 사물의 균형점이라고 생각하는 아이들은 동일한 배열을 보여주었음에도 기존의 믿음에 따라 각기 다른 방식으로 블록을 관찰했다. 블록이 질량의 중심에서 균형을 이루는 모습(질량 중심 '이론가'의 믿음과는 일치하나 기하학적 중심 '이론가'의 믿음에는 반하는)을 보여주었을 때 자신의 믿음과 다른 현상을 목격한 아이들은 더 많은 시간을 들여 블록을 관찰했지만 그렇지 않은 아이들은 새로운 장난감을 살펴보았다. 이 두 그룹의 아이들은 블록이 기하학적인 중심에서 균형을 이루었을 때 정반대의 행동을 보였다. 기존에 아무런 이론도 믿지 않았던 아이들은 자신 앞에 제시된 증거에 관계없이 시도해보지 않은 새로운 장난감을 선호했다.

관련된 또 다른 실험에서 연구진은 아이들에게 균형이 완벽하게 잡힌 블록들은 사실 자석의 힘으로 그 자리에 있다는 것을 보여주었다. 각기 다른 그룹의 반응은 역시나 흥미로웠다. 기하학적인 중심이나 질량 중심을 믿는 그룹 둘 다 새로운 요소인 자석을 이용해 증거를 설명하려 했지만 기존의 믿음이 새로운 관찰 결과에 반할 경우에만 그랬다. 즉, 기하학적인 중심 이론을 믿는 아이들은 질량의 중심에서 블록이 균형을 이루는 것을 보았을 때 자석 때문에 그런 것일 뿐이라고 결론지었다. 반대로 질량 중심 이론을 믿는 아이들은 기하학적인 중심에서 블록이 균형을 이루는 것을 보았을 때 역시 자석 때문이라고 생각했다. 자석의 존재를 밝히지 않은 실험에서 아이들은 자신의 믿음에 상충하는 균형 잡힌 블록이라는 새로운 증거를 자신들의 예측을 재고하고 수정하는 동기부여 장치로 삼았으나 보조 설명(이 사례의 경우 자석의 존재)이 제공되자 자신들의 믿음을 바꿔야 할 필요가 없다고 생각했다.

결국 아이들을 대상으로 수행한 연구 결과 밝혀진 공통적인 사실은 새롭거나 익숙하지 않은 것, 그리고 순전히 즐거운 자극(즉, 일반적, 지각적 호기심)을 향한 호기심의 구성요소는 때로는 학습을 극대화하고 인과관계를 파악하며 세상의 구조를 발견하고 예측 오차를 줄이기 위한 욕망(인식적 호기심)에 자리를 내어준다는 사실이다.

연구 결과에 따르면, 9개월 미만의 아기는 사물을 손으로 다루고 입에 넣는 것에 능숙하고 익숙한 것과 낯선 것을 구별할 줄 알며 시각과 청각에 상당히 예민하지만 다른 누군가의 소망이나 의도에는 별로 관심을 보이지 않는다고 한다. 하지만 아이들은 아주 금세 바깥세상과 새로운 정신적인 관계를 구축한다. 바깥세상이 아이들의 주요 관심 대상이 되는 것이다.

17세와 92세 사이의 남성 1,356과 여성 1,080명을 대상으로 실시한 실험[21] 결과에 따르면 새로운 것을 추구하는 경향(그리고 일반적, 지각적 호기심의 일부 특징)은 나이가 들면서 감소하는 반면 **구체적 호기심**과 **인식적 호기심**은 어른이 된 이후에도 심지어 노인이 될 때까지도 그대로 유지되는 것으로 나타났다. 즉 '정보탐색'과 학습을 향한 열망은 인간의 변치 않는 특징이지만 참신하고 짜릿한 것이나 모험을 추구하기 위해 위험을 무릅쓰고자 하는 의지나 무언가에 놀라는 능력은 나이가 들면서 감소하는 것이다.

인지과학자와 심리학자들은 이처럼 우리가 호기심을 느낄 때 정신이 작동하는 복잡한 방식을 해독하기 위해 애쓰고 있다. 하지만 인간 두뇌의 생리적인 절차를 종합적으로 이해하지 않고는 호기심을 온전히 이해할 수 없을 것이다.

6장

호기심에 관한
호기심
: 신경과학

1990년대 초 이후 신경과학 분야에서는 새로운 연구 수단이 이용되고 있다. 이 강력한 도구는 뇌에서 호기심이 작동하는 모습을 그릴 수 있는 기능적 자기공명영상[fMRI1]으로, 덕분에 연구자들은 특정한 정신 작용이 일어나는 동안 뇌의 어느 부위가 활성화되는지 살펴볼 수 있게 되었다. 이 기술은 뇌의 특정 부위가 집중적으로 사용될 경우 신경 활동에 필요한 에너지 때문에 해당 부위의 혈류량이 증가한다는 원리[2]를 바탕으로 한다. 혈류량의 변화를 촬영함으로써 작동하는 뇌의 모습을 구체적으로 그릴 수 있는 것이다. 이는 혈류산소수준[BOLD]의 차이, 즉 산소가 공급된 혈류는 그렇지 않은 혈류와 다른 자기 특성을 보이며 그 차이를 이미지화할 수 있다는 사실을 기반으로 한다. 자기공명영상은 이를 보완하는 인지과학과 함께 호기심 연구에 새로운 차원을 제공하고 있다. 특히 신경과학 분야에서 이루어진 일부 실험은 호기심의 신경생리학적인 원리를 제대로 이해하는 데 혁신적인 기여를 하고 있다.

뇌 안의 제퍼디

2009년 캘리포니아 공과대학교의 강민정과 콜린 캐머러를 비롯한 동료들은 자기공명영상을 이용해 호기심의 신경 통로를 파악하겠다는 목표로 중대한 연구에 착수했다.[3] 연구진은 19명의 실험 대상에게 40개의 사소한 질문을 하는 동안 자기공명영상으로 이들의 뇌를 촬영했다. '인간의 노랫소리처럼 들리도록 개발된 악기는 무엇인가?'라거나 '지구가 속한 은하의 이름은 무엇인가?'라는 질문처럼 구체적이고 인지적인 호기심, 즉 구체적인 지식을 향한 관심도가 높고 낮은 다양한 질문들로 이루어지도록 폭넓은 주제에 관한 질문들이 선택되었다. 연구진은 참가자들에게 질문을 순서대로 읽은 뒤 (답을 모를 경우) 답을 추측하고 정답을 얼마나 알고 싶은지 호기심의 정도에 등급을 매긴 다음 자신이 제안한 답에 얼마나 확신이 있는지 표시하라고 했다. 두 번째 단계에서는 참가자들에게 다시 질문을 한 뒤 즉시 정답을 알려주었다(궁금할 독자를 위해 알려주면 첫 번째 질문의 답은 바이올린이며 두 번째 질문의 답은 은하수[밀키 웨이]다). 참가자들이 보고한 호기심은 불확실성의 역 U자형 함수를 따르는 것으로 나타났다.

자기공명영상 촬영 결과, 참가자들이 왕성한 호기심을 느꼈다고 말했을 때 크게 활성화된 뇌 부위는 좌 미상과 측면 전두엽 피질[PFC]인 것으로 나타났다. 보상 자극을 향한 기대가 있을 때 활성화되는 것으로 알려진 부위다(그림 18). 이는 오랫동안 보고 싶어 한 연극의 막이 올라가기 직전에 느끼는 기대감과 비슷한 감정이다. 좌 미상은 자선 기부활동이나 불공평한 행동에 대한 처벌처럼 보상으로 인지되는 행위 중에도 활성화되는 것으로 나타났다. 따라서 강민정과 동료들이 발견한 결과는 인지적 호기심 즉, 지식을 향한 갈망이 보상에 대한 기대감[4]을 낳는다는 생각과 일치한다. 우리의 정신은 지식과 정보의 습득을 가치 있게 여기는 것이다. 하지만 다소 놀랍게도 보상과 즐거움을 담당하는 회로에서 중요한 역할을 수행한다고 여겨지며 보상을 기대할 때 가장 활성화되는 부위 중 하나인 중격의지핵은 그들이 수행한 실험에서는 활성화되지 않았다. 연구진들은 정답이 주어질 때 학습과 기억, 언어 이해와 생산을 담당하는 (내부 전두회 같은) 부위가 크게 활성화된다는 사실도 발견했다. 이 부위는 특히 참가자들이 정답을 예측하지 못한 질문에 대한 답이 주어졌을 때 더욱 크게 활성화되는 것으로 나타났다. 참가자들은 처음에 잘못된 답을 제시한 질문의 경우 그렇지 않은 질문보다 정답을 더 잘 기억하기도 했다. 두 번째 단계에서 이루어진 행동 연구 결과에 따르면, 첫 번째 단계에서 큰 호기심을 보인 질문의 경우 10일이 지난 뒤에도 답을 더 잘 기억하는 것을 알 수 있다.[5] 이 실험 결과는 어느 정도 예상 가능했을 것이다. (자신이 정말로 호기심을 느끼는 주제에 있어) 실수가 정정될 때 정보는 보다 가치 있어지고 학습 잠재력이 더 높아지기 때문이다. 하지만 정답을 제시해줘도 보상의 수용에 반응한다고 알려진 다른 뇌 영역이 그다지 활성화되지 않은 것은 다소 놀라운 결과다.

모든 뇌영상 연구에는 불가피하게 한 가지 불확실성이 존재한

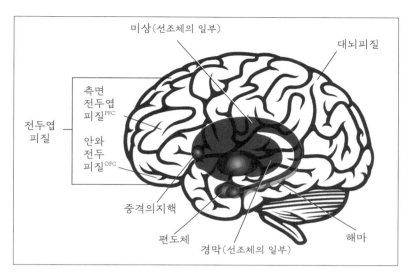

미상(선조체의 일부)

대뇌피질

측면
전두엽
피질PFC

전두엽
피질

안와
전두
피질OFC

중격의지핵

편도체

경막(선조체의 일부)

해마

그림 18

다는 사실을 명심하기 바란다. 자기공명영상을 통해 우리는 인지
적 호기심이 주입될 때 활성화되는 뇌 부위(방금 논의한 것처럼 이
영역은 보상을 향한 기대와 관련 있는 부위로 알려졌다)를 파악할 수
있지만 좌 미상이나 PFC 같은 부위는 뇌가 다른 기능을 수행할 때
도 활성화된다. 따라서 호기심과 보상 기대 간에 상관관계가 있다
는 추론은 이를 뒷받침하는 인지심리 분야의 증거가 없었더라면
근거가 미약했을 것이다.

　연구진은 실험 결과를 확정 짓기 위해 추가 실험을 수행했다.
보상을 향한 진짜 기대와 관심 증대(기존 실험에서는 좌 미상을 활성
화시키는 것으로도 나타났다)라는 단순한 기능을 구별하기 위해서

였다. 새로운 실험은 두 가지 단계로 진행되었다. 첫 번째 단계에서 연구진은 참가자들에게 25개의 토큰을 준 뒤 50개의 질문(첫 번째 실험에서보다 질문이 10개가 추가되었다)에 대한 정답을 알고 싶으면 어느 때고 토큰을 사용하라고 했다. 참가자들이 받은 토큰의 개수는 질문 수의 절반 밖에 되지 않았으므로 특정 질문에 토큰을 사용할 경우 다른 질문에는 사용할 수 없었다. 두 번째 단계에서 참가자들은 정답이 나타날 때까지 5초에서 25초까지 기다리거나 바로 다음 질문으로 넘어갈 수 있었다. 바로 다음 질문으로 넘어갈 경우 정답을 알 수 있는 기회를 놓치게 되었다. (토큰을 쓰거나 정답을 기다리는) 행위에는 자원이나 시간처럼 특정 비용이 요구되었다. 실험 결과, 토큰을 쓰거나 기다리는 행위는 호기심의 표현과 밀접한 관련이 있음이 밝혀졌다. 이 결과는 호기심이 보상을 향한 기대라는 해석을 강화시켜준다. 사람들은 보통 보수를 기대하는 대상이나 활동에 (시간이나 돈을) 투자하는 경향이 있기 때문이다.

결국 불확실성이 남아 있기는 하지만 강과 동료들이 수행한 선구적인 실험 결과에 따르면, 구체적, 인지적 호기심은 보상으로 여겨지는, 정보를 향한 기대 심리와 관련 있음을 알 수 있다. 또한 애초에 호기심을 느꼈지만 잘못된 대답을 한 질문의 경우 정답을 더 잘 기억하게 된다는 사실을 입증한 추가 연구를 통해, 호기심은 학습의 잠재력을 향상시킨다는 사실을 알 수 있었다. 추후 더 자세히 설명하겠지만 이 결과는 교수법을 개선하고 정보를 보다 효과적으로 전달하는 데 중요한 단서를 제공할 수 있을 것이다.

강민정과 동료들이 수행한 실험이 획기적이기는 하지만 몇 가지 질문이 남아 있다. 특히 이 연구는 한 가지 종류의 호기심, 즉 구체적이고 인지적인 호기심만을 살펴보았다. 지식에 기인한 사소한 질문 같은 촉매제에 의해 환기될 거라고 예상되는 호기심이다. 그렇다면 뇌는 새로움, 놀람, 혹은 지루함을 피하고자 하는 단순한 욕망 같은 자극에도 이와 비슷하게 반응할까? 우리의 반응은 자극의 종류에 달려 있을까? 예를 들어, 우리가 책을 읽거나 이미지를 관찰하면서 호기심을 느낄 때 우리의 뇌에서는 동일한 과정이 발생할까? 2012년에 발표된 연구는 이러한 흥미로운 질문에 대한 답을 제공하기 위해 진행되었다.

흐릿한 이미지

사람들이 호기심을 느낄 때 그들의 뇌를 관찰하는 것은 확실히 흥미로운 실험이다. 하지만 우리는 누군가에게 호기심의 정도를 얼마나 정확하게 물어볼 수 있을까? 참가자에게 그들이 느끼는 호기심에 등급을 매기라고(예를 들어 1에서 5까지) 요청할 때조차 주관성이 개입되기 마련이다. 네덜란드 레이던대학교의 인지과학자 마리케 제프마[6]와 그녀의 연구팀은 실험 참가자들의 호기심을 자극하기 위해 강과 동료들이 이용한 것과는 다른 방법을 활용했다. 제프마는 새롭고 놀라우며 애매한 대상이나 현상에서 유발되는 **지각적 호기심**[7]에 집중하기로 했다. 그녀는 다양한 해석을 낳을 수 있는 불분명한 자극으로 호기심의 불씨를 지피고자 했다. 연구진은 19명의 참가자들에게 버스나 아코디언 같은 평범한 물체의 흐릿한 이미지를 보여준 뒤 자기공명영상으로 그들의 뇌를 촬영했다. 이 물체들은 흐릿하게 만든 결과 식별하기가 쉽지 않았다. **지각적 호기심**의 자극과 완화 상태를 조작하기 위해 제프마와 동료들은 흐릿하고 선명한 그림이 교묘하게 조합된 네 가지 형태(그림 19)를 활용했다. 흐릿한 그림과 동일한 물체의 선명한 그림, 흐릿한 그림과 이와는 전혀 관계없는 물체의 선명한 그림, 선명한 그림과 동일한 물체의 흐릿한 그림, 선명한 그림과 동일한 물체의 선명한 그림이었다. 이렇게 네 가지 형태의 그림을 제시한 결과, 참가자들은 무엇을 예상해야 할지 알 수 없었고 혹은 사물의 정체에 대한 그들의 호기심이 과연 완화될 것인지도 전혀 알 수 없었다.

제프마의 연구는 **지각적 호기심**의 신경적인 상관관계를 입증하기 위한 최초의 실험 중 하나였기 때문에 큰 각광을 받았다. 실험 결과, 제프마와 동료들은 우선 **지각적 호기심**이 불쾌한 상황(거기에만 한정되는 것은 아니다)에 반응한다고 알려진 뇌 부위를 활성화시킨다는 사실을 발견했다. 이는 **지각적 호기심**이 갈증과 비슷한 결핍이나 욕구 같은 부정적인 감정을 낳는다는 정보 격차 이론의 주장과 일치했다.

둘째, 연구진은 **지각적 호기심**이 어느 정도 충족될 경우 보상 회로가 활성화된다[8]는 사실을 발견했다. 이 결과 역시 (원하는 정보를 제공함으로써) **지각적 호기심**의 특징인 불편한 상태를 종식시

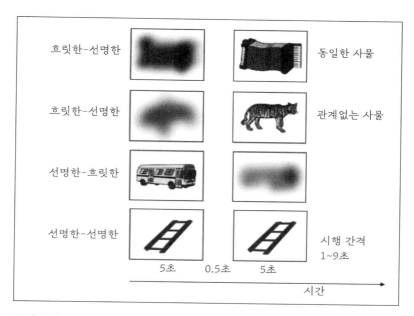

그림 19

키거나 최소한 그 강도를 줄일 경우 정신은 이를 보상으로 인지한다는 생각과 일치했다. 간단히 말해, **지각적 호기심**을 느끼는 것은 박탈감을 느끼고 갈등을 겪으며 갈망하는 상태와 비슷하며 이 호기심을 만족시키는 것은 좋은 음식이나 와인, 섹스를 즐기는 것과 크게 다르지 않은 것이다.

제프마와 동료들이 발견한 세 번째 흥미로운 사실은 **지각적 호기심**을 자극하거나 충족시킬 경우 부수적인 기억력(노력하지 않고도 형성되는 기억)이 향상되며 이때에는 학습과 관련 있다고 여겨지는 뇌 부위인 해마(그림 18)가 활성화된다는 사실이다. 이 결과를 통해 호기심에 불을 지피는 것은 탐구를 유발할 뿐만 아니라 학습 효과를 강화시키는 효과적인 전략이라는 추측이 추가적으로 입증되었다.

제프마가 수행한 실험 결과와 강민정과 동료들이 수행한 실험 결과는 유사점보다는 차이점에 있어 시사하는 바가 크다. 제프마의 발견에 따르면, 호기심이란 근본적으로 바람직하지 않은 상태를 의미하며(입증된 것은 아니다) 강이 발견한 사실에 따르면, 호기심은 주로 바람직한 상태를 의미한다(역시 입증된 것은 아니다). 이 서로 모순되는 결과를 어떻게 조화시킬 수 있을까? 우선 앞서 언급했듯이 제프마의 연구는 **지각적 호기심**을 관찰하기 위해 고안되었다. 애매하고 특이하며 복잡한 자극에 각성되는 호기심이다. 정확히 말하면, 흐릿한 이미지에 의해 환기되는 호기심은 **구체적이고 지각적**이라고 할 수 있다. 참가자들은 어떠한 흐릿한 이미지가 제시될지 호기심을 느꼈기 때문이다. 반면 사소한 질문에 의해 환기되는 호기심을 관찰한 강민정과 동료들의 연구는 **구체적이고 인지적인 호기심**의 기질을 주로 살펴보았다. 이는 구체적인 지식을 추구하는 지적인 갈망이다. 따라서 언뜻 보면 이 두 연구는 호기심의 다양한 측면이나 기제가 (최소한 부분적으로는) 뇌의 각기 다른 부위와 관련 있으며 각기 다른 심리학적인 상태로 발현될지도 모른다는 사실을 암시하는 것처럼 보인다.

확정지을 수만 있다면 이러한 해석은 조던 리트만의 이진법이나 이중 시나리오를 뒷받침할 수 있을 것이다. 리트만은 I 호기심(흥미와 관련된 즐거운 감정)과 D 호기심(특정 정보를 알지 못하는 데서 오는 회피적인 결핍감)을 제안한 바 있다. 신경과학적인 실험 결과들을 리트만의 개념과 통합할 경우, **지각적 호기심**은 D 호기심으로, **인지적 호기심**은 I 호기심으로 분류할 수 있을 것이다. 이 결과는 인지학자 고틀리브, 키드, 오데이에가 제안[9]한 "호기심은 최적화된 한 개의 절차를 이용하는 게 아니라 여러 가지 기제로 이루어져 있다. 이 기제에는 새롭고 놀라운 대상을 탐구하는 단순한 활동뿐만 아니라 오랜 시간에 걸친 학습 과정도 포함된다."라는 가설과도 일맥상통한다. 그렇다고 해서 다양한 유형의 호기심이 완전히 개별적인 뇌 부위와 연관되어 있는 것은 아니다. 각기 다른 유형의 호기심은 (기대감을 관장하는 영역처럼) 전부 뇌 중심부의 특정 영역에서 기인하는 동시에 각기 다른 회로와 화학물질을 활성화시킨다. 물론 뇌의 온갖 작용은 어느 정도 기능적으로 상호 연결되어 있기는 하지만 말이다.

제프마와 동료들은 강민정과 동료들이 수행한 연구뿐만 아니라 자신들의 연구에도 어느 정도 불확실성이 존재하기 때문에 확실한 결론을 내릴 수 없다는 점을 조심스럽게 언급했다. 예를 들어, 그들의 실험에서는 사소한 질문 뒤에 늘 정답이 제시되었기 때문에 특정 뇌 성분이 활성화된 것이 구체적인 정답을 향한 호기심 때문인지, 피드백을 향한 일반적인 기대감 때문인지 아니면 이 둘 다 때문인지 확실히 알 수 없었다. 제프마의 팀이 때로는 흐릿한 이미지로 유발된 불확실성을 해소해주지 않기로 했으며 때로는 완전히 상관없는 선명한 이미지를 보여주었던 것이 바로 이 때문이다. 이 의도적인 차별화 덕분에 연구진은 사물의 특징에 대한 호기심 때문에 발생한 활성화를 (흐릿한 이미지의 정체를 밝혀줄) 특정한 피드백을 향한 기대감 때문에 발생한 활성화와 구별할 수 있었다.

하지만 제프마의 팀은 자신들의 실험에서는 선명한 이미지를 보여준 경우가 두 번 뿐이었기 때문에 결과에 대한 해석이 더욱 모호할 수밖에 없다는 사실을 인정했다. 즉, 참가자가 선명한 이미지가 결국 제공될지에 대해 (혹은 선명한 이미지와 흐릿한 이미지가 섞여서 제공될지에 대해) 어느 정도 불확실성을 느끼는지는 알 수 있었지만 이미지의 정체에 대해 어느 정도 불확실성을 느끼는지 그리고 그로 인해 얼마나 호기심을 느끼는지는 알 수 없었다.

강민정과 제프마의 실험에 내제된 이 같은 한계는 인지심리학과 신경과학 분야의 연구가 얼마나 어려운지 잘 보여준다. 뇌는 참으로 복잡한 하드웨어이며 정신은 놀라울 정도로 정교하고 불가해한 소프트웨어라 아무리 세심하게 계획된 실험일지라도 늘 예측불가능성이 존재하기 마련이다.

하지만 제프마의 실험이 상당히 인상 깊었던 터라 나는 그녀가 어쩌다 그러한 실험을 하게 되었으며 후속 연구를 시행했다면 어떤 연구를 시행했는지 묻지 않을 수 없었다. "왜 호기심을 연구하려고 했죠?" 스카이프를 통해 이루어진 대화에서 나는 이렇게 물었다.

"저는 활용과 탐구 간의 딜레마를 연구하고 있었죠." 그녀가 이렇게 설명했다. "우리는 이미 알고 있는 대상을 활용하고 잘 알지 못하는 대상을 탐구하죠. 저는 활용과 탐구가 의사 결정에 어떠한 영향을 미치는지 알고 싶었어요."

맞는 말이었지만 내 질문에 대한 확실한 답은 아니었다. 나는 그래서 계속해서 물었다. "그런데요?"

"음, 저는 사람들이 탐구를 하는 주요 동기가 호기심이라는 사실을 깨달았어요. 놀랍게도 그 중요성을 고려했을 때 신경과학적인 측면에서 호기심을 연구한 사례는 거의 없었죠."

"아직 발표하지 않은 추가 연구도 진행하셨나요?"

그녀가 웃으며 말했다. "어떻게 아셨죠? 저는 사람들이 호기심을 해소하기 위해 신체적인 고통도 감내할지 알아보기 위해 예비 연구를 진행했어요."

"결과는요?"

"모두가 고통을 감내하려 하지는 않았죠. 하지만 일부는 그랬어요. 놀라운 결과죠."

내가 할 수 있는 말이라곤 "와우!" 뿐이었다.

그녀가 진행한 뇌 영상 연구 결과 또 다른 흥미로운 사실이 발견되었다. 이 연구 결과에 따르면, 호기심, 기억력, 학습 간에는 상관관계가 있을 뿐만 아니라 호기심의 뇌 회로와 보상의 뇌 회로 간에는 중첩되는 부분이 있다고 한다. 앞서 우리는 인지 연구 결과, 정신은 정보 수집에 가치를 부여하는 보상 체계를 생성한다는 사실을 알게 되었다. 이제 자기공명영상 실험 결과, 우리는 완전히 새롭고 심오한 질문을 던질 수밖에 없다. 호기심은 정확히 어떻게 기억력에 영향을 미칠까? 기억력은 호기심에 영향을 미칠까? 정보 수집이 보상 시스템에 부여하는 가치는 (초콜릿이나 물,

약 같은) 기타 가치 있는 제품이 부여하는 가치와 동일할까? 자유
의지를 바탕으로 한 적극적인 탐구는 신경과학 실험에서 인공적
으로 유도되고 수동적으로 해소되는 호기심과 동일할까?

호기심, 보상, 기억력

사실 사람들이 지루한 대상보다는 호기심을 느끼는 대상을 보다
효과적으로 학습한다는 사실을 알기 위해 굳이 뇌 영상 연구를 진
행할 필요는 없었다. 우리는 억지로 지루한 강의를 듣거나 저녁
식사 자리에서 따분한 두 사람 사이에 앉아 있어야 할 때 지치고
피곤하기 마련이며 흥미를 느끼는 대상에 대해서는 더 쉽게 배우
기 때문이다. 호기심은 우리의 기억력에도 영향을 미칠까? 만약
그렇다면 어떠한 기제를 통해 영향을 미치는 것일까? 캘리포니아
대학교 데이비스 캠퍼스의 신경과학자 마티아스 그루버, 버나드
젤먼, 차란 란가나스는 이 질문에 대한 답을 찾기로 했다.[10]

이들은 우선 강과 그녀의 동료들이 수행한 것과 비슷한 방법을
활용했다. 학생들에게 사소한 질문을 던진 뒤 답을 얼마나 확신하
는지 등급을 매긴 다음 각 질문의 정답을 얼마나 알고 싶은지 호
기심의 정도를 표시하라고 했다. 그루버의 연구는 이때부터 강민
정의 연구와 달라지기 시작한다. 첫 단계를 통해 그루버와 동료들
은 학생별로 맞춤 제작된 질문 목록을 작성할 수 있었다. 해당 학
생이 이미 답을 알고 있는 질문은 목록에서 제거되었으며, 연구진

은 학생들이 정답을 알고 싶어 '안달이 난 상태'에서 정답을 별로 알고 싶지 않은 상태에 이르기까지 광범위한 호기심을 표현한 질문들로 목록을 작성했다.

　다음으로 연구진은 학생별 맞춤 질문들이 순차적으로 화면에 나타나는 동안 자기공명영상을 이용해 학생들의 뇌를 촬영했다. 각 질문이 나타난 뒤에는 14초라는 대기 시간이 이어졌으며 그 시간 동안 화면에 사람의 얼굴이 무작위로 2초 동안 등장했다. 그러고 난 뒤 질문의 답이 주어졌고 동일한 과정이 반복되었다. 뇌 촬영을 한 후 연구진은 학생들을 대상으로 사소한 질문에 대한 답을 평가하는 기억력 테스트뿐만 아니라 기다리는 시간 동안 보여준 얼굴을 얼마나 기억하는지 측정하는 깜짝 테스트를 시행했다.

　흥미로운 정보를 향한 기대심이 있을 때 활성화되는 뇌 부위와 관련해 그루버와 동료들이 발견한 사실은 강민정과 동료들이 얻은 실험 결과와 일치했다. 하지만 그루버의 연구는 호기심을 보상이나 기억력과 연관 짓는 상당히 흥미로운 단서를 제공해주었다. 우선 참가자가 정답을 알고 싶어 안달이 난 상태에서의 뇌의 활동과 그렇지 않은 상태에서의 뇌의 활동을 비교함으로써 연구진은 이러한 활성화가 도파민 신호를 전송하는 뇌의 경로와 정확히 일치한다는 사실을 발견했다. 도파민은 뇌의 보상 체계에서 중요한 역할을 수행하는 신경전달물질로 뇌의 신경세포에서 다른 신경세포로 신호를 전송하기 위해 배출되는 화학물질이다. 따라서 그루버와 동료들의 연구 결과, 인지적 호기심이 보상 회로를 이용한다는 사실이 확인되었다. 즉, 학습을 향한 욕구는 자체 보상을 낳는 것이다. 둘째, 예상했다시피 이 연구 결과, 사람은 호기심을 느낄 때 더 쉽게 배운다는 사실을 알 수 있었다. 게다가 이 경우 사람들은 24시간이 지난 뒤에도 정보를 더 잘 기억하는 것으로 나타났다. 더욱 놀라운 사실은 사람들이 호기심을 느끼는 질문에 대한 답이 주어지기를 기다리는 동안 화면에 무작위로 나타났던 얼굴의 경우 호기심을 느끼지 않은 질문에 대한 답이 주어지기를 기다리는 동안 제시된 얼굴보다 더 잘 기억한다는 것이다. 이 결과를 통해 우리는 호기심이 높은 상태에서는 부수적인 정보 학습 능력도 향상된다는 사실을 알 수 있다. 그루버는 "호기심은 뇌가 어떠한 종류의 정보도 학습하고 소환할 수 있도록 만드는 것 같다. 우리가 배우고 싶어 하는 것뿐만 아니라 그 주위의 모든 것을 빨아들이는 소용돌이처럼 말이다."라고 추론했다.[11]

그루버와 그의 팀이 발견한 세 번째 결과 역시 상당히 흥미롭다. 그들은 학습이 이루어지는 동안에는 새로운 기억이 형성되는 데 핵심적인 역할을 하는 뇌 부위인 해마가 더욱 활성화될 뿐만 아니라 해마와 보상 회로 간의 상호 작용 역시 높아진다는 사실을 발견했다. 마치 호기심이 보상 시스템을 적극 활용해 해마가 정보를 흡수하고 기억하도록 돕는 것 같았다.

존스홉킨스대학교의 심리학자 브라이언 앤더슨과 스티븐 얀티스가 수행한 실험[12]은 이 결과에 새로운 관점을 부과한다. 그들은 호기심과 보상 시스템 간의 관계는 반대로도 작용한다는 사실을 입증했다. 즉, 보상과 관련 있는 자극은 호기심을 낳으며 반년이 지난 후, 원래의 정보가 무관한 대상으로 제시된다 할지라도 우리의 관심을 사로잡는다는 것이다. 따라서 애초에 보상에 기인한 자극은 지속적인 주의편향을 낳으며 지속적인 강요가 없을지라도 호기심을 유발한다 할 수 있다. 즉, 호기심과 보상 체계 간의 상호작용은 서로가 서로를 돕는 쌍방향으로 이루어지는 것이다.

마지막으로 그루버의 연구 결과를 통해, 호기심은 내제된 동기 부여장치이기는 하지만 우리가 아이스크림이나 니코틴, 포커 게임에서의 승리를 갈망하게 만드는 것과 비슷한 기제나 뇌의 회로에 의해 여전히 조정될 수도 있다는 사실을 알 수 있다. 이는 호기심을 비롯해 이 호기심이 추구하는 정보는 뇌가 물이나 음식 같은 일차적인 보상에 부여하는 가치에 어느 정도 영향을 준다는 뜻일까? 아니면 호기심에서 비롯된 정보의 흡수는 뇌의 어딘가에서 별개의 가치를 지니는 것일까?

이 질문을 살펴보기 위해 신경과학자 토미 블란차드, 벤 헤이든, 이든 브룸버그-마틴은 미래에 무슨 사건이 일어날지 알 경우 의사 결정을 내리는 데 도움이 된다는 사실을 이용해 뇌가 잠정적인 보상을 평가하는 장소에 관한 상반되는 가설을 입증하려 했다.[13] 그들은 원숭이의 뇌에서 의사 결정의 인지 과정에 관여한다고 알려진 부위인 전두엽을 살펴보았다. 그들은 영역 13에 해당하는 안와전두피질(OFC, 그림 18 참조)에서의 신경 세포 활동을 기록했다. 안와전두피질은 보상과 관련된 정보를 전송하는 데 핵심적인 역할을 수행한다.

연구진은 다음과 같은 사실을 밝히고자 했다. 뇌가 정보와 (음식이나 약 같은) 일차적인 보상에 부여하는 가치는 결국 하나로 통합되어 특정한 행동을 이끄는 데 사용되는 것만은 확실하지만 두 가치가 하나로 합쳐지기 전에 정확히 무슨 일이 발생하는지는 알려진 바가 없다. 따라서 이들은 이러한 유형의 의사 결정 과정에서 OFC의 역할과 관련된 두 개의 잠정적인 이론을 구분하는 것을 목표로 삼았다. 첫째, OFC는 정보와 일차적인 보상 요소가 완전히 개별적으로 작용하는 단계를 의미할 수 있다. 둘째, OFC는 정보와 일차적인 보상 요소가 이미 하나로 합쳐져 의사 결정으로 이어지는 단일한 가치를 생성하는 장소일 수 있다.

블란차드와 동료들은 원숭이의 뇌에서 OFC 신경세포의 활동을 기록했다. 원숭이는 도박(일차적인 보상)에서 승리하기 위해 희생해야 하는 물의 양과 정보성(도박의 결과가 제공되기 전에 단서가 제공될지를 알 수 있는 것)이 다른 여러 도박 중 선택할 수 있었다.

실험 결과, 중요한 사실이 밝혀졌다. 첫째, 원숭이는 추가 정보를 얻기 위해 계속해서 물을 희생했다. 이는 사람들이 호기심을 충족시키기 위해 고통도 감수하려 한다는 제프마의 연구 결과를 상기시킨다. 둘째, OFC는 정보의 가치와 일차적인 보상의 가치를 하나의 변수로 통합하기보다는 이들을 개별적으로 부호화하는 것으로 알려졌다. 철학자 토마스 홉스는 호기심을 '마음의 욕망'이라 불렀을 때 뭔가를 알아냈던 게 분명하다. 사실 블란차드, 헤이든, 블룸버그-마틴은 "OFC는 배고픔이나 목마름 같은 내부 상태에 따라 욕구적인 보상의 추구를 통제하는 것처럼 불확실성과 호기심 같은 내부 상태에 따라 정보 추구를 통제할지도 모른다."고 추측했다. 간단히 말해, OFC는 다른 보상 체계로 이어지는 통로로, 훗날 통합된 가치 평가 절차에서 사용될 수 있도록 정보를 투입하기는 하지만 최종 평가자로서의 역할은 수행하지 않는 것이다. 특히 호기심은 OFC가 평가하는 다른 요소들과는 별도로 정량화되는 것처럼 보인다.

이 온갖 실험 결과를 통해, 신경학자들은 호기심이라는 직소 퍼즐을 완벽하게 맞추지는 못할지라도 호기심과 보상, 학습 기제 간의 궁극적인 연결고리를 파악하기 시작하고 있으며 이 기제의 얼기설기 얽힌 회로망에서 다양한 뇌 구성성분의 구체적인 역할을 파악하기 시작하고 있다는 것을 알 수 있다.

의지력

강민정과 제프마, 그루버, 블란차드와 동료들은 그들이 채택한 연구 방법 상, (사소한 질문에 대한 답이나 흐릿한 이미지의 원래 모습을 보여주는 선명한 이미지 같이) 불확실성을 낮추는 정보에 수동적으로 노출됨으로써 호기심을 만족시키는 것이 활발한 탐구를 통해 호기심을 충족시키는 것과 다른지는 살펴보지 못했다. 호기심이 작동하는 방식을 이해하는 데 있어 이 같은 문제를 극복하기 위해 일리노이대학교의 인지 신경학자 조엘 보스와 동료들은 사람의 자유 의지에 기인한 적극적인 탐구 활동이 이루어지는 동안 뇌에서 무슨 일이 발생하는지 연구했다.[14]

보스와 그의 팀은 대부분의 학습 이론에서 개인이 학습 내용과 방식, 시간을 직접 통제하는 것이 중요성하다는 사실을 강조하고 있지만 호기심과 학습에 관한 대부분의 실험에서 참가자들은 주어지는 정보에 수동적으로 반응하고 있다는 사실을 발견했다. 이 같은 문제를 피하기 위해 그들은 시각적인 탐구의 (선택에 의한) 의지적 통제가 학습 과정의 효율성에 미치는 영향을 살펴볼 수 있도록 새로운 실험 방법을 고안했다. 참가자들은 움직이는 화면을 통해 한 번에 한 사물씩, 일련의 공통적인 사물을 관찰해야 했다. 여기까지는 기존의 실험과 별 차이가 없어 보인다. 하지만 이때부터 상황이 재미있게 돌아가기 시작한다. 각 참가자는 두 가지 상황에 놓였다. 처음에는 화면의 위치를 직접 조정할 수 있었으며 그 다음에는 주어지는 이미지를 수동적으로 바라봐야만 했다. 보스와 그의 팀은 독창적인 방법을 사용해 한 참가자의 의지적 움직임을 기록한 뒤 다음 번 참가자에게는 수동적인 환경에서 이를 보여주었다. 전반적으로 참가자들은 자유로운 상황과 수동적인 상황에서 정확히 동일한 간격으로 제시되는 정확히 동일한 사물을 관찰했지만 첫 번째 상황에서는 관찰 순서를 직접 선택했다. 이 방법을 통해 연구진은 의지적 통제의 효과에 직접적인 영향을 미치는 차이를 식별할 수 있었다.

연구 결과에 따르면 의지적 통제는 정보의 내용이 동일할지라도 수동적인 환경에 비해 기억력을 크게 향상시키는 것으로 나타났다. 이는 다른 누군가가 컴퓨터의 마우스를 움직이는 동안 웹사이트에서 정보를 찾아내려 해본 사람에게는 그다지 놀라운 사실이 아닐 것이다. 더욱 중요한 사실은 단기 기억으로부터 장기 기억으로 정보를 통합하는 데 핵심적인 역할을 담당하는 해마는 의지적, 적극적 탐구가 이루어지는 동안 더욱 활성화된다는 것이다. 연구진은 의지적 통제가 기억에 미치는 영향은 해마와 뇌의 다른 피질 부위가 더욱 조화를 이룬 결과일 수 있다고 주장했다. 제프마와 동료들 역시 **지각적 호기심**의 완화가 해마의 활성화뿐만 아니라 부수적인 기억력의 강화와 관련 있음을 밝힌 바 있다. 보스의 연구는 의지적 통제가 학습을 더욱 강화시킨다는 사실을 보여줌으로써 이 결과를 더욱 확실히 입증해준다. 보스와 동료들은 이 추가적인 효과는 계획이나 주의 같은 기능을 관장하는 신경 체계와 해마 간의 의사소통이 크게 향상된 결과라고 주장한다. 향상된 의사소통은 더욱 효과적인 정보 업데이트 절차로 이어지고 뇌는 결국 주어진 정보 중 가장 중요한 특징에 호기심을 느끼고 이를 흡수하게 된다. 재앙에 대응해야 하는 뇌 부위 중 의사소통을 담당하는 일종의 응급 관리 센터인 셈이다.

인지 실험과 신경과학 실험을 통해 알게 된 호기심의 특징에 대해 총정리하기 전에 두 가지 유의사항을 언급하고자 한다. 우선 과제 수행을 바탕으로 한 자기공명영상 실험에서 연구진은 정해진 시간에 뇌 활동의 공간적 범위(위치)를 살펴보았다. 이는 뇌의 활동이 **정재파**(양쪽 끝이 고정된 바이올린 줄의 진동에서 형성되는 것 같은 정지된 파동)의 형태를 취한다고 추정하는 것이나 다름없다. 파동을 따라 각 끝점에서의 신호의 강도가 변함없는 상태다. 하지만 2015년 6월에 발표한 연구 결과에서 벨기에 루뱅대학교의 신경학자 데이비드 알렉산더와 동료들은 뇌의 복잡한 활동은 활성화와 비활성화가 빠르게 일어나는 **진행파**와 비슷하다[15]고 주장했다. 이는 시간적 차원과 공간적 차원을 별도로 취급할 경우 관련 정보가 상당수 손실되어버릴 수 있다는 사실을 의미한다. 알렉산더와 동료들은 이렇게 결론지었다. "우리는 신경학적인 주체가 다양한 위치와 시간에 걸쳐 있는 궤도로 구성되어 있는 게 아니라 특정한 위치와 시간에 발생하는 사건이라는 주장에 의문을 제기합니다." 즉, 이들은 바다의 일부만을 담은 사진은 사나운 바다의 전체 모습을 담지 못하는 것처럼 특정한 시간에 뇌의 특정 부위에서 발생하는 일만 살펴볼 경우 뇌 활동이 뇌 전체를 통해 복잡하게 전파된다는 사실을 놓칠 수 있다고 주장한다. 알렉산더와 동료들의 주장이 옳다면 뇌 영상에서 도출한 결론은 정교한 이미지 촬영과 자료 분석 기법이 가능해질 경우 일부 수정되어야 할지도 모른다.

둘째, 일반적인 심리학 연구 결과를 얼마나 신뢰할 수 있는지가 문제다. 2015년 8월에 발표된, 5개 대륙 출신의 270명의 연구진이 합동으로 진행한 '재생산 프로젝트: 심리학[16]'이라는 연구에 따르면, 그들은 저명한 과학 잡지에 기고된 인지 및 사회심리학 분야의 100개의 연구 결과 중 40퍼센트만을 되풀이할 수 있었다고 한다. 이 프로젝트는 가설의 유효성을 입증하기 위해 지속적으로 실험하고 재확인하며 질문하는 과학 방법을 적용하기 위한 노력의 일환이었다. 과학은 이러한 엄격한 조사 절차를 통해서만 자체 수정이 가능하다. 재생산 프로젝트는 어느 정도 자기 함정에 빠지고 말았지만(최근 연구 결과 재생산 프로젝트 자체의 결과에 의문이 제기되었다[17] 실험 결과를 평가할 때에는 늘 주의를 기울이고 불확실성에 유의해야 하는 것만은 사실이다. 특히 실험자들이 선호하는 특정 이론에 대한 경험적인 증거를 제공하는 것으로 여겨지는 실험 결과를 평가할 때에는 더욱 그러하다. 기술적인 어려움과 자금 문제 때문에 신경과학 분야의 연구는 보통 소수의 참가자를 대상으로 한다는 점 또한 기억하기 바란다. 예를 들어, 강민정과 제프마의 실험에 참가한 학생의 수는 고작 19명밖에 되지 않았고 그 결과, 이 실험 결과가 지니는 통계적인 중요성은 제한될 수밖에 없었다.

이러한 사항을 유념한 상태에서 최근 심리학과 신경과학 분야에서 진행된 연구 결과로부터 호기심에 관해 잠정적으로 알게 된 사실을 간략하게 정리해보자.

호기심이란 정말로 무엇일까?

호기심은 비교적 최근 들어서야 진정한 관심을 받기 시작했다. 호기심의 기제를 둘러싼 수많은 세부사항은 여전히 미궁 속에 놓여 있지만 최소한 대략적인 파악은 가능해졌다. 그렇다면 우리가 알게 된 사실은 무엇일까?

첫째, 아이들은 점차 복잡한 활동에 참여하면서 낯선 환경을 탐사하고 새로운 지식을 획득한다. 대부분의 아이들이 자라면서 밟는 궤도는 놀라울 정도로 유사하다. 이는 호기심에 공통적인 기제가 존재한다는 뜻이다. 아이들의 호기심은 학습을 극대화하고 인과관계를 빠르게 파악하게 해줌으로써 지식을 향상시키고 적합한 의사 결정을 도와주는 듯하다. 아이들은 모든 결과가 일련의 지속적인 사건을 통해 원인과 연계되어 있다는 사실을 비교적 어린 나이에 이해하는 듯하다. 그들의 호기심은 무언가를 발견할 수 있는 잠재력을 기준으로 다양한 활동에 가치를 부여하는 것처럼 보인다.

성인의 탐구적인 행동 또한 개인적인 차이가 있기는 하지만 개방적인 환경에서조차 다소 일관적인 패턴을 따르는 것처럼 보인다. 인공지능 연구자 프레드릭 카플란과 피에르 이베 오데이에는 호기심과 탐구적인 행동은 예측 오차를 최대한 줄이기 위한 것이라는 관점에서 이 모든 요소를 이해할 수 있다고 주장한다.[18] 이 관점에 따르면 성인, 아이 할 것 없이 인간은 지나치게 쉽게 예측할 수 있거나 예측하기가 너무 어려운 탐구 절차를 꺼리는 경향이 있다. 예측 오차를 최대한 줄여주는 호기심을 만족시키는 데 집중하기 위해서다. 고틀리브, 키드, 오데이에는 호기심의 주요 '목표'를 분명히 밝히고 확장시켜 호기심이란 (단순히 불확실성을 낮추는 게 아니라) 학습을 극대화하기 위한 것이라고 주장한다.

호기심은 정말로 무엇일까? 내 좁은 소견에 따르면, 인지 및 뇌 촬영 분야의 연구는 우리가 호기심이라 일컫는 것은 사실 뇌의 개별 회로에서 점화되는 다양한 상태나 기제를 아우른다는 주장을 지지하는 듯하다. 특히, 새롭고 놀라우며 아리송한 자극에 의해 유발된 호기심(지각적 호기심)은 주로 불쾌하고 회피적인 상황과 관련 있어 보인다. 이 경우 호기심은 결핍이라는 부정적인 감정을 완화시키는 수단이다. 이러한 유형의 호기심은 정보 격차 이론으로 설명할 수 있으며 불확실성의 수준에 따른 호기심의 강도는 역 U자형 곡선을 따른다.

반면, 지식을 향한 욕망과 이를 획득하고자 하는 욕구가 반영된 호기심(인지적 호기심)은 즐거운 상태로 경험된다. 이 경우 호기심은 그 자체만으로도 내제된 동기부여장치라 할 수 있다. **지각적 호기심**은 갈등에 민감한 뇌 영역을 활성화시키는 것으로 밝혀진 반면, **인지적 호기심**은 보상을 향한 기대와 관련된 뇌 영역을 접화시키는 것으로 나타났다.

호기심의 충족은 신경의 보상 회로와 긴밀한 관련이 있으며, 특히 정보가 기존의 기대에 어긋날 때, 당사자가 적극적이고 의지가 강할 때 기억력과 학습력이 향상되는 것으로 밝혀졌다. 같은 맥락에서 과거에 주어진 보상은 이를 상기시키거나 증가시키는 대상이 없을 경우에도 호기심을 크게 자극할 수 있다.

최근에 진행된 흥미로운 연구에 따르면, 자기공명영상을 사용해 호기심의 개인적인 차이조차 확실히 예측할 수 있는 것으로 밝혀졌다. 옥스퍼드대학교의 신경학자 이도 테이버와 사드 즈밥디와 동료들은 쉬고 있는 사람의 뇌를 자기공명영상으로 촬영할 경우 활동적인 일을 수행할 때 활성화되는 뇌의 부위를 예측할 수 있다는 사실을 입증했다.[19] 활동적인 일에는 (언어 해석이 수반되는) 독서, (의사 결정과 관련 있는) 도박 등이 포함되었다.

앞서 언급했다시피, 이처럼 새로운 사실을 발견했다고 해서 우리가 호기심을 이해했다고 말할 수는 없을 것이다.[20] 호기심은 온 갖 상반되는 주장이 난무하고 모든 것이 변할 수 있으며 그럴 확률이 높은 주제다. 신경학자와 심리학자들이 보다 완벽한 답을 찾고 싶어 하는 기본적인 질문은 다음과 같다. 호기심은 성인이 인지 능력을 유지하는 데 특정한 역할을 할까? 호기심이 배고픔이나 목마름, 성욕 같은 다른 욕구와 비슷한 점과 다른 점은 무엇일까? 호기심을 관장하는 주요 신경 요소와 기제는 무엇인가? 뇌는 얼마나 정확히 그러한 요소를 융합시켜 의사 결정이라는 명확한 절차를 밟는 것일까? 호기심과 탐구적인 욕망의 개인적인 차이는 정확히 왜 발생하는 것일까?

위 질문들에 답하기란 쉽지 않다. 이 모든 질문에 명확한 답을 제공하기 위해서는 더 많은 연구가 진행되어야 한다. 예를 들어, 마지막 질문과 관련해 고틀리브, 키드, 오데이에와 동료들은 호기심의 개인적인 차이를 낳는 중요한 요소들은 개인의 작업 기억 용량과 실행 제어의 차이에 기인한다는 흥미로운 가설을 입증하기 위해 광범위한 연구에 착수했다. 연구진은 작업 기억이 정보의 부호화와 유지에 직접적인 영향을 미치기 때문에 우리가 학습과 독창성에 부여하는 가치에 영향을 줄 수 있다고 생각했다. 이 추측의 타당성을 평가하기 위해 연구진은 다양한 아이들을 대상으로 호기심과 작업 기억 용량 간의 상관관계를 살펴볼 것이다. 우선 수많은 탐구 활동을 기준으로 아이들의 호기심에 순서를 매긴 뒤 표준 기억력 테스트를 통해 아이들의 작업 기억 용량을 측정할 것이다. (100명 이상의 아이를 대상으로 하는) 이 실험을 통해 연구진은 호기심과 작업 기억이 정말로 관련 있는지를 통계적으로 살펴볼 수 있을 것이다. 이와 관련해 1960년대에 심리학자 사노프 메드닉이 (호기심을 필수 재료로 하는) 창의력은 연상 기억의 표현이자 관련 없는 대상 간의 관계를 기억하는 능력일 뿐이라고 앞서 주장했다[21]는 사실을 눈여겨 볼 필요가 있다.

우리가 특별히 관심을 가질 만한 호기심의 또 다른 특징이 있다. 인간은 추상적인 정보를 구성하고 통합하는 인지능력에 있어, 그리고 이론적이고 허구적인 시나리오를 창조하고 분석하는 능력에 있어, 우리가 인지하는 거의 모든 것을 **왜**와 **어떻게**라는 의미 있는 질문으로 치환할 수 있는 능력에 있어 다른 동물과는 다르다. 결국, 원인과 결과를 파악하고 싶어 하는 이 호기심과 탐구 욕망은 종교를 비롯해 논리 (그리고 결국 수학과 철학) 같은 학문의 탄생, 자연의 작동 원리(오늘날 우리가 과학, 그리고 기술, 공학이라 부르는 것으로 대부분의 연구는 결국 적용으로 이어지기 때문이다)를 이해하고자 하는 욕망으로 이어졌다. 뿐만 아니라 상당히 복잡한 언어의 탄생과 진화, 그리고 실제 세상뿐만 아니라 상상으로만 가능한 세상에 존재하는 것을 묘사하는 타고난 정신력은 문화와 시각예술, 음악을 탄생시켰다.

인간과 다른 동물이 보이는 호기심 간의 뚜렷한 차이는 언제, 그리고 왜 발생했을까? 다음 장에서는 '왜?'라고 묻는 우리의 능력이 어째서 정교한 형태의 호기심의 필수조건이자 인간만이 갖고 있는 특징인지 살펴볼 것이다.

7장

'왜'라고 묻는
인간의 등장

심리학과 신경과학 분야에서 현재 진행되는 연구에 따르면, 호기심(최소한 인지적 호기심)은 학습을 극대화하기 위한 정신의 의사 결정 과정이다. 호기심은 이 목표를 달성하기 위해 개인이 흥미를 가지는 질문에 답을 제공할 수 있는 가능성에 따라 여러 가지 선택에 가치를 부여한다. 즉 호기심은 발견을 위한 장치인 것이다.

자기공명영상 연구 덕분에 연구진들은 호기심을 담당하는 뇌 부위를 정확히 파악할 수 있게 되었다. 연구 결과에 따르면, 호기심이 각성되고 충족되는 인지 과정에 적극 참여하는 뇌의 주요 부위는 대뇌피질(기억, 사고, 의식뿐만 아니라 운동과 감각 기능을 관장하는 신경세포 조직의 바깥층)이나 선조체(보상 체계의 중심이 되는 전뇌의 피질하 영역)인 것으로 나타났다(그림 18 참고). 결국 왜 인간만이 끊임없이 '왜?'라는 질문을 할 수 있는지 묻는 것은 왜 인간만이 대뇌피질과 선조체를 갖게 되었는지 궁금해 하는 것과 동일하다. 우리는 (진화론적인 관점에서) 인간의 뇌 구조가 어떻게 현재와 같아졌는지도 궁금해 한다. 하지만 이 질문들에 답하기 전에 먼저 인간의 뇌와 관련된 몇 가지 기본적인 사실[1]을 살펴보도록 하자.

신경세포는 뇌가 활동을 수행하기 위한 핵심 구성성분이다. 전기 작용으로 자극을 받는 이 세포는 다양한 화학 및 전기 신호를 이용해 정보를 처리하고 전달한다. 거대한 컴퓨터 네트워크처럼 각 신경세포는 수많은 이웃과 연결되어 있다. 이 연결은 두 가지 종류의 가지에서 발생한다. 세포의 핵에서 신호를 전송하는 **축색돌기**와 들어오는 신호를 받는 **수상돌기**다. 이 사이에는 시냅스라는 작은 간격이 존재하는데 이곳에서 축색돌기와 수상돌기가 만난다. 신경세포가 활성화되면 축색돌기는 시냅스를 향해 신경전달물질로 알려진 화학물질을 분비한다. 그 결과 전기 신호는 시냅스를 건너 또 다른 뉴런을 작동시킨다. 빠르게 번지는 산불처럼 수많은 신경세포는 연쇄반응을 통해 거의 동시에 활성화될 수 있다.

인간의 뇌에는 두 개의 반구가 존재하는데, 이 반구는 깊은 주름이 진 회색 조직, 대뇌피질(그림 18 참고)로 둘러싸여 있다. 표면의 불룩한 부위는 뇌회腦回이며 움푹 페인 부위는 열구裂溝다. 우리가 여기에서 눈여겨 봐야할 점은 우리가 지능이라는 개념과 연관 지어 생각하는 것들을 관장하는 것은 대뇌피질의 신경세포라는 사실이다.

지적인 문제

뇌의 2차적인 절개(입체학)를 바탕으로 한 표본 추출 방식이 널리 사용되었음에도 불구하고 2007년경까지만 해도 인간의 뇌나 기타 종의 뇌에 들어 있는 총(평균) 신경세포 수가 정확히 알려지지 않은 것은 기이한 일이다. 인간의 뇌에 들어 있는 신경세포 수는 대략 천억 개 정도일 거라고 여겨졌지만 믿을 만한 수치는 아니었다. 뇌의 하부 구조에 포함된 신경세포의 수 역시 불확실하기는 마찬가지였다. 이 불확실한 상황은 브라질 연구자 수자나 허큘라노-하우젤과 그녀의 팀이 수행한 위대한 업적[2] 덕분에 변화를 맞이했다. 허큘라노-하우젤은 뇌를 '수프(자유로운 세포핵의 부유액)'로 용해함으로써 신경세포의 수를 계산하는 독창적인 방식을 고안했다. 이 용액은 흔들고 철저히 섞어 동종 용액으로 바꿀 수 있기 때문에 그녀는 이 용액의 샘플에서 신경세포의 수를 센 뒤 이에 총 부피 대 샘플 용액의 비율을 곱함으로써 뇌 전체에 포함된 신경세포의 수뿐만 아니라 뇌의 다른 구성요소에 포함된 신경세포의 수도 꽤 정확히 파악할 수 있었다.

나는 2003년에 허큘라노-하우젤을 처음 만났으며 훗날 이 장을 집필하면서 그녀의 작업에 관해 또 다시 구체적으로 얘기를 나눴다. 그녀와 동료들은 수 년 간 이어진 애매모호한 추측들을 단번에 종식시켰으며 이를 확실한 자료로 대체했다. 그렇다면 인간의 뇌에는 얼마나 많은 신경세포가 존재할까? 그녀의 명확한 답에 따르면, 50세에서 70세 사이 브라질 남성의 경우 약 860억 개의 신경세포를 갖고 있다. 상대적으로 쥐의 신경세포는 1억 8,900개(쥐가 이 책을 쓸 수 없는 이유다), 오랑우탄의 신경세포는 300억 개다. 860억 개는 처음에 예측한 천억 개와 상당히 비슷하기 때문에 조금 더 정교한 예측을 한 것이 대수롭지 않다고 생각할지도 모르겠다. 하지만 허쿨라노–하우젤은 140억 개의 신경세포는 개코원숭이 뇌 전체에 들어 있는 신경세포의 수에 해당한다고 말한다! 그녀의 연구팀은 뇌의 주요 부위에 들어 있는 신경세포의 평균 개수도 측정했다. 그들의 주장에 따르면, (운동 기능을 담당하는) 소뇌의 경우 690억 개, 대뇌피질의 경우 160억 개, 뇌의 나머지 부분에는 10억 개보다 조금 적은 신경세포가 존재한다.

   그녀의 작업은 그저 신경세포의 개수를 알려준 데에서 한발 더 나아가 새로운 통찰력으로 향하는 문을 열어주었다. 특히 밴더빌트대학교의 신경학자인 존 카스, 허쿨라노–하우젤, 그녀의 동료들은 모든 뇌가 동일한 스케일링 규칙에 따라 만들어진 것이 아니라는 사실을 최초로 입증했다.[3] 예를 들어, 설치류의 뇌의 경우 대뇌피질의 신경세포가 10배 많아질 경우 대뇌피질의 질량은 10배가 아니라 50배가 커져야 한다.[4] 반대로 영장류는 보다 많은 신경세포를 비교적 작은 뇌와 작은 대뇌 정맥에 구겨 넣었다. 사실 영장류의 뇌 질량은 신경세포의 수와 대략적으로 비례한다. 즉, 뇌질량이 두 배일 경우 신경세포의 수도 두 배다. 예를 들어, 붉은털원숭이의 뇌는 87그램으로 마모셋원숭이의 뇌보다 11배가 무거우며 붉은털원숭이의 뇌는 마모셋원숭이의 뇌보다 10배나 많은 신경세포를 지니고 있다.

영장류인 인간은 작은 용량의 대뇌피질과 전두엽피질에 수많은 신경세포가 담겨 있는 효율적인 구성 덕분에 이득을 보았다. 신경세포의 밀도 높은 배치 덕분에 인간은 최소한 비영장류에 비해 최초로 진화론적인 이득을 본 것이다. 독일의 신경생물학자 게르하르트 로스와 우르술라 디키는 연구를 통해 다양한 종들의 지능은 대뇌피질에 들어 있는 신경세포의 수와 긴밀히 연결되어 있다는 사실을 입증했다.[5] 하지만 그 사실이 온갖 질문에 대한 답을 제공해 주는 것은 아니다. 여러분은 다른 영장류는 왜 **왜**라는 질문을 왜 하지 못하며 대답할 수도 없는지 여전히 궁금할 것이다. 보다 정확히 말하면 다른 영장류는 왜 인간의 뇌를 살펴보지 않는 것일까?

침팬지가 '왜?'라는 질문을 하지 않는다고 어떻게 확신할 수 있을까? 침팬지는 직접적으로 관찰할 수 없는 힘이나 원인에 대해 우리 인간처럼 설명을 요구하는 않는다는 사실을 입증하는 수많은 실험적 증거가 존재한다. 예를 들어, 루이지애나대학교 라피엣 캠퍼스에서 일하는 대니얼 포비넬리와 사라 던피-렐리가 진행한 흥미로운 실험[6]을 살펴보자. 연구진은 내부에 위치한 작은 납덩어리 때문에 안정적으로 세울 수 없는 가짜 나무 블록을 만들었다. 그러고는 이 블록을 비롯해 이 블록과 똑같이 생겼으나 안정적으로 세울 수 있는 블록을 3세에서 5세 사이의 아이와 침팬지에게 주었다. 실험 결과는 꽤 놀랍다. 61퍼센트의 아이들이 최소한 한 가지 방법으로 가짜 블록의 바닥을 살펴보았다. 뿐만 아니라 50퍼센트가 시각적, 촉각적 탐구를 둘 다 수행했다. 하지만 침팬지는 일곱 마리 중 단 한 마리도 어떤 방법으로도 블록을 살펴보지 않았다. 일곱 마리 전부 그저 가짜 블록을 세우려고만 했다. 침팬지는 그저 **왜**라는 질문을 던질 수 없었던 것일까?

2015년에 진행된 흥미로운 실험을 통해 우리는 인간에게 추상적인 정보를 처리할 수 있는 독특한 능력을 선사한 구체적인 뇌 부위를 밝힐 수 있을지도 모른다.[7] 인지 신경학자 스타니슬라스 드앤과 L. 왕이 이끄는 연구진은 인간과 짧은 꼬리 원숭이가 연속적인 음을 듣는 동안 그들의 뇌가 활성화되는 모습을 살펴보았다. 그들이 듣는 음은 두 가지 측면에서 달랐다. 음의 전체 수(셈을 하는 능력을 살펴보기 위해)와 음의 배열(추상적인 패턴을 파악할 수 있는 능력을 살펴보기 위해)이었다. 연구진은 자기공명영상을 이용해 음이 바뀌는 동안 그들의 뇌를 촬영했다. 음은 AAAB에서 AAAAB(패턴은 동일하나 수가 변한 경우)로 바뀌거나 AAAB에서 AAAA(수는 그대로이나 패턴이 변한 경우)로 바뀌었다. 드앤과 동료들은 수와 패턴을 동시에 바꿔 AAAB를 AAAAA로 치환하는 실험도 했다. 인간과 짧은 꼬리 원숭이 둘 다 음의 수가 바뀔 경우, 수와 관련된 뇌 부위가 활성화되었다. 또한 반복적인 패턴의 변화는 이와 관련된 뇌 영역의 활성화를 가져왔다. 하지만 수와 패턴이 둘 다 바뀔 때에는 인간의 뇌만이 하전두회(학습과 언어 이해를 관장하는 부위)에서 추가적으로 격렬한 반응이 일어났다. 이 실험 결과가 의미하는 바는 다음과 같다. 원숭이는 수와 패턴을 인지하지만 이 둘이 추상적으로 섞인 상황을 더 살펴볼 정도로 흥미롭게 여기지는 않는 것이다. 이 결과는 음악 감상 같이 인간에게서만 나타나는 다른 특징들과도 관련 있을 수 있다.

하지만 인간과 원숭이는 왜 그렇게 다른 것일까? 이 질문을 살펴보기 전에 인간의 뇌가 지닌 다소 혼란스러워 보이는 또 다른 측면을 살펴보고자 한다. 뇌의 에너지 소비와 관련된 특징이다.

뇌의 질량은 몸 전체 질량의 2퍼센트밖에 차지하지 않지만 인간의 뇌가 작동할 때에는 몸 전체 에너지 예산 중 20에서 25퍼센트가 소비된다. 이에 비해 다른 종들은 뇌 운영비가 훨씬 '저렴하다.' 평균 비용이 10퍼센트를 넘지 않는다. 인간 뇌의 에너지 청구서는 왜 그렇게 높은 것일까? 허큘라노-하우젤과 그녀의 팀은 이 질문에 대한 확실한 답을 제공해준다. 인간의 뇌는 (체적에 비해) 다른 영장류의 뇌보다 훨씬 더 많은 신경세포를 갖고 있기 때문에 더 많은 에너지를 소비한다는 것이다. 신경세포 당 에너지 소비량은 사실 종별로 큰 차이가 없다. 인간 뇌의 신진대사 비용이 비싼 것은 신경세포 수가 어마어마하게 많기 때문이다.

다른 동물처럼 우리의 뇌는 다윈이 주장한 진화론의 산물이다. 인간의 뇌는 비영장류의 뇌에 비해 체적 당 많은 신경세포를 포함하고 있기 때문에 연료비가 비싼 것이다. 하지만 여전히 문제가 남아 있다. 우리는 왜 그렇게 많은 신경세포를 갖고 있는 것일까? 고릴라 역시 영장류이며 체격이 상당히 큰데도 불구하고 인간보다 신경세포의 수가 적지 않은가?

크거나 똑똑하거나?

야생 동물은 인근에 위치한 슈퍼마켓에 가서 신용카드 한도 내에서 최대한 많은 음식을 살 수 없다(안타깝게도 많은 사람들 역시 그러한 사치를 누릴 수 없다는 게 슬픈 현실이다). 그들은 음식을 찾아 나서야 한다. 하지만 체력이 바닥나기 전까지 음식을 찾고 사냥하며 씹고 먹는 데 쓸 수 있는 시간은 하루 내에 한정되어 있다.[8] 그들 역시 잠을 자고 새끼를 돌보며 약탈자를 피해 다녀야 하기 때문이다. 이 한계는 하루 8시간에서 9시간 정도이다. 즉 평균적으로 영장류를 포함한 동물들은 매일 음식에서 얻을 수 있는 에너지의 양이 정해져 있다. 수많은 야생동물을 관찰한 연구진은 영장류의 경우 하루 음식물 섭취량이 체질량에 달려 있어 다른 종에 비해 10배가 큰 종은 (먹이를 찾는 시간이 동일할 경우) 작은 종보다 3.4배 많은 칼로리를 축척하고 먹을 수 있다고 결론지었다.

　다양한 종은 에너지를 획득하기도 하지만 에너지를 소비하기도 한다. 신체를 운영하고 뇌의 신경세포를 작동하기 위해서다. 바로 이때 한계가 드러난다. 우선 신체 에너지 소비와 몸무게의 비율은 먹이 사냥을 통해 얻는 에너지와 몸무게의 비율보다 가파른 곡선을 보인다. 정량적으로 말해, 10배 무거운 종의 신체 신진대사 비용은 그보다 작은 종에 비해 5.6배가 높은 데 비해 동일한 시간 동안 먹이 사냥을 통해 얻은 에너지는 3.4배가 높을 뿐이다. 이 사실은 영장류가 최대한 많은 시간 동안 먹이 사냥에 나선다고 가정했을 때 지닐 수 있는 신체의 크기를 제한시킨다. 허큘라노-

하우젤과 동료들은 그들의 몸무게는 최대 265파운드(약 120킬로 그램) 밖에 될 수 없다고 추정했다. 실버백 고릴라 중 우두머리 수 컷이 아닌 녀석의 무게에 가깝다.

뇌 속 수많은 신경세포의 추가 칼로리 비용을 포함할 경우 상 황은 더욱 흥미로워진다. 사실 영장류가 생리학적인 한계 내에서 최대한 오래(약 8시간에서 9시간) 먹이 탐사에 나선다할지라도 큰 몸집과 수많은 신경세포의 유지비용을 감당할 수 없다는 사실은 누가 봐도 뻔하다. 허큘라노-하우젤은 이를 가리켜 '머리냐 힘이 냐?'의 문제라고 말한다. 한 가지는 다른 한 가지의 희생을 요구하 는 것이다. 보다 구체적으로, 연구진은 영장류가 야생에서 8시간 내내 먹이를 찾아 나선다 할지라도 감당할 수 있는 신경세포의 최 대치는 530억 개 가량(인간의 860억 개에 비하면 턱없이 적은 수다) 뿐이라고 추정한다. 하지만 그 수조차도 55파운드(약 25킬로그램) 가 넘지 않는 무게와 맞바꾼 대가인 것이다! (진화론적으로 가능할 경우) 지능을 몸무게와 맞바꾼다 할지라도, 165파운드(약 75킬로 그램)가 나가는 영장류는 300억 개의 신경세포 밖에 지니지 못할 것이다. 이는 인간의 뇌에 들어 있는 신경세포의 1/3밖에 되지 않 는다(그림 20에는 포유류의 뇌 질량과 총 신경세포 수가 나와 있다). 이 는 600만 년 전에 나타난, 오늘날 침팬지와 인간의 마지막 공통 조상의 뇌에 들어 있던 신경세포의 수와 비슷해 보인다. 450만 년 전에 이 땅에 살았던 호미닌(사람과에 속하는 인류와 그 조상 그룹-옮긴이)의 화석이 대량 발견된 적이 있는데, 그 중 한 유골이 특히 유명하다. 여성의 모습과 상당히 비슷한 320만 년 된 이 유골(그

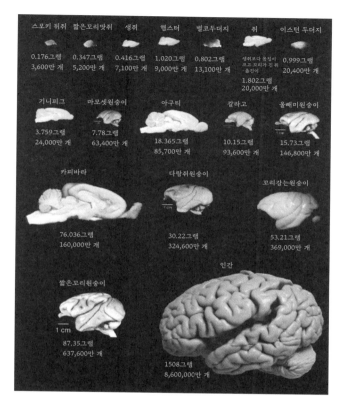

그림 20

림 21은 프랑스 자연사 박물관에 전시된 주형의 모습이다)을 보면 인간
의 조상과 현대 침팬지나 난쟁이 침팬지의 선조 간의 확실한 차이
를 알 수 있다.

고인류학자 도날드 요한슨이 1974년, 11월 24일, 북 에티오피
아에 위치한 하다르에서 '루시'라 불리는 이 여성의 뼈를 발견했
다.[10] 〈Lucy in the sky with Diamonds〉라는 비틀즈의 노래에서 영

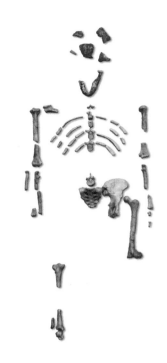

그림 21

감을 받은 탐사단 일원 파멜라 앨더만이 루시라는 이름을 제안했
다고 한다. 루시의 뼈를 비롯해 1975년 하다르에서 발견된 최소
한 13명의 인물에게서 나온 것으로 보이는 유골, 그리고 2011년
에 발견된 뼈는 호미닌 종인 **오스트랄로피테쿠스 아파렌시스**의 것
으로 여겨진다. 고인류학자들은 발과 무릎, 척추의 구조를 보아
루시가 키가 3.5피트(약 106센티미터)였을 것이며 거의 직립보행
을 한 것 같다고 추정했다. 채식을 한 그녀는 현대 침팬지처럼 주
로 과일을 먹었다.

루시의 **오스트랄로피테쿠스**('남부 원숭이'라는 뜻) 속屬이 현대 유인원의 조상과 확실히 다르다는 사실이 그다지 놀랍지 않다면 다음 사실에는 분명 깜짝 놀랄 것이다. 현대 인류를 낳은 호미닌 종의 뇌는 지난 1,500만 년 동안 세 배나 커졌다는 사실이다!

처음에는 성장률이 그리 가파르지 않았다. 루시를 비롯해 그와 비슷한 종은 두 발로 걷기 시작하자 장거리를 이동해 다양한 환경을 탐사할 수 있게 되었다. 두 발로 걸을 때에는 발이나 관절로 움직일 때에 비해 네 배나 적은 칼로리가 소모되기 때문이다. 에너지 비용이 절감된 데다 수렵을 통해 다양한 음식을 구할 수 있게 되자 **호모 하빌리스**('기술자'나 '잡부'를 의미)라 알려진 후기 종은 신경세포 수가 조금씩 증가하기 시작했다. 호보 하빌리스의 뇌는 이미 현대 고릴라의 뇌보다 커진 것이다.

신경세포의 수와 뇌 용량의 증가는 200만 년 전, 속도가 붙기 시작한다. 뇌 용량의 급속한 증가는 결국 인간의 호기심 증가와 밀접한 관계가 있다고 추론할 수 있다. 호기심 때문에 **호모 하빌리스**는 최초의 연장(두 개의 바위를 서로 부딪혀 만든 날카로운 돌)을 개발하게 되었을지도 모른다. 이러한 도구가 제작되자 또 다시 호기심이 발동한 **호모 하빌리스**는 이 도구를 이용하면 루시와 그녀의 종족이 쉽게 해결하지 못한 두 가지 문제를 해결할 수 있을 거라고 생각하게 되었다. 뼈에서 고기를 분리한 뒤 이를 소화하기 쉽게 자르는 것, 죽은 동물의 뼈에서 골수를 추출하는 일이었다. 오늘날 발견된 그들의 치아와 유골을 보면, 호모 하빌리스 종은 채식에서 벗어나 육류를 정기적으로 섭취함으로써 칼로리 흡수량을 크게 높인 것을 알 수 있다.

현대 인류를 향한 큰 진보는 1,800만 년 전으로 거슬러 올라간다. 바로 **호모 에렉투스**[11]로 긴 다리와 짧은 발가락을 지닌 이 종은 달리기에 능했을 것이고 덕분에 사체를 뒤지는 데에서 한 발 더 나아가 (비록 처음에는 작기는 했지만) 살아 있는 동물을 사냥할 수 있었다.

이 새롭게 향상된 기능은 당연히 호모 종들의 뇌에서 신경세포의 수를 증가시켰을 것이다. 자연선택의 압박 역시 작용했을 것이다. 사냥을 조직하고 실행하려면 식물의 뿌리를 팔 때와는 달리 인지 능력이 향상되어야 했기 때문이다. 하지만 중요한 질문이 여전히 남아 있다. **호모 에렉투스**에서 **호모 사피엔스**로 진화하는 동안 뇌의 크기가 두 배 이상 증가한 이유는 무엇일까? 이 급격한 변화는 100만 년도 채 되지 않은 기간에 일어났다.[12] 이제 곧 살펴보겠지만 이는 오늘날 우리가 당연하게 생각하는 것과 관련이 있을지도 모른다.

음식 덕분에 뇌가 진화하다?

수용 가능한 신경세포의 수에 부여된 에너지 한계는 현실적인 문제였다. 이 한계를 어떻게든 극복하기 위해 **호모 에렉투스**와 그보다 전에 등장한 **호모 하이델베르겐시스** 종은 칼로리 흡수의 효율성을 크게 향상시키기 위한 방법을 찾아야만 했다. 우리 조상과 우리에게 다행스럽게도 이를 위한 최고의 방법은 요리다. 요리는 (요리사의 실력이 형편없지만 않다면) 음식의 맛을 향상시켜줄 뿐만 아니라 음식을 보다 효과적으로 흡수할 수 있게 해준다. 요리는 소화기관 내 효소와 반응할 수 있도록 (자르고 으깸으로써) 거시적으로도, (열을 가함으로써) 분자적으로도 음식을 잘게 쪼개기 때문이다. 요리는 동물의 살에 들어 있는 콜라겐을 교질화膠質化하며 식물의 복잡한 분자를 변성한다. 게다가 요리의 발명 덕분에 인간은 시리얼이나 쌀처럼 이전에는 소화시키지 못했던 음식도 먹을 수 있게 되었다.

하버드대학교의 영장류학자 리처드 랭엄은 2009년 『요리본능: 불, 요리, 그리고 진화』라는 책에서 호모 종의 식단에 요리된 음식이 도입된 것은 인간의 뇌가 진화하는 데 직접적인 영향을 미쳤다고 주장했다.[13] 신경세포 수에 부여된 에너지의 한계를 살펴본 허큘라노-하우젤은 이러한 예측을 보다 그럴듯한 가설[14]로 바꾸었다. 우리가 뇌에 수많은 신경세포를 갖게 된 것은 요리 덕분이라는 가설이었다.

내가 흥미를 느끼는 부분은 '랭엄과 허큘라노-하우젤의 주장이 옳다면 **호기심**은 긍정적인 피드백 확장이라는 기제를 통해 신경세포의 수가 급격히 증가하는 데 큰 역할을 했을지도 모른다.'는 사실이다.

이 시나리오는 다음과 같다. 호모 종(아마 호모 에렉투스)이 불이 유용하다는 사실을 발견해 언제부턴가 생활 방식의 일부로 편입하기 시작했다는 사실의 이면에는 호기심이 작용한 게 분명했다. 불은 요리를 가능하게 해 주는 데서 더 나아가 열과 빛을 제공하고 인간이 고위도 지역으로 이주할 수 있도록 해주기도 했다. 인간에게 불을 조절할 수 있는 능력이 있었음[15]을 입증해주는 최초의 증거가 케냐 쿠비포라와 체소완자의 두 지역에서 발견되었는데, 이는 160만 년 전에 이 땅에 존재한 것으로 추정된다. 남아프리카공화국 칼라하리 사막 경계 지역 인근에 위치한 원더워크 동굴에서는 100만 년 된 탄 뼈와 식물이 발견되기도 했으며, 이스라엘에서는 79만 년 전 것으로 추정되는 난로 모양의 그을린 부싯돌과 목재가 발견되기도 했다.[16] 불을 지속적이며 습관적으로 사용하게 된 것은 아마 훨씬 뒤의 일일 것이다. 이스라엘의 타분 동굴에서 35만 년 전 것으로 추정되는 이와 관련된 확실한 징표가 발견되었으며 비슷한 증거가 독일 쉐닝겐에서도 발견되었다. 2016년 여름, 고고학자들은 약 4십만 년 된 이스라엘 케셈 동굴에서 요리된 고기를 섭취한 흔적을 발견하기도 했다. 요리를 하면 날음식이 부드럽고 소화하기 쉬워지며 맛도 더욱 좋아진다는 사실을 발견하는 데 있어서도 호기심은 큰 역할을 했을 것이다. 당시 인종의 두개골의 형태를 보면 치아를 비롯해 씹는 데 사용된 얼굴 근육의 크기가 감소했음을 알 수 있다. 이는 당연한 일이다. 요리 덕분에 씹는 데 걸리는 시간이 하루 5시간에서 고작 1시간으로 줄어들었을 것이기 때문이다. 또한 향상된 식단 덕분에 소화기관의 크기가 작아졌으며 결국 소화시키는 데 사용되는 값비싼 에너지를 절약할 수 있었다. 근본적으로 내장을 뇌와 맞바꾼 것이다.

이 온갖 변화로 **호모** 종은 신경세포 개수에 부여된 에너지 한계를 극복할 수 있었고 결국 뇌의 크기가 두 배가 되었다. 대뇌피질 내 신경세포의 수가 급격히 증가하고 선조체 내 신경세포의 수 또한 그리 극적이지는 않지만 상당히 증가한 결과, 인간의 호기심은 인간이 다른 영장류에 비해 정량적인 이득을 얻는 시점으로까지 번졌을 것이다. **호모** 종은 **어떻게**와 **왜** 라는 질문을 던지기 시작할 **능력**이 되지는 않았겠지만 **역량**이 진화하기 시작했을 것이다. (다음 장에서 간략하게 설명하겠지만 언어가 등장하면서부터) 이 중요한 질문을 던지기 시작하자 인간은 계속해서 훨씬 더 많은 음식을 발견하고 집단을 이루게 되었으며, 결국 문화라는 개념이 탄생하기에 이르렀다. 모든 것이 기하급수적으로 증대되었다. 신경세포가 풍부해진 뇌는 새롭게 증대된 호기심 덕분에 더욱 크고 지적으로 유연하며 풍부한 뇌로 진화했다.

호모 에렉투스나 그 후에 등장한 종들의 뇌가 발전하는 데 요리가 지배적인 역할을 했다는 사실에 모든 연구자가 동의하는 것은 아니다.[17] 예컨대, 캘리포니아 공과대학교 신경생물학자 존 올맨과 미시건 대학교 고인류학자 C. 로링 브레이스는 요리는 지난 50만 년 동안에만 중요한 역할을 했을 뿐이라고 생각한다(불의 습관적인 사용을 뒷받침하는 고고학적 증거가 이 가설을 뒷받침할지도 모른다). 또한 뉴욕 웨너 그렌 재단의 고인류학자 레슬리 아이엘로는 고기 식단, 짧아진 내장, 요리, 직립보행 등 몇 가지 통합적인 요소가 순환 고리 구조에 따라 서로를 강화시킨 게 틀림없다고 주장한다. 에너지 절약에 기여한 이러한 적응 방식이 정확히 어떤 순서로 발생했는지는 여전히 논의 대상이다. 하지만 앞서 언급했듯 나는 호기심의 특징이 겪은 **정량적인** 변화가 큰 역할을 했다고 본다.

몇 가지 '호기심 혁명'

옥스퍼드대학교의 진화 심리학자 로빈 던바가 쓴 『멸종하거나, 진화하거나』는 이렇게 시작된다.[18] "인간의 진화를 다룬 이야기는 언제 들어도 흥미롭다. 우리가 누구인지 또 어디서 왔는지에 대해 우리는 정말 탐욕스러울 정도로 호기심이 강한 듯하다." 기원이라는 단어는 늘 인간의 호기심을 자극했다. 우리는 인류 종의 기원, 지구의 기원, 우주의 기원을 이해하기 위해 늘 애쓴다.

신경세포 수의 갑작스러운 증가로 호모 사피엔스는 새로운 인지 능력을 얻게 되었다. 특히 이는 정보 처리, 학습, 의사소통을 위한 독창적인 기제를 낳았다. 결국 새롭게 획득한 정신의 도구 덕분에 50만 년 전에서 20만 년 전 쯤 인간만의 독특한 언어가 탄생했다.[19] 언어가 다윈설에 따른 길고 진화적인 절차를 통해 나타나게 되었는지[20] 아니면 (물이 얼음으로 변하는 것 같은) 상전이 방식으로 인간의 뇌에 언어 능력이 부여되는 갑작스러운 변이를 통해 발생하게 되었는지[21]에 대해서는 의견이 분분하다. 이 논의는 그 자체만으로도 충분히 매력적이기는 하지만 이 책에서 다룰 만한 사안은 아니다. 파리언어학회에서 1866년, 언어의 기원에 대한 연구를 금했다는 사실만을 언급하고 넘어가겠다. 이 단체가 언어의 기원에 대한 연구를 금지한 것은 철저한 과학 방법으로는 해결이 불가능한 문제라는 이유에서였다. 이 금지는 불의 사용 같은 문제와는 달리 고고학적인 유물만으로는 언어의 발전 과정을 추적하기가 사실상 불가능하다는 험난한 현실을 반영한 것이라 하겠다. 1866년에 내려진 이 금지령은 상당히 흥미롭다. 언어학회의 선경지명적인 공포를 확인시켜주듯, 연구자들 사이에서도 언어의 기원에 대해서는 여전히 의견 차이가 팽배하기 때문이다.

중요한 점은 인간의 독특한 호기심과 인간만의 독특한 언어의 등장은 긴밀히 연결되어 있는 것처럼 보인다는 사실이다. 던바는 (단순한 소리와는 다른) 복잡한 음성 언어는 사실 '수다'라고 주장[22]한다! 즉, 언어는 '늑대 한 무리가 다가오고 있다' 같은 기초적인 정보를 전달하는 게 아니라 생존에 중요하기는 하지만 임박한 목숨을 지키는 것보다는 한 단계 더 나아가 대규모 집단에서 무언가를 설명하는 데 사용되었다는 것이다. 심리학자 엘리자베스 스펠크[23]의 말마따나 '우리는 이 [언어]를 사용해 무엇이든 연결 지을 수 있는 것이다.' 던바의 이론이 합당한지에 대해서는 의견이 분분하지만 이 이론은 수다의 주요 원인인 호기심과 언어 간에 잠정적으로 내제된 연결고리가 존재한다는 사실을 암시한다. 다른 이론들에 따르면, 언어란 (아이의 친부를 보장해주는 상징적인 사회계약 같은) 다른 종류의 사회 지식을 주고받기 위해 진화되었을지도 모른다. 이 이론들은 호기심의 중요한 요소를 내포하고 있기도 하다. 영향력 있는 언어학자 노암 촘스키는 언어의 일차적인 목적이 의사소통 수단은 아니라고 말한다. 그는 "언어는 진화하며 사고의 도구로 고안되었다."고 주장한다. 이러한 관점에서 2016년 캘리포니아대학교 버클리 캠퍼스의 연구진이 각기 다른 단어의 의미가 신체 기관의 다양한 영역에 어떻게 분포되는지를 보여주는 '뇌의 지도[24]'를 그린 것은 상당히 흥미로운 일이다.

미국 인류학자 로이 래파포트[25], 영국 인류학자 카밀라 파워[26]를 비롯한 다른 이들은 언어는 훨씬 더 넓은 무언가, 즉 상징적인 문화의 한 측면일 뿐이라고 주장한다. 그들은 언어란 문화적 사실이라는 구조가 이미 수립되어 있을 때에만 작동한다고 말한다. 이 이론에 따르면, 언어의 탄생은 관습적인 의식을 수반한다. 이 의식은 언제 시작되었을까? 상징적인 관습의 존재를 입증하는 최초의 단서는 남아프리카공화국 블롬보스 동굴 같은 곳에서 발견된, 빨간색 오커 색소를 사용한 흔적이다.[27] 오커를 처리하던 '작업장'은 10만 년 된 것으로 밝혀졌다. 이처럼 현대 인류의 화석과 상징적인 유물의 화석이 동시에 존재했다는 사실을 통해 (전부는 아닐지라도) 일부 고고학자는 현대 해부학과 행동이 공동으로 진화했다고 확신하게 되었다.

이 책에서 중요하게 다루는 사실을 다시 한 번 짚고 넘어가자. 사회적으로 공유된 신화, 의식, 상징론은 **왜**와 **어떻게**라는 끈질긴 질문에 대한 최초의 정교한 대응으로 결국 호기심으로 이어졌을 거라는 사실이다. 비유의 사용, 온갖 문화의 등장으로 이어진 추상적인 사고의 모든 과정(혹은 촘스키의 '사고의 도구') 역시 마찬가지다. 호기심과 언어 간의 긍정적인 피드백이 낳은 연쇄 반응은 **호모 사피엔스**를 자기 인식과 영적 생활을 갖춘 강력한 지식인으로 탈바꿈시켰다. 호기심 덕분에 창의적인 생각을 할 수 있게 되고 축적된 지식을 공유하고 다른 이들과 함께 지식을 모으는 능력을 갖추게 되자 인류 역사는 크게 발전했다. 사냥과 채집에서 벗어나 농업을 통해 식량을 경작하게 된 제 1차 농업 혁명[28]이 그 중 하나다. 신석기 시대의 인구 변화는 12,500년 전에 시작되었으며 이때부터 인간은 개, 소, 양 같은 동물을 비롯해 온갖 동물을 기르게 되었다. 12,000년 쯤 후에 발생한 또 다른 혁명은 과학의 성격에 놀랍고 새로운 관점을 부여한 사건으로 유럽에서 시작되어 르네상스 말기를 거쳐 18세기 말까지 지속된 유명한 과학 혁명[29]이었다.

과학 혁명은 한 마디로 중세를 지배한 독단적인 확신에서 벗어나 경험적인 관찰과 탐구를 우선시하는 호기심의 문화로 옮겨간 것이라 할 수 있다. 존 로크나 데이비드 흄 같은 경험주의자는 직접 눈으로 목격한 증거와 인상을 중요하게 생각했으며 드니 디드로 같은 백과사전 편집자는 모든 지식을 논리정연한 문서로 통합하려 했다. 코르페니쿠스, 갈릴레오, 데카르트, 베이컨, 뉴턴, 베살리우스 같은 인물들이 제안한 수많은 이론과 엄청난 관찰, 혁신적인 실험은 인간이 모든 것을 아는 것은 아니라는 인식, 소우주와 대우주는 아직 철저히 탐사되지 않았다는 인식에서 시작되었다. 사실 오늘날 우리가 목격하는 모든 과학적 진보는 이 혁신적인 사상이 직접적으로 확장된 결과다. 나사[NASA]가 화성의 표면을 탐사하기 위해 만든 탐사선에 **호기심**[curiosity]이라는 이름을 붙이기로 결정한 것도 우연이 아니다.

과학적 혁신을 이끈 선구자의 이름을 몇 명 나열하는 단순한 행위를 통해 나는 호기심을 이해하기 위한 과정의 다음 단계로 나아갈 수 있었다. 하지만 과거의 위대한 사상가를 직접 인터뷰할 수는 없기에 남들보다 훨씬 뛰어난 호기심을 보이는 현 시대의 인물 몇 명을 간략하게 인터뷰하기로 결정했다. 내가 특히 궁금한 질문은 다음과 같다. 호기심이 유별나게 많은 사람은 자신의 호기심을 어떻게 설명할까? 그들은 호기심을 가질 대상을 어떻게 선택했을까?

8장
호기심 강한
사람들과의 인터뷰

아인슈타인은 "중요한 것은 끊임없이 질문하는 것이다. 호기심은 그 자체만으로도 존재 이유가 있다. 영원, 생명, 현실의 놀라운 구조 속에 내제된 수수께끼를 생각할 때 우리는 경외심을 품을 수밖에 없다. 매일 조금씩 이 수수께끼를 이해하려고 노력하는 것만으로도 충분하다.[1]"라고 말했다. 누군가는 이 조언을 글자 그대로 따르려는 것처럼 보인다. 그들은 끊임없이 호기심을 보이며 그 중 일부는 저명한 과학자, 작가, 기술자, 교육자, 예술가가 된다. 하지만 대부분의 사람이라면 호기심이 있기 마련이다. 물론 대단한 사안이 아니라 일상의 가십거리가 그 대상이다. 오늘날에는 자신의 전문 분야에만 집중하는 사람이 증가하면서 박식가(폭넓은 지식과 호기심을 자랑하는 사람)가 멸종위기에 처하게 되었지만 탐구와 조사를 향한 열정이 넘쳐나는 사람은 여전히 존재한다. 그 중에는 뛰어난 과학자 가운데에서도 왕성한 호기심을 자랑하는 유명한 물리학자 프리먼 다이슨[2]이 있다.

다이슨은 양자전기역학^{QED}이라 불리는 역학이론의 다양한 버전(리처드 파인만이 그 중 하나를 개발했다)을 성공적으로 통합한 것으로 유명하다. 코넬대학교는 이 위대한 업적을 인정해 박사학위가 없음에도 불구하고 그를 정교수로 임명했다. 양자전기역학의 중요성은 모두가 인정하는 바이지만 다이슨이 달성한 업적 전체를 놓고 보았을 때 이는 빙산의 일각에 불과하다. 그는 오랜 활동 기간 수학, 진료용 방사성동위원소를 생산하는 원자로, 물질의 자성, 고체물리학, 핵폭탄으로 추진되는 우주선, 천체물리학, 생리학, 자연이론 등 놀라울 정도로 다양한 주제를 연구했다. 또한 뉴욕 서평전문 블로그인 〈뉴욕 리뷰 오브 북스〉의 정기 기고가로 활동하고 있으며 아홉 살에 과학소설을 쓰기도 했다.

나는 지난 몇 년 동안 다이슨을 여러 번 만났는데 만날 때마다 우리 사이에는 늘 고무적인 대화가 오갔다. 2014년 여름, 나는 드디어 그의 독특한 호기심에 대해 물어볼 기회가 생겼다.[3] 아흔 살의 나이에도 그는 여전히 호기심이 왕성했다.

나는 확실한 질문부터 던졌다. "당신은 늘 호기심이 많았나요?"

"저는 어린 시절 질문을 달고 살았지요." 다이슨이 대답했다. "하지만 그게 특이하다고는 생각하지 않았어요." 이는 확실히 과소평가였다. 그는 이미 고등학교 때부터 훗날 숫자 이론의 수학적 분파에 굉장한 기여를 하게 될 문제를 생각하기 시작했던 것이다.

"성인이 된 후에는 특정 주제에 특별히 흥미를 느꼈나요?"

그는 잠시 생각한 뒤 이렇게 대답했다. "보통은 주위 친구들이 작업하는 대상에 흥미를 느낍니다. 저는 다른 사람들과 얘기를 많이 나누는데 그러다 보면 그들이 하는 일에 호기심이 생기죠. 예를 들어, 저는 레슬리 오르겔[유명한 영국 화학자]과 생명의 기원에 대해 얘기 나눈 후 그 문제를 연구하기 시작했습니다.”

“당신의 호기심에는 특정한 양상이 있습니까?”

다이슨은 다시 생각에 잠긴 뒤 이렇게 설명했다. “저는 큰 그림보다는 세부적인 사항에 관심이 많은 편이에요. 동물원이 아니라 동물들에 호기심을 느끼죠. [천문학과 천체물리학을 가리키며] 당신 분야의 경우 [우주 전체를 다루는 학문인] 우주학보다는 [특정 천체물리학 대상을 다루는] 천문학에 관심이 있답니다.”

“그렇다면 새로운 대상으로 넘어가 새로운 탐구를 시작할 시점을 어떻게 결정하나요?”

다이슨이 내 질문에 웃으며 답했다. “저는 집중력이 상당히 짧아요. 이주나 삼주 후면 포기하곤 하죠. 문제를 해결하거나 그냥 아예 손을 뗀답니다.”

와우! 나는 생각했다. **레오나르도와 비슷하다고.**

내 생각을 읽은 것 마냥 다이슨은 계속해서 이렇게 말했다. “과학자가 된다는 건 어떠한 과학 문제도 연구할 수 있는 ‘자격증’을 수여받은 거라고 생각합니다. 다른 대상을 추구하려면 ‘평범한’ 연구 대상을 포기할 줄도 알아야 하죠.”

나는 계속해서 속으로, **파인만과도 비슷하군,** 이라고 생각했다. 나는 마지막으로 그에게 호기심과 다른 개인적인 특성 간에 결정적인 상관관계가 있다고 생각하는지 물었다. 그는 그러한 관계는 찾지 못했다고 대답했다. 동료 과학자 중 일부는 그의 마지막 진술에 동의하지 않을 것이다. 최소한 다이슨의 경우에는 해당되지 않는 말이다. 신경학자이자 작가인 올리버 색스(내가 이 책을 쓰는 동안 애석하게도 별세하고 말았다)는 다이슨의 과학적 호기심을 묘사하며 '체제 전복적'이라는 단어를 사용했다. "그는 정통에서 벗어나야 할뿐만 아니라 체제 전복적이어야 한다고 생각하죠. 실제로 평생 동안 그래왔고요." 사실 다이슨 스스로도 2006년에 집필한 에세이 『과학은 반역이다』에서 "우리는 아이들에게 오늘날의 과학을 가난과 추잡함, 군국주의, 경제적 불평등에 맞선 반역으로 소개해야 한다."라고 말한 바 있다.[4]

♁ ♁ ♁

내가 인터뷰한 두 번째 대상은 우주비행사이자 박식가인 스토리 머스그레이브[5]다. 나는 그의 우주비행팀이 허블 우주망원경과 관련해 최초의 정비 업무를 준비하던 1993년에 그를 처음 만났다. 나는 당시 이 프로젝트에 참여한 천체물리학자였다.

알다시피 나사는 이 망원경이 출시된 직후 허블의 주경은 완벽하게 닦여 있었지만 사양이 잘못되었다는 사실을 알게 되었다. 문제는 '구면 수차球面收差'였다. 즉 거울의 외측날이 지나치게 납작했던 것이다. 그다지 큰 차이는 아니었으나(인간 머리카락 두께의 1/50정도) 상像을 충분히 흐릿하게 만들 수 있었다. 천문학계는 공황상태에 빠졌고 언론은 허블Hubble이 트러블trouble과 운이 맞다는 사실을 들먹이며 신나 했다. 과학자와 기술자들은 허블이 원래 예상된 작업을 수행할 수 있도록 밤새도록 복구 계획을 세웠다. 마침내 연구진은 망원경의 흐릿한 초점을 교정하기 위한 대담한 계획에 착수했다.

우주왕복선을 타고 떠난 일곱 명의 우주비행사의 손에 임무가 맡겨졌다. 그들은 다섯 번의 우주유영 끝에 허블망원경 안에 '안경'(교정 광학과 내부적으로 교정된 새로운 카메라)을 장착했다. 이 굉장한 우주유영 중 세 번을 스토리 머스그레이브가 담당했다. 대부분의 사람이라면 이 정도에 만족했겠지만 머스그레이브는 아니었다. 그 후로 그는 수학과 통계학에서 학사학위를 받았고 운영연구와 컴퓨터 프로그래밍에서 MBA학위를 받았으며 화학에서 학사학위를, 물리학과 생명물리학에서 의학박사(그는 외상장애 및 응급실 의사로 시간제 근무를 했다)와 학술석사[MS] 학위를 받았을 뿐만 아니라 추가로 문학에서 석사학위를 받았다. 그는 제트기 조종사이기도 하고 사진과 산업디자인에도 흥미가 있으며 일곱 명의 자녀를 둔 아버지이기도 하다.

나는 2014년 8월, 머스그레이브와 다시 얘기를 나누며[6] 답변이 예상 가능한 질문을 던졌다. "당신은 이 온갖 학문을 왜 공부하는 거죠?" 그는 한 치의 망설임 없이 대답했다. "일이 진행되는 방식이 마음에 들지 않을 경우 제 호기심이 발동하는 것 같아요. 그래서 저는 늘 무언가를 해야 한다고 느낍니다. 언제나 더 탐구하고 싶은 에너지가 넘쳐나죠."

"좋습니다. 그렇다면 특정한 주제를 어떻게 결정하는 건가요?"

"한 주제에서 자연스럽게 다른 주제로 넘어갑니다. 처음에는 복잡한 시스템을 다룰 때 어떠한 변수를 대입하면 바람직한 결과를 얻을 수 있을지 예측하기 위해 수학 장치와 통계 장치를 연구했죠." 그는 잠시 말을 멈추었다. "컴퓨터가 출시된 지 얼마 되지 않았을 때였어요. 그래서 출발은 수학이라는 학문이었지만 머지않아 프로그래밍, 운용 분석를 공부하기 시작했죠. 컴퓨터가 작동하는 방식을 공부하자 뇌가 작동하는 방식에 호기심이 생겼어요. 거기에서 다시 화학, 생명물리학으로 넘어가 의학까지 공부하게 된 거고요. 인체와 그 한계에 대해 어느 정도 공부하고 나자 이제 우주 프로그램에 관심이 생긴 거죠."

나는 말이 된다고 인정할 수밖에 없었다. 하지만 대부분의 사람은 그 정도 열정과 끈기로 관심 대상을 추구하지는 않는다.

머스그레이브는 계속해서 말했다. "제가 공부하는 주제는 전부 연결되어 있습니다." 그는 잠시 말을 멈춘 뒤 이렇게 덧붙였다. "두 살에서 세 살짜리 아이들은 호기심이 넘쳐나요. 그 나이가 지나면 무슨 일이 일어나는지가 문제죠. 대부분의 경우 어른이 되면 호기심이 파괴되는 것 같습니다."

나는 많은 사람들에게서 그런 얘기를 들었다. 하지만 실제 심리학 연구 결과를 살펴본 결과 성인이 되면서 감소하는 것은 지각적 (그리고 특히 새로운 것을 추구하는 일반적) 호기심뿐이라는 느낌을 받았다. 지식을 갈망하는 구체적이고 인지적 호기심은 성인이 된 이후에도 계속해서 유지되는 것으로 보인다.

∽ ∽ ∽

    머스그레이브와 대화를 나누기 전, 나는 또 다른 유명한 박식가 노암 촘스키[7]와 간략한 메일을 주고받았다. 촘스키는 언어학자이자 인지과학자, 철학자, 정치해설자이며 100권이 넘는 책[8]을 쓴 운동가이다. 그는 20세기에 가장 많이 인용되는 학자로 그의 작품은 언어학, 심리학, 인공지능에서 논리학, 정치과학, 음악 이론에 이르기까지 온갖 분야에 큰 영향을 미치고 있다.

    "흥미로운 주제군요." 내가 호기심에 관한 책을 쓰고 있다고 말하자 촘스키는 이렇게 답신을 보냈다.[9] 그에게 어떠한 유형의 질문에 호기심을 느끼는지 묻자 그는 재치있게 대답했다. "음, 저는 당신이 왜 호기심을 느끼는지에 호기심을 느낀다고 말할 수 있겠네요."

    나는 포기하지 않고 또 다른 메일을 보냈다. "당신은 왜 언어라는 특정한 주제에 호기심을 느끼는 거죠?"

    그가 즉시 보낸 답변은 상당히 매력적이었다. "언어는 인간만이 지닌 독특한 능력이자 정신력의 핵심이라는 사실, 그리고 언어의 온갖 측면이 수수께끼라는 사실을 알기 때문이죠." 나는 그의 말에 동의할 수밖에 없었다. 내가 7장에서 언급한 언어의 진화와 혁명에 대한 간략한 설명만으로도 독특한 능력을 부여받은 현대 인간이 등장하는 데 언어가 필수불가결한 역할을 맡은 것을 확실히 알 수 있다.

    촘스키의 답변을 살펴보면서 다른 질문이 떠올랐다. 그의 말에서 **언어**라는 단어가 놓인 자리에 **'왜'라고 물을 수 있는 능력**을 대입하면, 내가 호기심에 흥미를 느끼는 이유를 완벽하게 설명할 수 있을 터였다.

사소한 질문에 대한 정답을 들었을 때 참가자들의 내부 전두회[IFG]가 활성화되던 뇌 촬영 실험을 기억할 것이다. 인간의 IFG에는 언어 처리와 이해에 있어 중요한 역할을 담당하는 브로카 영역이 들어 있다. 스타니슬라스 데헨스와 동료들은 인간이 추상적인 정보를 분석할 수 있는 것은 IFG 때문이라고 추정하기도 했다.[10] 언어, 인지적 호기심, 추상적인 개념의 이해는 촘스키가 '정신 본질의 핵심'이라 부르는 것의 정수이다.

ዖ ዖ ዖ

다음으로 내가 인터뷰한 대상은 매운 드문 경력의 소유자다. 파비올라 자노티는 고등학교 시절 주로 문학과 음악에 관심을 보여[11] (피아노 연주자로서) 음악 분야에서 먼저 학위를 취득했지만 결국은 2012년 '신의 입자[12]'라고 불리는 힉스 입자를 발견한 3천 명의 물리학자로 이루어진 팀을 이끌게 되었다. 2016년 1월 1일, 그녀는 유럽원자핵공동연구소[CERN]의 소장 자리에 올랐다. 스위스 제네바 근처에 위치한 이 단체는 전 세계에서 가장 큰 입자가속기인 강입자충돌기를 운영하고 있다.

"인문학 공부에서 물리학 공부로 전향하게 된 계기가 무엇이었나요?” 나는 자노티에게 물었다.

“저는 어린 시절 늘 호기심 많았어요.” 그녀는 대답했다. “끊임없이 질문하곤 했죠. 어느 시점엔가 물리학을 공부하면 이 질문들에 대한 답을 찾는 데 도움이 될지도 모른다는 생각이 들었고 결국 물리학을 공부하게 되었지요.”

“기본 지식이 없는 상태에서 쉽지 않았을 텐데요.”

“그랬지요.” 그녀가 인정했다. “처음에는 적응하기 힘들었어요. 인문학 공부만 해오다가 갑자기 물리학의 난제를 이해하고 해결하는 능력을 키워야 했으니까요.”

“하지만 음악에 대한 사랑은 변함없는 거죠?”

“당연하죠. 음악은 저의 근본이에요. 저는 늘 음악을 듣죠. 지금은 예전보다 연주할 수 있는 시간이 적지만 여전히 가끔씩 피아노 연주를 한답니다.”

“물리학이나 음악 말고 다른 분야에도 관심이 있나요?”

그녀가 웃으며 답했다. “요리요! 물리학과 음악, 물리학과 요리는 비슷한 점이 많아요. 우선 물리학 이론, 음악, 특히 제가 어린 시절 꿈꾸었던 발레에는 우아함이라는 공통적인 주제가 있죠.”

“맞는 말이네요.” 내가 말했다.

“요리와 물리학도 그래요.” 그녀는 계속해서 말을 이어갔다. “특정 법칙이나 규칙이 필요하지만 창의성도 필요하죠.” 안타깝게도 나는 이 부분에는 답하지 못했다. 나는 요리를 거의 하지 않기 때문이다. 그렇기는 하지만 요리가 인간의 대뇌피질이 수많은 신경세포를 갖는 데 중요한 역할을 수행했을 거라는 사실이 떠올

그림 22

랐다.

나는 또 다른 질문도 던져야만 했다. 기초 연구의 동인이라는 호기심의 상당히 위험한 습성과 관련된 질문이었다. 힉스 입자의 발견은 자노티와 그녀의 팀에게 굉장한 성공이었다. 발견하기 쉽지 않은 이 입자를 향한 탐구는 거의 40년 동안 계속되었다. 하지만 강입자충돌기(그림 22)는 다른 새로운 입자를 발견하지는 못할 것이다. 수십억 달러에 달하는 이 장비는 새로운 단체장이 된 그녀에게 홍보 차원에서 큰 부담이 될 수 있었다. "다른 입자를 발견하지 못하면 어떡하죠?" 내가 물었다.

"기초 연구에는 변수가 있죠." 그녀가 대답했다. "때로는 무언가를 발견하기도 하고 때로는 아무 것도 발견하지 못하기도 한답니다. 그리 놀랄 일이 아니죠." 그러더니 이렇게 덧붙였다. "부정적인 결과 역시 중요합니다. 특정 이론을 배제하고 다른 이론에 집중하는 데 도움을 주기 때문이죠."

"그래도 다소 실망스러울 텐데요." 내가 조심스럽게 말했다.

그녀는 동의했다. "우리는 온갖 방법을 통합해야 해요. 가속기, 암흑 물질[빛을 방출하지 않는 물질로 중력의 영향을 감지하는 천문학적인 관찰로 그 존재를 추론한다]을 구성하는 입자를 찾기 위한 실험 연구, 천체물리학 등이죠." 흥미롭게도 내가 자노티와 얘기를 나눈 지 3개월 후, 강입자충돌기에서 이루어진 두 개의 실험 결과 양성자보다 800배나 무거운 새로운 입자가 발견될 수 있는 가능성이 제기되었다. 하지만 더 많은 자료를 수집한 결과 2016년 여름, 이는 찰나의 통계학적 요행수에 불과함이 밝혀졌다.

나는 논란의 여지가 있는 또 다른 주제를 꺼내기가 망설여졌다. **다중 우주**였다. 힉스 입자의 질량이 비교적 낮은 값을 지니고 있음이 밝혀진데다 강입자충돌기가 추가로 새로운 입자를 발견하지 못할 거라는 사실이 제기되자 우리가 사는 우주는 거대한 우주의 한 구성원일 뿐이라는 추측성 관점이 강화되었다. 이 시나리오에 따르면, 우리는 힉스 입자의 질량이 어떠한 가치를 지니든 놀랄 필요가 없다. 다중 우주에서는 기존에 가능성이 없다고 여겨진 값조차도 전체의 구성원이 될 수 있기 때문이다. 잠시 망설인 끝에 나는 이렇게 물었다. "다중 우주 이론에 대해서는 어떻게 생각하나요?"

자노티는 이렇게 대답했다. "심리적으로 다중 우주를 믿는 것은 포기하는 거나 마찬가지라는 느낌이 들어요. 실험을 중시하는 물리학자로서 저는 온갖 가능성을 계속해서 탐구하고 싶습니다.”

(5장에서 언급된) 재클린 고틀리브의 심리학적 실험 결과 이것 (온갖 가능성을 살펴보는 것)이 호기심이 왕성한 사람들의 태도라는 사실이 떠올랐다. 나는 결국 다음과 같은 질문을 던질 수밖에 없었다. “당신의 현재 호기심은 어린 시절만큼이나 왕성한가요?”

자노티는 망설임 없이 이렇게 대답했다. “오히려 그 때보다도 더 호기심이 많아졌어요. 저는 호기심과 배움의 즐거움에서 힘을 얻죠. 전에 알지 못했던 것을 이해하는 것보다 즐거운 일은 없어요.” 이는 고틀리브가 사용한 단어와 정확히 일치했다. 그녀 역시 “저는 새로운 것을 배울 때 가장 즐거워요.”라고 말했다.

“호기심이 많은 사람들 간에 공통적이 특징이 있다고 보나요?”

“그럼요. 알려진 사실, 수용되는 사실, 정립된 사실 너머로 생각하는 능력이죠.”

“호기심 많은 예술가에게도 그러한 특성이 적용된다고 생각하나요?”

“물론이죠. 호기심이 많은 예술가는 새로운 영역을 탐구하죠. 그들은 남들과는 다른 시각으로 현실을 바라봐요. 우리가 피상적으로 바라보는 것 너머로 나아가기도 하죠.”

“가장 좋아하는 예술가가 누구인가요?”

“음악에서는 슈베르트를 좋아해요. 그는 고전파 음악에서 가장 낭만파적인 작곡가인 동시에 낭만파 음악에서 가장 고전적인 작곡가이니까요. 시각예술 분야에서는 이탈리아 르네상스 시기의 예술가들을 특히 좋아합니다."

나는 자노티의 오빠인 클라우디오가 동생은 "절대로 도중에 포기하지 않는다."고 말한 것을 우연히 알게 되었다. 그래서 마지막으로 반 농담으로 이렇게 말할 수밖에 없었다. "당신은 레오나르도처럼 호기심이 왕성하지만 프로젝트를 완수하기를 좋아하네요."

그녀는 이 말에 웃으며 답했다. "저를 레오나르도에 비교하다니 가당치도 않아요. 저는 무언가를 마치지 않는 걸 싫어할 뿐이에요. 책을 한 번 읽기 시작하면 별로 재미있지 않더라도 어쨌든 끝까지 다 읽는 편이죠."

♀ ♀ ♀

다음으로 내가 인터뷰한 인물은 내가 사회에 첫발을 디딘 대학원 시절부터 쭉 알고 지냈으며 존경해온 마틴 리스[13]다. 그는 전 세계적으로 유명한 천체물리학자이자 우주론자로 크라포드 천문학상을 수상했다. 1995년부터 영국 왕실 천문학자로 활동하고 있는 그는 2004년부터 2012년까지 캠브리지 트리니티 칼리지의 학장으로, 2005년부터 2010년까지는 왕립협회의 의장으로 지냈을 뿐만 아니라 2005년에는 러들로의 남작이 되었다. 그는 우주학과 천체물리학 분야에서 거의 모든 것을 알고 있는 몇 명 안 되는 천체물리학자 중 한 명이다.

리스는 천체물리학에 수많은 공헌을 했을 뿐만 아니라 인류가 21세기에 당면한 문제와 위험[14]에 관해서도 폭넓은 주제로 글을 쓰고 강의를 하고 있다. 실존적위험연구센터를 공동 창립한 것도 이러한 활동의 일환이었다. 실존적위험연구센터는 인간의 존재에 가해지는 잠정적인 위협(주로 기술에 의한 위협)을 연구하는 캠브리지 대학교 산하의 연구기관이다.

나는 기본적인 질문부터 시작했다. "어린 시절에도 그렇게 호기심이 많았나요?"

리스는 잠시 생각에 잠기더니 이렇게 답했다. "글쎄요. 다양한 현상을 궁금해 했던 걸로 기억해요. 예를 들어, 저희 가족은 휴가철에 노스 웨일스에 가곤 했는데 저는 조수에 관심이 많았어요. 조수가 왜 다른 시간에 다른 곳에서 일어나는지 이해하려고 했죠." 그는 잠시 말을 멈춘 뒤 자신을 당혹스럽게 한 다른 주제를 기억해냈다. "차를 저을 때 왜 찻잎이 컵 가운데와 바닥에 쌓이는지도 궁금했죠."(이 현상은 '찻잎의 역설'이라 불리기도 한다.) 이 인터뷰는 과학계의 두 동료 사이에 이루어진 비공식적인 대화이기도 했기에 우리는 리스의 마지막 대답에 이어 유체역학, 즉 에크만 층(항해의 흐르는 방향이 풍향과 90°를 이루는 층-옮긴이)을 비롯해 기타 물리학 개념에 대해 서로 의견을 나누고 싶은 충동을 억제할 수 없었다. 리스는 결국 원래 질문으로 돌아와 이렇게 말했다. "저는 늘 숫자에 흥미를 느꼈어요."

나는 두 번째 질문으로 넘어갔다. "언제, 그리고 왜 천체물리학자가 되기로 결심했나요?"

리스는 이렇게 답했다. "처음부터 그랬던 건 아니었습니다. 고등학교 2, 3학년 때 저는 수학과 물리학을 전공했어요." 그는 웃으며 이렇게 덧붙였다. "언어에 별로 소질이 없어서였죠. 캠브리지 대학교에서 수학을 공부했지만 수학자는 저에게 안 맞는 직업이라고 생각했죠. 경제학을 전공할까 하는 마음에 통계학을 조금 공부하기도 했고요. 그러다가 4학년 때 이론 물리학을 몇 개 들어봤는데 바로 그 때 물리학자가 되겠다고 결심했죠. 데니스 시아마 교수님이 지도 교수님이셨던 게 도움이 되었죠. 스티븐 호킹 박사의 멘토이기도 했던 교수님은 훌륭한 코치셨어요. 교수님은 제가 정신없이 빠져들게 만들도록 '분위기'를 조성하셨죠. 결국 1년 뒤, 저는 제가 천체물리학자가 될 거라고 확신하게 되었죠."

나는 시아마 교수를 향한 리스의 존경심에 크게 동의한다. 나 역시 영광스럽게도 개인적으로 그를 알고 있다. 시아마는 연구를 향한 지칠 줄 모르는 열정과 광범위한 지식, 우주론과 천체물리학에서 호기심을 느낄 만한 가치가 있는 대상을 간파할 줄 아는 탁월한 감각이 있다. 나는 리스의 선택을 이해했다. 똑똑한 학생은 주제 자체에 내제된 특징보다는 교사의 특성을 바탕으로 주제를 선택하는 경우가 종종 있기 때문이다.

나는 또 다른 질문을 던졌다. "최근에는 기후 변화를 비롯한 기타 존재론적 위협에 관심을 갖게 되셨는데요, 왜 그러한 주제에 흥미를 느끼신 거죠?"

리스는 이 질문을 예상한 듯 곧바로 대답했다. "저는 오랫동안 정치에 관심이 있었고 사회적으로 양심 있는 사람들을 존경하게 되었어요. 그 결과 사회 문제에 호기심을 가지게 되었죠. 저는 『인간생존확률 50:50』이라는 책에서 위기에 처했다고 생각하는 문제를 몇 가지 언급했는데, 이는 오늘날 보편적으로 받아들여지고 있어요. 예순이 되자 향후 10년 동안 무엇을 해야 할지 결정하려고 했죠. 빈둥거리는 건 싫었거든요." 그는 웃으며 말했다. "결국 [왕립협회의 의장직을 암시하며] 몇몇 중요한 직책을 맞게 되었고 원래 계획한 것보다 훨씬 더 이 문제에 깊이 관여하게 되었죠."

나는 리스가 흥미를 느끼는 다른 대상도 질문에 포함시키기로 했다. "과학계의 다른 동료들과는 달리 당신은 신학과 종교에 호기심을 느낄 뿐만 아니라 이 분야에 대체로 관대하신데요, 이 주제에 대한 관점을 간략하게 설명해주실 수 있나요?"

"저는 늘 철학에 관심이 있었습니다. 종교에 관대하기도 했고요. 저는 개인적으로 종교를 믿지 않습니다만, 기독교에서 일요일에 교회에 간다든지, 유대교에서 샤바트 초를 피운다든지 하는 문화적, 역사적, 종교적 관습을 존중합니다. 이러한 관습이 유지되었으면 해요. 주류 종교가 극단적인 근본주의에 맞서 싸우는 데 도움이 될 수 있다고도 봅니다."

나는 호기심에 관한 구체적인 질문으로 돌아갔다. "당신의 경험상, 어떤 사람은 다른 사람보다 더 호기심이 많다고 보나요, 아니면 개인마다 그저 각기 다른 대상에 호기심을 느낀다고 보나요?"

리스는 잠시 생각에 잠기더니 마침내 입을 열었다. "개인마다 호기심을 느끼는 강도가 다른 것은 사실입니다. 하지만 사람마다 각기 다른 대상에 호기심을 느끼는 것도 사실이죠. 예를 들어, 어린 아이들은 공룡이나 우주 공간에 관심이 많아요. 따라서 아이들이 다른 주제에 흥미를 갖도록 강요하는 대신 아이들이 흥미를 느끼는 주제에서 시작하는 게 좋죠." 나는 흥미를 느끼지 못하는 대상을 강요하기보다는 (최소한 초기에) 이미 그곳에 존재하는 호기심을 파악해 이를 북돋아주는 이 방법이 훌륭한 조언이라고 생각했다.

나는 리스가 인공지능이 머지않은 미래에 인간을 점령할지도 모른다고 추측하는 미래학자들로 이루어진 단체의 구성원이라는 사실을 우연히 알게 되었다. 그래서 다음과 같은 질문을 던질 수밖에 없었다. "'지적인' 기계가 호기심을 느낄 거라고 보나요? 물론 그들은 생명체가 진화의 과정을 거쳐야 했던 것과는 달리 자연 선택의 압박을 느끼지 않아도 되겠지만요."

리스는 또 다시 잠시 생각에 잠기더니 결국 이렇게 말했다. "중요한 건 그들이 우리처럼 의식과 자기인식이 있을지, 아니면 '좀비[사람과 식별 불가능하지만 의식적인 경험이 없는 기계를 묘사할 때 사용되는 단어]' 같을지 여부입니다. 의식이 복잡한 체계에서 나타나는 특징이라면 그들은 우리보다도 더 깊은 차원에서 의식을 지닐 수 있습니다."

"그렇기는 하죠." 나는 동의하며 말했다. "하지만 그들이 호기심을 느낄까요?"

"그건 호기심을 얼마나 광범위하게 정의하느냐에 달려 있다고 봅니다." 리스는 잠시 생각에 잠기더니 말했다. "수학 이외의 세계에 별로 관심이 없는 수학자도 호기심이 있다고 말할 수 있다면 기계 역시 호기심을 느낀다고 할 수 있겠죠."

일리가 있는 말이었다. 나는 늘 하는 질문으로 인터뷰를 마쳤다. "호기심이 왕성한 것처럼 보이는 사람들에게서 발견되는 공통적인 특성이 있을까요?"

"글쎄요. 잘 모르겠네요. 호기심이 왕성한 사람들은 다른 사람들보다 지적인 에너지가 넘치죠. 상당수가 어린 시절의 지적인 호기심을 간직하고 있는데다 열정이 넘치기도 하고요."

흥미로운 설명이었다. 남들보다 호기심이 뛰어난 사람은 계속해서 놀라는 능력인 **지각적 호기심**을 더 오랫동안 유지할 수 있는 반면, 다른 이들의 경우 성인이 되면서 이 능력이 쇠퇴할지도 모르는 것이다.

♀ ♀ ♀

자노티가 독특한 경력의 소유자라고 생각한다면 내가 다음으로 인터뷰한 대상은 그 정도로는 설명이 불가능한 인물이다. 푸들 같은 머리 모양으로 유명한 브라이언 메이[15]는 록밴드 퀸의 리드 기타연주자이자 〈We Will Rock You〉, 〈I Want It All〉, 〈Who Wants to Live Forever〉, 〈The Show Must Go On〉 같은 히트곡의 작곡가이다. 믿거나 말거나 그는 임페리얼 칼리지 런던에서 천체물리학 박사 학위를 수여받았으며, 2008년부터 2013년까지 리버풀존무

어스대학교의 총장으로 활동했다. 명왕성으로 쏘아올린 나사의 뉴 허라이즌스호(2006년 1월 19일에 발사된 인류 최초의 무인 소행성-옮긴이) 미션에 공동연구자로 참여했을 뿐만 아니라 특수 검사 기로 2개의 평편한 이미지를 합쳐 3D 장면을 생성하는 기술인 빅토리안 입체사진술[16]의 전문가이자 수집가인 그는 동물의 행복을 도모하는 활동가이기도 하다. 내가 그를 인터뷰하고 싶은 것은 당연하다. 오늘날 그렇게 광범위한 분야에 관심을 보이는 사람은 몇 명 안 되기 때문이다.

나는 메이가 열여섯 살 때 아버지의 도움으로 그 유명한 기타 '레드 스페셜'을 직접 설계하고 제작했다는 사실을 알고 있었다. 부자는 100년 된 벽난로 선반에서 나무를 떼어내 기타의 목 부위를 만들었다. 나의 첫 번째 질문은 "기타를 그냥 하나 사지 왜 굳이 만든 거죠?"였다.

메이는 웃으며 답했다. "돈이 없었다는 게 가장 단순한 이유겠네요. 락앤롤이 탄생한 시기였는데, 저는 유명한 미국산 기타, 심지어 영국산 기타조차도 살 수 있는 형편이 안 되었어요. 게다가 기타를 만드는 일은 쉽지 않았죠. 큰 도전을 필요로 했어요. 아버지가 전자기술, 목공예, 금속세공에 경험이 있었기 때문에 우리는 즐기면서 기타를 만들 수 있었을 뿐만 아니라 기존 제품보다 더 나은 걸 만들 수 있을 거라 믿었죠."

나는 계속해서 내가 큰 호기심을 느끼는 질문을 이어갔다. "물리학에서 이학사 학위를 받은 뒤 왜 음악가가 된 거죠?"

메이는 망설임 없이 대답했다. "소명감 때문이었죠. 저는 물리학과 천문학을 사랑했어요. 제가 그런 과목을 공부한다는 사실에 부모님은 기뻐하셨고요. 하지만 음악을 향한 소명감이 너무 강력해 거부할 수가 없었죠. 이 소명에 응하지 않으면 절대로 돌아오지 못할 거라는 생각에 두렵기도 했고요.”

“그렇다면 음악 분야에 수십 년 동안 몸담은 뒤 왜 천체물리학 분야로 돌아와 박사 학위를 다시 공부하려고 한 거죠?” 메이는 33년의 공백을 깨고 박사 과정에 재등록했다!

“운이 좋았어요.” 메이는 이렇게 답했다. “물론 제 스스로도 천문학에 계속 관심이 있기는 했지만 저더러 왜 돌아오지 않느냐고 물어본 사람은 우리 세대의 수많은 천문학자의 ‘아버지’인 패트릭 무어 경[과학의 대중화에 기여한 유명한 영국 아마추어 천문학자이자]이었어요. 저는 불가능한 일이라고 생각했죠. 그런데 인터뷰에서 그렇게 말한 뒤 임페리얼 칼리지 천체물리학 단체의 의장직을 맡고 있던 마이클 로완–로빈슨에게서 갑자기 전화 한 통화를 받았어요. 그는 제가 정말 관심이 있다면 지도해주겠다고 했죠.” 메이는 다시 웃음을 터뜨린 후 말을 이어갔다. “유명해지면 문이 열리나 봐요. 물론 쉽지는 않았죠. 오랫동안 사용하지 않은 뇌 부위를 다시 활성화시켜야 하니까요. 로완–로빈슨은 저에게 아주 엄격했어요. 상당히 중요한 일이었죠. 모든 일이 꽤 가시적이었으니까요.”

나는 평소 때 잘 사용하지 않는 뇌 부위를 활성화시키는 것이 바로 호기심이라고 생각했다. 그리하여 자연스럽게 다음 질문으로 넘어갔다. “음악에 대한 관심과 천체물리학에 대한 관심 사이에 상관관계가 있다고 보나요? 아니면 각 분야가 완전히 별도로 존재한다고 생각하나요?"

메이는 주저하지 않고 대답했다. "각 분야에서의 제 능력은 다른 분야를 향한 개방성 덕분에 발전된다고 봅니다. 저는 과학과 예술이 분리되어야 한다고 생각하지 않아요. 둘은 알 수 없는 방식으로 서로 연결되어 있죠. 예를 들어, 이제는 로제타 미션[유럽 우주기관이 67P/추류모프-게라시멘코 혜성을 탐사하기 위해 쏘아올린 우주 탐사선]을 이끈 매트 테일러를 비롯한 수많은 과학자가 음악에 큰 관심을 보이죠."

"리버풀존무어스대학교의 총장직은 왜 받아들이셨죠?"

메이는 웃으며 답했다. "호기심을 느꼈기 때문이죠. 무슨 일을 하게 될지 잘 몰랐기 때문에 한 번 확인해 보자고 생각했죠. 총장이 되면 제 자신이 바뀔지도 궁금했고요. 아니더라고요! 전혀요." 그는 또 다시 웃으며 답했다.

"그렇다면 빅토리안 입체사진술에는 어쩌다 관심을 갖게 된 거죠?"

"어렸을 때부터 계속해서 열정을 느낀 분야에요. 마술과도 같죠."

"악마 마법[지옥에서의 일상을 묘사한 일련의 입체 사진]'에 대한 관심은요?"

"그건 노동집약적인 예술 작품이죠." 메이는 이렇게 대답했다. "모든 작업마다 수수께끼와 상상력이 넘쳐나요. 오늘날의 기술로도 이런 것을 재생산하기는 정말로 어렵죠. 저는 로제타 미션에서 얻은 이미지로 클라우디아 만조니와 함께 67P/추류모프-게라시멘코 혜성의 입체 사진을 만들었어요. 뉴 허라이즌스호로 찍은 이미지로 명왕성의 3D 이미지도 제작했고요."

"호기심이나 열정을 느끼는 다른 대상이 있나요?" 내가 물었다.

그는 재빨리 대답했다. "두 개가 있어요. 하나는 동물이죠. 우리는 동물을 잔인하게 학대하고 있어요. 저는 동물들이 평범한 삶과 죽음을 누릴 수 있도록 그들의 권리를 지키기 위해 싸우고 싶어요." 그는 잠시 말을 멈춘 뒤 계속해서 말했다. "두 번째로 제가 호기심을 느끼는 대상은 인간관계, 특히 사랑이에요. 사랑은 우리의 인생에 가장 큰 영향을 미치죠. 사랑은 늘 우리를 자극해 고대에는 제국 전체가 사랑 때문에 건설되거나 파괴되기도 했죠. 하지만 과학은 사랑에 대해 제대로 밝히지 못하고 있어요. 사랑을 그나마 가장 잘 묘사하는 건 위대한 소설가죠."

나는 그의 마지막 말에 전적으로 동의했지만 호기심에 관해서도 비슷하게 말할 수 있을 거라 생각했다. 나는 마지막으로 내가 들은 흥미로운 얘기에 관해 질문했다. "천체물리학자 마틴 리스가 당신에게 [특히 머리 모양과 코 때문에] 아이작 뉴턴과 이렇게 닮은 과학자는 처음이라고 말했죠? 그런 생각을 해보신 적이 있나요?"

메이는 웃으며 답했다. "아니요, 사실 그 말을 듣자마자 조금 불쾌했어요. 왜냐하면 '나한테 할 말이 그것밖에 없나?'라고 생각했거든요. 하지만 그 후에 우리는 천체물리학에 관해 놀라운 대화를 주고받았죠."

끝으로 나는 메이에게 질문이 없냐고 물어보았다.

그는 이렇게 물었다. "정말 우리뿐인가요?"

나는 외계 생명체에 관한 향후 연구에 대해 설명해주었다.[17] 또한 앞으로 2, 30년 내에 다른 별의 주위를 도는 행성의 대기에서 생명지표(생명체가 생성하는 구성 변칙)를 발견하거나 최소한 외계 생명체의 존재(혹은 희소가치)에 대한 확률적 제약을 어느 정도 파악할 수 있을 거라고도 말했다. 나는 메이가 여전히 최신 천문학 연구에 진심으로 호기심을 느끼는지 궁금했다.

독학자

내가 인터뷰한 여섯 명의 인물—프리먼 다이슨, 노암 촘스키, 스토리 머스그레이브, 파비올라 자노티, 마틴 리스, 브라이언 메이—은 광범위하고 다양한 분야에 관심이 있기는 하지만 공식 교육이나 훈련을 받은 전문 분야에서 기여한 공헌으로 특히 유명하다. 다이슨은 주로 기초 물리학에서 달성한 업적으로, 촘스키는 언어학 분야의 영향력 있는 개념으로, 머스그레이브는 우주비행사로, 자노티는 힉스 입자를 발견한 것으로, 리스는 천체물리학과 우주학에 기여한 수많은 공헌으로, 메이는 음악계의 거장으로 유명하다. 내가 다음으로 인터뷰한 대상은 이들과는 달리 명석한 뇌로 유명한 인물이다.

지능은 무거운 언어다. 정의하기 쉽지 않으며[18] 측정하기는 더욱 어렵다. 그럼에도 불구하고 메릴린 보스 사반트[19]는 1986년에서 1989년 사이 '세상에서 IQ가 가장 높은 사람'으로 기네스북에 등재되었다. 그녀의 IQ는 228이나 된다! 스탠포드-비넷과 메가 지능 시험 점수의 정확한 수치에 대해서는 의문의 여지가 있지만 그녀의 뛰어난 지능을 의심하는 사람은 아무도 없다. 보스 사반트는 놀랍게도 대학교 졸업장조차 없다. 세인트루이스에 위치한 워싱턴대학교에서 고작 2년 동안 철학을 공부했을 뿐이다. 하지만 〈퍼레이드 매거진〉에서 그녀를 소개하며 독자의 질문에 대한 그녀의 대답을 일부 싣자 놀라운 반응이 있었고 잡지사는 결국 그녀에게 정규직 일자리를 제안했다. 일주일에 한 번 실리는 칼럼 '매릴린에게 물어봐'에서 보스 사반트는 풍부한 어휘를 사용해 학구적인 질문에 답하며 다양한 수수께끼를 제시하고 이를 논리적으로 설명한다. 그녀의 독특한 배경을 감안했을 때 자신의 호기심에 대한 보스 사반트의 인식을 다른 인터뷰 대상자와 비교하면 재미있겠다 싶었다. 나는 최종적으로 세 가지 주요 질문에 집중하기로 해 가장 호기심을 느끼는 질문부터 던졌다. "수년 간 가장 큰 호기심을 느낀 대상은 무엇인가요? 이 특정한 주제가 왜 당신의 호기심을 유발한다고 생각하나요?"

그녀가 칼럼에서 다루는 주제에 대해 잘 알고 있던 나는 가능성 이론이나 수학 논리와 관련된 답을 예상했지만 보스 사반트의 대답은 전혀 의외였다. "저는 인간의 마음, 의식의 본질, 인식의 깊이와 폭, 무한성의 수수께끼가 늘 궁금해요. 제가 키우는 고양이는 자신이 대수학을 모른다는 사실을 알지 못하죠. 그렇다면 우리가 모른다는 사실조차 알지 못하는 무언가를 우리보다 지적으로 뛰어난 존재는 알 수 있지 않을까요?"

나는 이 대답이 두 가지 이유에서 상당히 흥미롭다고 생각했다. 첫째, 보스 사반트는 의도치 않게 그 유명한 '알려지지 않은 무지', 즉 우리가 모른다는 사실조차 모르는 문제를 조금 다른 버전으로 언급했다. 둘째, '지적으로 우월한 존재'는 내가 큰 호기심을 느끼는 또 다른 주제와 미약하게나마 닿아 있었다. 우리 은하계에 다른 지적인 문명이 존재하는지, 만약 그렇다면 그들의 특징은 무엇인지에 관한 질문이다. 태양계는 생성된 지 40억 년이 되었지만 은하계에 비해 나이가 절반도 되지 않기 때문에 만약 다른 문명이 존재한다면 그 문명은 우리 문명보다 수십 억 년 이상 진보했을 수 있다. 하지만 '페르미 역설'(그러한 문명의 존재를 입증하는 증거가 턱없이 부족한 현상)은 여전히 논리적으로 설명할 수 없기 때문에 그러한 문명이 지능을 갖는 것을 극도로 어렵게 만드는 진화론적인 장애물이 존재할 수도 있다.

내가 보스 사반트에게 던진 두 번째 질문은 개인적인 호기심의 진화에 대한 것이었다. "당신은 늘 호기심이 많았나요? 시간이 지나면서(성인이 된 이후) 호기심에 어떤 변화가 있었나요?"

그녀의 대답은 아주 솔직했다.

어린 시절 저는 개구리에서부터 왜소행성인 명왕성에 이르기까지 이것저것 관심이 많았어요. 그러한 호기심은 사실상 사라

졌죠. 그러한 호기심을 충족시키려면 현미경이나 망원경으로 들여다보는 사고방식이 필요하거든요. 그러려면 거대한(즉 자금 지원이 충분한) 과학 단체와 함께 일해야 했죠. 전자는 할 수 있지만 후자는 제 성격에 맞지 않았어요!

어쨌든, 저는 이제 인문학에 더 관심이 많아요. 특히 우리 삶에서 많은 측면이 발전하고 있는 동시에 위대한 문명이 퇴화되는 단계에 놓여 있는 상황이 궁금하죠. 참으로 흥미로워요! 미래는 어떤 모습일까요?

이 대답은 상당히 매력적이었다. 삶의 경험이 축적된 결과 나타나는 보편적인 성향일 것이다. 지난 수년 동안 수많은 사람이 다양한 '대상'을 향한 관심에서 벗어나 모든 것을 아우르는 보다 철학적인 질문에 호기심을 보이고 있는 듯하다. 이 역시 **지각적 호기심**과 **일반적 호기심**에서 벗어나 인지적 호기심이 지배적인 단계로 넘어가는 현상을 반영한 것일지도 모른다. 음악 평론가이자 소설가인 마르시아 대번포트는 한때 유머를 가미해 이런 말을 한 적이 있다. "위대한 시인은 모두 일찍 사망한다. 소설은 중년까지 살아남는 예술이며 에세이는 가장 오래된 예술이다."

나는 마지막으로 다른 인터뷰 대상에게 던진 질문과 동일한 질문을 했다. "극도로 호기심이 많은 사람에게서 공통적으로 발견되는 다른 특징이 있을까요?"

그녀는 자노티가 요약한 주제를 흥미롭게 표현해 이렇게 대답했다. "명확한 사실을 무시하는 능력 — 더 이상 흥미롭지 않기 때문에 — 과 언뜻 보기에 별로 중요해 보이지 않는 측면에 집중하는 거죠. 이 덜 부각된 측면은 때로는 막다른 골목을 암시하기도 하지만 임자를 만나면 그 중요성이 폭발적으로 증가하기도 한답니다.”

이 통찰력 있는 대답을 자노티의 대답과 결합해 보니 딱 **파인만**의 모습을 뒷받침하는 설명이었다. 평범해 보이는 현상에 매료된 그의 모습을 달리 어찌 설명할 수 있겠는가? 보스 사반트의 대답에서는 ‘큰 그림’보다는 ‘세부적인 사항’에 관심이 있다는 다이슨의 대답을 엿볼 수 있기도 했다. 무엇보다도 보스 사반트의 대답은 호기심의 진수를 잘 담고 있었다. **명확한 대상**에 호기심을 보이지 않으며 애매모호하거나 신비한 대상을 선호하는 것. 철학자 마르틴 하이데거가 말했듯, “이해할 수 있게 만드는 것은 철학에 있어 자살 행위나 다름없는 것이다.[20]”

♪ ♪ ♪

내가 다음으로 얘기 나눈 존 ‘잭’ 호너[21] 역시 대학을 졸업하지 않았다. 하지만 이 사실은 그가 유명한 고생물학자들로 이루어진 맥아더 펠로에 가입하는 데 문제가 되지 않았다. 맥아더 펠로는 영화 〈쥐라기 공원〉의 전 시리즈에서 과학 관련 조언을 제공했으며 최소한 일부 공룡은 자식을 보살폈다는 흥미로운 사실을 발견한 집단이다. 그는 다른 종이라 여겨진 공룡 중 일부는 같은 종의 다른 연령대의 모습이라는 사실을 입증한 인물이기도 하다.

나는 2015년 9월, 호너를 만났고 머뭇거리며 첫 질문을 던졌다. "스스로를 호기심 많은 사람이라고 보나요?"

"그럼요, 저는 호기심 그 **자체**입니다." 그는 곧바로 대답했다. 호너는 8살 때 처음으로 공룡 뼈를 발견했으며 열세 살 때 공룡 뼈대를 발굴했다. 이 놀라운 경험을 들은 나는 자연스럽게 두 번째 질문으로 넘어갔다. "어쩌다 그렇게 된 거죠?"

"아버지는 모래나 삽 따위와 친하셨죠. 지질학에 대해 아는 게 많으셨어요. 그래서 제가 공룡 뼈를 발견할 수 있을 거라 생각되는 곳으로 저를 데리고 가셨죠.[22]" 그는 잠시 말을 멈춘 뒤 계속해서 이어갔다. "결국 그곳은 제가 공룡 뼈를 몇 개 발견한 최초의 장소가 되었죠."

하지만 명확히 이해가 되지 않는 부분이 있었다. "많은 아이들이 공룡에 매료되지만 그렇다고 모두가 고생물학자가 되는 것은 아닌데요. 어쩌다 고생물학을 전문적으로 다루게 된 거죠?"

호너는 웃으며 답했다. "저는 난독증이 심했어요. 지금도 2학년 수준으로밖에 읽지 못하죠. 그래서 다른 아이들이 읽기를 배울 때 저는 밖으로 나가 화석을 찾곤 했죠. 무언가를 발견하면 도서관으로 가서 공룡 사진을 찾아본 뒤 그 뼈가 어떤 공룡의 것인지 파악하려고 했죠."

나는 잠시 그의 말을 끊었다. "당시에는 난독증이 무엇인지 아무도 몰랐을 텐데요."

"그렇죠." 그가 대답했다. "제가 저능아라고 생각하는 사람들도 있었어요. 아버지는 제가 그저 게으른 거라고 오랫동안 믿어왔어요." 그는 웃으며 말을 이어갔다. "사실 아버지는 제 사진이 당신이 가장 좋아하는 잡지 전면에 실릴 때까지 계속해서 그렇게 믿으셨죠."

호너에게 그의 부자와 관련된 재미있는 이야기를 듣고 있자니 예전에 TV에서 본 인터뷰가 떠올랐다. 비지스라는 그룹을 만든 배리, 로빈, 모리스 기브 형제의 아버지를 대상으로 한 인터뷰였다. 주옥같은 히트곡으로 비지스가 한창 잘 나가던 때였음에도 불구하고 그의 아버지는 "이 녀석들은 살면서 단 하루도 일을 한 적이 없습니다."라고 말했다.

호너가 몬타나대학교에서 지질학과 동물학 수업을 들었던 사실을 알고 있던 나는 당시의 경험을 물었다.

"몇 년 동안 수업을 들으며 많은 것을 배웠어요. 하지만 시험을 통과하지는 못했죠. 시험에 통과하려면 광범위한 자료를 읽어야 했거든요."

"그렇다면 무엇을 배웠나요?" 나는 이 질문을 던지자마자 답을 예상할 수 있었다.

"대학에는 훌륭한 화석 표본들이 많아요. 저는 그것들에 관심이 많았죠."

"그렇기는 하지만 오늘날에는 읽지를 못하면 연구를 진행하기가 힘들지 않나요?"

호너는 큰 소리로 웃었다. "저는 학생들에게 늘 이렇게 말하죠. '직접 수행하면 읽을 필요가 전혀 없다'라고요"

이 유머러스한 대답에 나는 숨이 멎을 뻔했다. 호너는 자신도 모르는 사이 "고대의 작품만 연구하고 자연의 작품은 연구하지 않는 이들은 모든 훌륭한 작가의 어머니인 자연의 친자가 아니라 양자다."라던 레오나르도의 말을 인용하고 있었던 것이다. 호너가 5천 년 후 그런 것처럼 레오나르도는 "나는 그들과는 달라서 다른 작가들의 말을 인용할 수는 없을지 모르지만 훨씬 더 위대하고 고상한 것에 의존할 것이다. 대가들의 정부情婦인 경험이다."라고 소리쳤다.

호너는 같은 말을 되풀이했다. "저는 연구를 통해 다른 과학자들은 그들이 읽은 것을 바탕으로 개념을 미리 구상한다는 사실을 알게 되었습니다. 저는 무언가를 발견하면 발견한 사실을 기록한 뒤 그 사실에서 제가 개인적으로 도출할 수 있는 결론을 적곤 하죠." 호너는 보스 사반트가 암시했던 다소 안타까운 현실을 간접적으로 언급하고 있었다. 오늘날 위험을 감수하고 자신의 호기심을 독립적으로 추구할 수 있는 여력이 되는 과학자는 별로 없다. 자금 지원과 인정을 받고자 하는 경쟁이 치열하기 때문이다. 과학 연구를 진행하는 비용이 비싸질수록 개인적인 호기심과 '독창적인' 탐사를 하고자 하는 열의는 저지될지도 모른다.

'호기심이 넘치는' 다른 인물들에게 했던 질문으로 돌아와 나는 이렇게 물었다. "호기심과 관련된 다른 특성이 있을까요?"

"좋은 질문이네요." 그가 대답했다. "이제부터 제 얘기를 잘 들으시면 파악할 수 있을 겁니다. '생명과학 입문'이라는 수업에서 이루어지는 강의를 한 데 모아보죠." 그는 다소 격앙된 목소리로 말했다. "장담하건데 이 과정에서 이루어지는 강의들이 다소 무미건조해요. 제가 다루고 싶은 주제는 [그의 목소리가 다시 높아졌다] '어둠 속에서 반짝이는 분홍색 유니콘을 만드는 법'입니다."

내가 제대로 이해했는지 확인하기 위해 나는 믿을 수 없다는 듯 말했다. "정말로 새로운 생명체를 만드는 얘기를 하고 계신 건가요? 어둠 속에서 반짝이는 살아 있는 분홍색 유니콘이요?"

"그래요. 어떤 사람은 성공하고 싶은 욕망이 강하죠. 그들은 암을 치료하고 싶어 해요. 저는 그것보다는 이런 이론적인 문제에 호기심이 있습니다. 정말로 그런 유니콘을 만들 수 있을까요? 그런 유니콘을 만들려면 얼마나 많은 것을 알아야 할까요?"

이 놀라운 시도는 자노티가 언급한 '너머로 생각하는 능력', 보스 사반트가 주장한 '명확한 것을 무시하는 능력'과 완벽하게 맞아떨어졌다. "당신이 생각하는 호기심과 과학은 바로 이런 것인가요?"

호너는 다시 한 번 자신 있게 답했다. "최고의 과학은 다른 사람들의 호기심이 아니라 자신의 개인적인 호기심을 따를 때 탄생한다고 봅니다. 우리는 자신의 호기심을 만족시키기 위해 노력하는 것을 목표로 삶아야 하죠."

나는 호너가 또 다른 큰 프로젝트에 가담하고 있는 것을 우연히 알게 되었다. 따라서 다음과 같은 질문을 하지 않을 수 없었다. "공룡 복원 프로젝트는 어떻게 진행되고 있나요?"

호너는 이 같은 질문을 예상한 듯 이렇게 답했다. "다른 프로젝트와는 달리 우리는 고대의 DNA를 사용하지 않습니다." 그는 하버드대학교의 유전학자이자 분자 기술자인 조지 처치가 진행 중인 연구를 말하고 있었다. 그 연구의 목적은 냉동된 매머드 견본에서 채취한 유전자를 이용해 털북숭이 매머드를 '다시 살리는' 것이었다. 호너는 계속해서 이렇게 말했다. "우리는 새의 DNA를 사용해 역 유전자 조작을 시도하고 있습니다. 연구 결과, 꼬리를 만드는 것이 상당히 어렵다는 사실을 알게 되었죠. 꼬리를 만들려면 척추를 먼저 만들어야 하거든요."

나는 그의 열정에 놀라 이렇게 답할 수밖에 없었다. "부분적으로나마 성공하더라도 굉장한 일이겠는데요." 호너의 프로젝트에 내제된 지적인 대담함을 고려했을 때 나는 마지막 질문을 던지지 않을 수가 없었다. "당신은 당신만큼이나 호기심이 많은 사람 중에서 대학원생과 박사 과정 이수 후의 연구 동료를 선정하나요?"

"당연하지요!"

♀ ♀ ♀

내가 마지막으로 인터뷰한 대상은 다리에 총을 맞지 않았더라면 전 세계적으로 유명한 예술가가 되지 못했을지도 모른다. 브라질 출신의 조각가이자 사진작가, 멀티미디어 예술가인 빅 뮤니츠[23]는 상파울로에서 겪은 운명적인 밤을 다음과 같이 묘사한다.

행사를 마친 어느 날 밤, 두 남자 사이에 싸움이 벌어지고 있는 것을 목격했다. 한 명이 다른 한 명을 (격투할 때 손가락 관절에 끼우는) 쇳조각으로 난폭하게 때리고 있었다. 나는 차에서 나와 두 남자를 떨어뜨려놓으려고 했고 공격하던 남자는 도망가고 말았다. 내가 차로 돌아온 순간, 강력한 폭발음이 들렸고 갑자기 나는 길바닥에 나동그라지고 말았다. 판단력을 상실한 피해자는 자신의 차 문을 열고 총을 가져와서는 어두운 옷을 입고 있는 사람이 보이자 그 방향으로 총알을 죄다 쏘아버렸다. 그 사람은 바로 나였다. 다행히 총상은 치명적이지 않았다. 게다가 운이 좋게도 그 남자는 부자였다. 그는 나더러 기소를 하지 말아달라며 넉넉하게 보상을 해주었다. 나는 그 돈으로 1983년, 시카고행 비행기표를 샀다.

뮤니츠는 현재 뉴욕에 거주하고 있지만 리우데자네이루에서 많은 시간을 보낸다.[24] 그는 가상 불꽃을 제작하는 예술가로 초콜릿 시럽, 설탕, 다이아몬드, 피넛 버터 같은 일상의 사물을 이용해 세심하고 능수능란한 솜씨로 상징적인 예술작품을 재창조한 뒤 그 모습을 사진으로 찍어 사진보도식 이미지를 제작하는 것으로 유명하다.

2010년에 제작된 〈웨이스트 랜드Waste Land〉라는 다큐멘터리[25]는 리우데자네이루 외곽에 위치한, 세계에서 가장 큰 매립지 자르딤 그라마초에서 뮤니츠가 수행한 야심찬 프로젝트를 담은 기록이다. 그는 (카타도르라 불리는) 재활용품 수집가들과 협력해 말 그대로 쓰레기를 예술로 바꾸어놓았다. 〈웨이스트 랜드Waste Land〉는 아카데미 상 후보에 올랐으며 국제적으로 50개가 넘는 상을 휩쓸었다.

2016년 2월, 그와 이야기를 나누었을 때 나는 그의 책 『Reflex』에서 읽은 내용을 물어보았다. "오비드의 설화 시 〈메타모포시스〉를 좋아하는 걸로 아는데요, 그것이 전체 작품의 모토인가요?"

뮤니츠는 웃으며 답했다. "모토라기보다는 영감을 주는 대상이라고 할 수 있겠네요. 알다시피 〈메타포모시스〉의 첫 구절 '내 정신은 신체가 새로운 형태로 바뀌는 이야기를 하느라 여념이 없다.'는 인식과 해석에 관한 상당히 흥미로운 진술이지요." 그는 잠시 말을 멈추더니 이렇게 말했다. "예술가와 과학자는 모든 것을 경이롭게 바라보려고 노력하죠. 수년 간 저는 예술의 정의를 내리려고 노력했고 마침내 예술은 '정신과 물질 간 접점의 발전 혹은 진화'라고 결론 내렸죠." 그는 또 다시 웃은 뒤 이렇게 말했다. "그러자 과학 역시 동일하게 정의내릴 수 있다는 사실을 깨달았어요."

"예술과 과학 사이에 더 많은 상관관계가 있다고 보나요?" 내가 물었다.

"당연하죠." 그는 곧바로 대답했다. "과학자와 예술가 모두 '굶주려' 있어요. 그들은 무언가를 찾는 데 도움이 되는 창의적인 도구를 창조하는 데 인생을 바치죠. 과학자들과 얘기를 나눌 때면 그들이 예를 들어 아원자 세상에서는 사물이 감각의 영역 너머에 존재한다고 생각한다는 사실에 감동을 받아요. 3차원이라는 우주

너머의 차원을 어떻게 인지하고 이해하겠어요? 시각적으로 사고하는 사람에게는 쉽지 않은 일이죠."

뮤니츠의 대답은 호기심 많은 사람을 '너머로 생각하는 사람'이라 했던 자노티의 말과 과학과 예술은 '신비로운 방식으로' 연결되어 있다던 메이의 진술과 상당히 비슷했다. 나는 다음 질문으로 자연스럽게 넘어갔다. "스스로 호기심이 많다고 생각하나요?"

그는 큰 소리로 웃었다. "저는 병적일 정도로 호기심이 많아요. 어린 시절 누군가 저에게 드라이버를 선물로 줬는데 제가 하마터면 집 전체를 해체할 뻔했지 뭐예요. 부모님은 결국 드라이버를 뺏으셨어요. 제가 감전되기까지 했거든요. 저는 박식하지는 않지만 최소한 거의 모든 것을 조금씩 알려고 노력하는 편이죠. 창의력의 씨앗이 호기심이라고 생각해요. 상상력의 잠재력은 궁금증에서 오고요." 그는 잠시 생각에 잠긴 뒤 이렇게 덧붙였다. "때로는 중세 시대 사람들이 부러울 지경이에요. 당시에는 알려진 것이 거의 없었기 때문에 전 세계가 호기심의 대상이었죠."

"당신이 매력을 느끼는 두 가지 대상에 대해 묻고 싶네요. 빛과 코미디언 버스터 키튼이죠."

뮤니츠는 이렇게 답했다. "저는 작품을 통해 우리가 감각으로 얻는 정보를 정신의 그림으로 치환하는 방법을 찾기 위해 노력해요. 예술학교에서 가르치지 않는 것이 정말로 많아요. 빛의 물리학, 시각의 생리학, 시각의 신경과학과 심리학 등이죠. 이런 것들을 모르고는 작업을 할 수 없어요. 그 결과 뉴욕에 위치한 제 집에서 서재의 절반은 과학 책으로 채워져 있답니다."

이는 레오나르도의 태도와 정확히 일치했다. "버스터 키튼은요?" 내가 계속해서 물었다.

"그의 작품에 나타나는 주요 특징은 두 가지예요. 역학과 인과. 무성영화에서는 유머의 역학과 신체의 역학이 더욱 중요하죠. 저는 키튼이 천재라고 생각해요."

그의 시리즈 작품 〈잉크로 그린 그림 Pictures of Ink〉 중 하나는 리처드 파인만(그림 23)의 모습을 담고 있다. 이 시리즈에서 뮤니츠는 두터운 잉크를 이용해 유명한 이미지를 손으로 직접 그렸다. "왜 파인만이죠?" 내가 물었다.

"저는 파인만이 쓴 유명한 책을 전부 읽었어요." 그가 답했다. "제가 아는 모든 과학자는 파인만에게서 큰 영감을 받았죠."

그렇긴 하다고, 나는 생각했다.

"파인만은 드럼 연주법을 배우기 위해 브라질에 가기까지 했어요." 뮤니츠는 계속해서 이렇게 말했다. "그는 상당히 개방적인 관찰법을 지니고 있었죠. 과학자와 예술가 모두 그러한 자세를 지녀야 해요. 사물을 바라보는 새로운 방식을 창조할 수 있어야 하죠."

내 머릿속에 떠오른 말은 또다시 그렇긴 하다는 것뿐이었다. 나는 마지막으로 자르딤 그라마초 매립지에서 프로젝트를 수행하는 데 영감을 준 건 무엇이었는지 물었다. 그의 대답은 진실했고 다소 감동적이었다.

"저에게는 정말 소중한 순간이었죠. 저는 회고전을 진행하고 있었어요. '예술이 나에게 무엇을 행하는지는 알고 있다'고 생각

그림 23

했죠. 하지만 다른 사람을 위해서는 무엇을 하는지 궁금했어요. 그래서 예술과는 아무런 관계가 없는 사람들과 함께 일하기 시작했죠. 결국 호기심에서 발로한 거였어요." 작품의 경매 수익금은 브라질의 카타도르에 돌아갔다.

혈기왕성한 마음

새뮤얼 존슨은 1751년 이렇게 말했다.[26] "호기심은 혈기왕성한 마음의 지속적이고 확실한 특징 중 하나다." 내가 인터뷰한 호기심 넘치는 사람들의 대답을 살펴볼 경우 그들의 개인적인 이야기나 혈기왕성한 마음에서 통찰력을 얻을 수 있을까? 나는 그럴 수 있다고 본다.

어린 시절의 기억은 훗날 윤색이 곁들여지기 마련이므로 걸러서 들어야 하겠지만 내가 들은 진술들에 따르면 성인이 되어서도 호기심이 뛰어난 사람들은 의식적으로 생각해 본 적이 없다 할지라도 어린 시절에도 호기심이 왕성했던 게 분명하다. 모든 어린이가 (마틴 리스가 그런 것처럼) 조수潮水의 수수께끼를 해결하려고 하지는 않는다. 또한 수많은 아이가 장난감 공룡을 갖고 놀지만 (잭 호너처럼) 공룡 뼈를 발굴하는 아이는 매우 드물다. 빅 뮤니츠의 경험처럼 호기심 때문에 감전 사고를 겪는 아이들이 줄어들기를 바란다. 호기심은 현상, 사건, 인공물을 탐구하고자 하는 강한 흥미와 열정으로 구현된다. 하지만 지칠 줄 모르는 호기심을 느낀다고 해서 아이들에게 무조건 '재능이 있다'고 볼 수만도 없다(호너의 이야기를 참고하기 바란다).

심리학자 미하이 칙센트미하이의 주장에 따르면, 아이들은 자신의 인생에서 중요한 어른들의 관심을 사기 위한 경쟁에 놓일 때 해당 활동을 추구하는 데 흥미를 느낀다고 한다. 뛰고 구르는 능력을 인정받은 여자아이는 체조에 관심을 보일 확률이 높아지는 것이다. 이 시나리오는 상당히 어린 나이에 그림에 뛰어난 소질을 보인 피카소의 경우에는 적용이 될지 몰라도 (파비올라 자노티나 매릴린 보스 사반트의 경우에는) 훨씬 더 복잡해질 수 있다. 브라이언

메이의 경로는 뒤죽박죽이었다. 그는 아버지와 함께 기타를 제작했다가 수학과 과학을 공부했으며 음악을 추구하기 위해 (부모의 반대에도) 그 길을 포기했다. 물론 결국 다시 과학으로 돌아오기는 했지만 말이다. 여기에서 우리는 또 다른 중요한 교훈을 얻을 수 있다. 우리는 수년 동안 호기심을 유지할 수 있으며 어린 시절 흥미를 느낀 주제로 언제든 돌아올 수 있는 것이다. 칙센트미하이는 경쟁우위 자체는 대개 유전의 결과가 아니라는 사실을 인정했다. 어린 시절의 호기심은 아이가 노출되는 직접적인 환경에서 발생하는 특정한 정황에 따라 촉발될 수 있는 것이다.

자노티와 리스의 대학 시절 경험을 보면, 호기심이 있거나 심지어 아주 유명한 과학자들이 전부 처음부터 과학을 전공한 것은 아니라는 사실을 알 수 있다. 재클린 고틀리브의 실험에서 알 수 있듯, 광범위한 지적 파노라마를 탐구한 뒤 특정 대상에 정착해 이에 집중하는 사람도 있다. 관심 대상과 호기심의 대상이 바뀐 가장 극단적인 사례는 스토리 머스그레이브일 것이다. 한 가지 호기심이 다른 호기심으로 이어진 그의 경력은 화학자이자 노벨 문학상 수상자인 일리아 프리고진[27]의 경력과 놀라울 정도로 비슷하다. 프리고진은 원래 인문학에 관심이 있었으나 가족의 압력 때문에 법을 공부하기 시작했다. 이는 범죄 심리라는 학문에 대한 호기심으로 이어졌고 그는 결국 뇌의 절차를 해독하기 위해 신경과학을 공부하기에 이른다. 하지만 신경과학만으로는 행동을 온전히 설명할 수 없다는 사실을 깨달은 그는 기초부터 다시 시작하기로 결심해 자체 작동하는 시스템인 기초 화학에 흠뻑 빠진다.

머스그레이브 역시 관심 분야가 수학에서 컴퓨터 과학, 화학, 의학으로 바뀌었다가 결국 유명한 우주비행사가 되지 않았던가? 호기심은 우리의 앞길을 비추는 빛이 되지만 우리를 구불구불한 길로 이끌 수도 있는 것이다. 호기심이 왕성한 사람은 (다이슨, 보스 사반트, 뮤니츠, 메이의 경우처럼) 호기심이 자신을 어디로 이끌지 모를 수도 있다. 하지만 그들은 주위 세상에 늘 관심을 갖고 수수께끼를 해결할 준비가 되어 있다. (나이에 관계없이) 늘 호기심을 유지하는 것처럼 보이는 사람들의 한 가지 특징은 낯선 분야에서조차 익숙하지 않은 문제를 파악하려 하는 개방성이다. 존재론적 위협을 향한 리스의 관심, 동물을 향한 메이의 열정적인 행동주의, 분홍색 유니콘을 만드는 방법을 향한 호너의 탐구 자세가 훌륭한 예다. 놀랍게도 프리먼 다이슨은 아흔 번째 생일을 맞이한 지 며칠 뒤 〈퀀타 매거진〉과의 인터뷰[28]에서 자신이 새로운 도전에 착수했다고 말했다. 생명의 최소 손실을 꾀하는 효과적인 임상시험이 가능한 수학 모델을 개발하겠다는 것이다. 이것이야말로 우리의 지적인 에너지를 유지하고 활용하는 방법 아니겠는가?

9장
왜 호기심인가?

인간의 호기심이 진화한 것은 부분적으로나마 생존에 보탬이 되기 위해서였다. 주위 세상과 이를 둘러싼 인과관계, 변화의 원천을 이해함으로써 인간은 예측 오차를 줄이고 환경에 대응하며 적응해온 것이다. 다른 인간에 대한 호기심은 우리가 짝짓기를 하고 사회 조직을 수립하는 데 큰 역할을 하기도 한다. 18세기 모험가 자코모 카사노바는 "사랑은 3/4이 호기심이다."라는 말을 한 것으로 유명하다. 사실 그는 『회고록Memoirs』에서 "남자의 눈길을 받는 데 조금이라도 성공한 여자는 그가 자신과 사랑에 빠지게 하는 데 있어 3/4이나 성공한 것이나 다름없다. 사랑은 호기심의 일종 아니던가?"라고 말했다.[1] 지식 자체를 향한 갈망과 추상적인 개념을 향한 호기심은 정교하고 풍부한 문화를 낳기도 했다.[2]

인간은 보고 듣고 느끼는 대상에 수동적으로 대응하지만은 않는다. 그들은 다양한 현상에 관심을 보이며 때로는 적극적으로 탐사에 나서기도 한다. 소수의 사람들은 특정한 주제에 상당히 강력한 인지적 열망을 느껴 해답을 찾기 위해 평생을 바치기도 한다.

하지만 모든 사람이 동일한 호기심을 느끼는 것은 아니다. 개인이 느끼는 호기심의 강도는 반드시 그런 것은 아니지만 어느 정도 유전의 영향을 받는다. 사실 모든 심리학적 특징이 유전에 기인한다는 사실을 뒷받침하는 실험적인 증거는 넘쳐난다. 그렇기는 하지만 호기심의 강도를 결정하는 데 다른 요소가 어느 정도 영향을 미치는지 이해해 보려는 것은 흥미로운 시도일 것이다. 유전과는 관계없는 '개인적 차이'나 공통적인 경향의 원인은 무엇일까? 유전 이외의 요소에는 직계 가족, 가까운 친구, 스승, 종교 단체, 문화적인 환경과 전통의 영향 등이 포함될 수 있다. 물론 유전적인 영향과 환경적인 영향을 분리하는 일이 쉽지만은 않다. 이 둘은 때로는 긴밀하게 연결되어 있기 때문이다. 예를 들어, 비극적인 사건을 연속으로 겪을 경우 사람들은 깊은 우울증에 빠질 수 있지만 비슷한 환경에 놓여도 유전적인 차이 때문에 어떤 사람은 다른 사람보다 더 쉽게 우울증에 빠질 수 있는 것이다.

유전력과 호기심

호기심을 비롯한 다양한 심리학적 특징의 유전력을 보다 정확히 예측하기 위해 미네소타대학교의 토마스 보차드와 킹스칼리지런던의 로버트 플로민, 캐서린 애즈버리는 쌍둥이를 대상으로 연구[3]를 진행했다. 쌍둥이의 1/3은 보통 (유전적으로 동일한) 일란성이며 나머지 2/3은 각기 동일한 성(1/3)이나 다른 성(1/3)으로 이루어진 이란성 쌍둥이다. 보차드와 동료들은 다른 곳에서 양육된 미네소타 쌍둥이 연구MISTRA, Minnesota Study of Twins Reared Apart라는 영향력 있는 연구 프로젝트로 유명하다. 전 세계 쌍둥이 중 어린 시절을 비롯해 연구를 진행한 시점까지 서로 떨어져 지낸 쌍둥이들을 한데 모은 프로젝트다. 플로민은 쌍둥이 조기 발달 연구Twins Early Development Study의 수장이며 애즈버리 역시 12,000명의 가족을 대상으로 하는 이 프로젝트에 참여했다.

미네소타 쌍둥이 연구에 참여한 쌍둥이들은 웩슬러 성인용 지능검사나 레이븐 지능검사 같은 지적 능력 검사에 특히 초점을 맞춰 55시간 동안 심리 조사와 의학 조사를 받았다. 검사 결과는 꽤 확실했다. 상당 기간 떨어져 지낸 일란성 쌍둥이는 함께 자란 쌍둥이만큼이나 지능이 비슷했다.

2004년, 보차드는 비교적 부유한 서구 사회에서 추출한 광범위한 표본을 이용한 대규모 프로젝트의 결과를 살펴보기도 했는데, 실험 결과에 따르면, 빅 파이브에 해당하는 성격 특징(개방성, 성실성, 외향성, 친화성, 신경증)은 전체적으로 40에서 50퍼센트 정도 유전적인 영향을 받았으며 (호기심과 가장 큰 관련이 있는) 개방성은 57퍼센트나 유전적인 것으로 나타났다.[4] 즉, 개인적인 특성의 차이는 절반 정도 유전으로 설명할 수 있는 것이다. 성별 간에는 유전적으로 그다지 큰 차이가 발견되지 않았다.

보차드는 심리학적 관심(직업적인 흥미라고도 부름)에 특히 초점을 맞춘 또 다른 대규모 연구 자료를 살펴보기도 했다. 이 특정 연구 프로젝트는 쌍둥이, 쌍둥이가 아닌 형제자매, 부모, 자녀를 대상으로 했으며 이들이 예술, 조사, 사회, 사업에 얼마나 흥미를 느끼는지 살펴보았다. 온갖 분야 중 조사에 흥미를 느끼는 것은 호기심의 중요한 요소라 할 수 있다(물론 다른 분야 역시 그렇기는 하다). 연구 결과, 모든 분야에 대한 관심은 유전적인 영향이 평균 36퍼센트였으며 각 특성에 미치는 환경적인 영향은 10퍼센트에 불과했다.

유전적인 요소가 호기심에 큰 영향을 미친다는 사실[5]이 놀라운가? 별로 그렇지 않을 것이다. 4장, 5장, 6장에서 살펴봤듯이 호기심에는 특정한 인지 능력이 요구된다. 호기심은 작업 기억력과 실행 제어에 따라 달라질 수 있는데, 이 모든 것은 유전적인 요소로부터 큰 영향을 받기 때문이다. 하지만 경험에 적당히 노출되지 못하고 심적인 에너지를 생존과 필수품 확보에 전부 쏟아야 하는 상태에서는 유전적인 특징이 잠복 상태에 머물 수 있다. 보차드는 이 점에 있어 "가장 궁핍한 환경에 사는 이들을 표본에 충분히 포함시키지 못했기 때문에 이 실험 결과는 그런 사람들에게까지 일반화할 수 없다."고 말했다. 게다가 유전이 모든 것을 설명해주는 것은 아니라는 사실을 우리 모두가 알고 있다. 유전자에 부호화된 지시만을 따른다면 세상은 지금과는 상당히 다른 모습일 것이다. 그러한 세상에는 셰익스피어나 모차르트, 아인슈타인이 존재하지 않을 것이다. 언어의 탄생, 르네상스로 이어진 역사적 환경, 과학혁명 같은 극적인 발전, 즉 부분적으로나마 인간의 호기심에서 발로한 이 모든 것 덕분에 인간은 DNA만을 따르는 경로보다 빠르게 발전할 수 있었다. 우리가 '문화'라 부르는 것은 생리학적으로 구속되지 않은 호기심이라는 고속도로를 이용한 덕분에 탄생한 것이다. 우리의 문명은 유전자의 변형(고통스러울 정도로 느린 과정)만을 통해 진화하는 대신, 지식의 습득과 전파를 통해 진화해왔다. 인간의 정신이 수행해야 하는 유용한 정보의 선택이라는 중요한 과정이 수반되었으며 바로 이 과정에서 내가 5장에서 논의한 호기심과 탐구 전략이 일부 작용했다. 환경은 우리의 감각에 온갖 자료를 쏟아 부으며 우리의 뇌는 그 중 생존을 유지하고 구체적, 일반적, 지각적, 인지적 호기심을 충족시키는 데 필요한 정보를 계속해서 선택해야 하는 것이다.

호기심이 교육, 기초 연구, 예술 추구, 이야기 같은 다양한 영역에서 온갖 다양한 형태(개인 간 의사소통, 책, 영화, 광고 등)로 중요한 역할을 수행하고 있다는 사실을 고려하면, 유전적인 요소가 호기심의 개인적인 차이에 큰 영향을 미친다는 사실을 받아들인다 할지라도 여전히 의문이 남아 있다. '우리는 호기심을 기를 수 있을까?'라는 질문이다. 하지만 호기심을 향상시키는 잠정적인 방법을 살펴보기 전에 이를 강하게 억누를 수 있는 환경이 존재하는 현실을 먼저 받아들여야 한다.

호기심이 고양이를 죽인다

생존을 위해 고군분투해야 하는 사람은 삶의 의미를 생각할 여유나 동기, 시간이 없다. 걸어서 국경을 건너야 하고 때로는 대륙 전체를 걸어야 하며 적당한 피난처 없이 계속해서 배고픔에 시달려야 하는 난민 어린이에게서 그 자체만으로 보상을 제공하는 활동이나 탐구를 기대할 수는 없는 것이다.

게다가 인류 역사에는 호기심을 위험한 것으로 간주하는 신화나 전통, 때로는 의도적인 오보가 호기심을 크게 억제했던 시기가 있었다.[6] 강압적인 통치자, 엄격한 정통 종교 지도자, 정보 통제자, 현 상황의 확고한 수호자는 통치 대상이 자신보다 많은 지식을 지녀서는 안 된다고 생각해 그들의 호기심을 억누르려고 했다. 무언가를 모른다고 큰일이 나는 것은 아니며 일은 섭리대로 발생할 뿐이라고 대중을 설득하는 것은 학습을 통해 월등한 지식을 얻는 것보다 쉬운 방법이었을 것이다.

특정 종류의 지식 주위로 담을 쌓지 않은 문명은 없을 것이다. 호기심은 위험할 수 있기 때문에 무제한의 자유를 주어서는 안 된다는 전통은 인간의 문화 자체만큼이나 역사가 깊다. 성경에서 아담과 이브는 (교활한 뱀의 유혹에 넘어가) 호기심에 굴복한 결과 에덴 정원에서 쫓겨난다. 그들에게 허락된 것보다 많은 것을 알고자 했기 때문이다. 제임스 브라이디라는 가명으로 알려진 스코틀랜드 극작가는 유머러스하게 (혹은 진지하게?) 이브의 행동을 '실험 과학을 향해 내딛은 최초의 위대한 발걸음'이라 부른다.[7]

〈창세기〉를 보면 신은 죄악의 도시, 소돔과 고모라를 파괴하기로 했을 때 도덕적인 롯과 그의 처, 두 딸의 목숨을 살려주기로 한다. 그 결과 두 천사가 파견되고 천사들은 롯에게 소돔을 즉시 떠나되 어떤 상황에서도 절대로 뒤돌아보아서는 안 된다고 말한다.

하지만 롯의 처는 호기심에 굴복해 뒤를 돌아보고 그 자리에서 소금 기둥으로 변하고 만다(여담이지만 이스라엘에서 보통 '롯의 아내'라고 알려진 바위의 규모에 걸맞으려면 처의 덩치가 상당히 컸어야 했다[8]).

일부 지식은 불법이며 모든 인류에게 금지되어야 한다는 주장은 성경의 다른 구절을 비롯해 다양한 신학문서에서도 계속해서 찾아볼 수 있다. 예를 들어 고전으로 여겨지는 『지혜서』에는 "수많은 지식에는 그만한 슬픔이 있으며 지식이 증가할 경우 고통이 증가한다."라는 경고뿐만 아니라 "불필요한 대상에 호기심을 보이지 마라.[9] 인간이 이해할 수 있는 것보다 많은 것이 너에게 보여질 지니."라는 훈계도 나와 있다. 후자의 경우 15세기 성 어거스틴의 주장 "신은 호기심이 많은 사람을 위해 지옥을 창조하셨다."와 상당히 비슷하다. 성 어거스틴은 호기심을 "눈의 욕망(라틴어로 콩쿠피스켄티아 오쿨러룸^{concupiscentia oculorum})"이라 부르기도 했으며 별이나 모래알의 개수를 세려는 시도를 경고했다. 그는 그러한 헛된 호기심은 겸허한 헌신으로 향하는 길에 장애가 된다고 주장했다. 이는 20세기에 활동한 성 베르나르 끌레르보 프랑스 수도원장의 말과도 비슷하다.[10] 그는 호기심을 나태와 자만의 중간에 위치한 대죄로 간주해 "알기 위해 배우는 것은 불명예스러운 호기심이다."라고 선언했다.

호기심은 고대 그리스에서도 인정받지 못했다. 그리스 신화에는 지나치게 호기심이 많은 사람에게 신이 처벌을 가하는 내용이 많다. 성경에 나오는 이브의 이야기와 놀라울 정도로 비슷한 전설을 살펴보면, 판도라는 호기심을 억누를 수 없어 항아리(상자로 보통 잘못 번역된다)를 열고, 그 안에서 인류의 온갖 악이 나오고 만다. 호기심에 압도당해 아테나의 구체적인 명령을 거부하고 신생아였던 에리크토니우스가 담긴 바구니 안을 몰래 들여다본 헤르세와 아글라우로스 공주 자매 역시 극심한 형벌을 받는다. 아테네의 신비로운 미래의 지도자(일부 버전에서는 몸의 반은 뱀이고 밤은 인간으로 묘사된다) 본 자매는 정신이 나가 스스로 아크로폴리스에 몸을 던지고 만다. 제우스의 반대에도 불구하고 호기심에 그의 신성한 영광을 전부 보고 싶다고 우긴 세멜레의 신화 역시 비극으로 끝이 났다. 그녀는 번갯불에 타죽고 만다.

하지만 이 대부분의 사례에서 처벌을 받게 만든 행위는 호기심이라기보다는 불복종이라고 주장할 수 있을 것이다. 17세기까지 호기심의 의미는 오늘날 우리가 사용하는 것과는 다소 달랐다는 사실도 명심할 필요가 있다. 다양한 계층의 도덕주의자들은 인간이 호기심을 느끼는 것은 탐구가 아니라 자신과는 상관없는 일을 파고드는 것이라고 생각했다. 20세기 영국의 학자 알렉산더 네캄은 인간이 발명하고 구축한 건축물을 가리켜 신의 창조물에 간섭하는 행위라고 조롱하기까지 했다. 그는 "오 헛된 호기심이여! 오 호기심 어린 허영이여! 변덕스러움이라는 질병을 겪는 인간은 '파괴하고 짓고 사각형을 원으로 만든다."라고 말했다. "[성경]의 말은 학습을 비난하지 않는다."고 주장한 위대한 네덜란드 르네상스 인문주의자 로테르담의 에라스뮈스조차도 호기심은 불필요한 것을 알고자 하는 탐욕이기 때문에 엘리트에게만 한정되어야 한다고 주장했다.

호기심에 관한 일반적인 태도는 16세기, 세계 여행자와 자연주의자의 수가 증가하면서 조금씩 변하기 시작했다.[11] 누가 무엇을 알아야 하는지, 그들이 그러한 지식을 어떻게 얻어야 하는지 같은 질문은 과학 사회에서 종교 사회에 이르기까지 다양한 분야에서 논의의 대상이 되었다. 옥스퍼드대학교의 역사학자 네일 케니는 **호기심**이나 라틴어 **쿠리오시타스**curiositas에서 파생된 이와 관련된 단어가 광범위한 문학에서 사용된 사례가 1600년에서 1700년 사이에 10배나 증가했다는 사실을 발견했다. 과학 (그리고 철학) 혁명 이후 탐구 정신이 급증한 덕분이었다. 호기심이 인간이 회피할 수 없는 감정임을 인식한 최초의 인물은 지칠 줄 모르는 호기심으로 유명한 프랑스 수학자이자 철학자 르네 데카르트다.[12] 호기심을 질병에 비유한 그는 자신의 열정에 애매모호한 태도를 보였지만 "평범한 인간은 호기심에 눈이 멀어 개척되지 않은 길을 탐구하고 아무런 이유 없이 성공을 희망하지만 그저 자신이 추구하는 진실이 그곳에 있는지 알기 위해 기꺼이 위험을 감수하는 것뿐이다."라고 말하기도 했다. 그는 여섯 가지 '원초적인 열정'을 명명했을 때 (호기심과 긴밀한 관련이 있는) **경이**를 가장 먼저 나열했다. 그는 경이의 역할에 대해 "우리가 이전에 무시했던 것을 학습하고 기억 속에 저장하는 것"이라고 했다.

이밖에도 왕성한 호기심으로 유명한 이들은 수없이 많다. 독특한 영국 의사이자 작가 토마스 브라운은 자연의 신비, 인간, 인간과 신의 관계, 믿음과 미신, 골동품, 원예학의 역사, 죽음 같은 다양하고 난해한 주제에 관해 책을 출간했다.[13]

또한 19세기 초, 프로이센의 자연주의자이자 탐험가인 알렉산더 본 훔볼트[14]는 남아프리카, 러시아, 시베리아 등지를 여행한 뒤 식물학, 인류학, 기상학, 지질학, 고고학, 언어학에 관한 구체적인 업적을 책으로 남겼다. 전기 작가의 말에 따르면 훔볼트는 "이 세상을 실험실로 생각했다."고 한다.[15] 언어학자이자 철학자인 훔볼트의 형 빌헬름은 동생은 "한 가지 사실만 아는 것을 질색하며" 현상의 모든 측면을 탐구하기를 좋아한다고 말했다. 훔볼트가 호기심을 인격화했다고도 말할 수 있을 것이다. 물리과학에 관한 대부분의 지식을 설명하려 한 『코스모스Cosmos』 시리즈[16]의 서문에서 그는 과학 지식은 "모든 사회 계층의 공동 자산"이었다고 말함으로써 호기심의 평등주의적 특징을 강조했다. 훔볼트는 레오나르도가 300년 전에, 그리고 파인만이 150년 후에 한 말을 거의 그대로 사용해, 호기심 많은 사람답게 "구체적인 연구를 할 경우 자연주의자의 관심을 끌지 않는 대상은 없다. 자연은 무궁무진한 연구 자원이며, 과학이 진보함에 따라 자연에서 정보를 얻는 방법을 알고 있는 관찰자는 자연으로부터 새로운 사실을 얻게 될 것이다."라고 말했다. 훗날 그는 자신의 지칠 줄 모르는 호기심을 가리켜 이렇게 말하기도 했다. "지적인 호기심 때문에 너무 많은 분야를 향한 과학적 흥미와 씨름한 것은 내 잘못이었지만 나는 그러한 과정에서 무언가를 남겼다고 본다." 옥스퍼드대학교의 사회 역사학자 테오도르 젤딘은 훔볼트의 업적을 다음과 같이 근사하게 요약하고 있다.[17] "그는 지식과 감정, 즉 사람들이 공적으로 믿고 행하는 대상과 개인적으로 집착하는 대상을 감히 연결 지으려 했다."

17세기 이후로 호기심을 향한 관점이 보다 긍정적으로 바뀌게 되었지만 여전히 상당수가 이를 경계했다. 이러한 불신의 분위기가 잘 반영된 사례는 괴테의 19세기 비극 〈파우스트〉다. 독일 철학자가 지식을 얻으려고 노력하다 좌절한 끝에 악마에게 영혼을 팔기로 한 내용이다. 같은 기간에 **호기심**이라는 단어가 정보를 향한 인간의 갈증뿐만 아니라 사람들이 관심을 갖는 드물고 희귀한 대상으로 여기는 문구가 등장하기도 했다. 그 결과 '호기심의 방'(혹은 '경이의 방')이라는 단어가 등장했는데, 이는 자연 세계나 예술에서 수집한 물품이 담긴 작은 박물관을 의미했다.

　　그림형제 역시 1812년에 출간된 우화에서 호기심과 탐구적인 행동을 향한 욕구에 관해 애매모호한 메시지를 전달한다.[18] 1698년에 출간된 이야기를 바탕으로 한 〈잠자는 숲속의 미녀〉에서 열다섯 살 된 공주는 궁전을 샅샅이 뒤지고 다니다가 마침내 작은 탑에 다다른다. 구불구불한 계단을 기어올라 녹슨 열쇠로 작은 문을 연 공주는 아마를 잣는 노파를 발견한다. 눈이 휘둥그레진 공주가 물레에 살짝 손을 갖다 대자 바늘이 공주의 손가락을 찌르고 공주는 100년 동안 깊은 잠에 빠진다. 호기심 어린 탐사를 장려하는 이야기라고는 할 수 없을 것이다!

　　〈헨젤과 그레텔〉에서 어린 남매 역시 비슷한 곤궁에 처한다. 야심차게 여행을 떠난 남매는 케이크와 과자로 만들어진 집 앞에 도달한다. 인육을 먹는 마녀의 집이라는 사실을 몰랐던 남매는 집의 지붕을 야금야금 먹기 시작하고 결국 목숨이 위태로워진다. 여기서 마녀는 긴 코를 지닌 초인적인 존재, 슬라브 설화에 등장하는, 참견하기 좋아하는 아이를 잡아먹기도 하는 바바야가(러시아의 숲속에 사는 요괴. 말라서 뼈와 가죽만 남은 노파의 모습을 하고 있다-옮긴이)를 상기시킨다.

〈잠자는 숲속의 미녀〉와〈헨젤과 그레텔〉둘 다 해피엔딩으로 끝나지만(공주는 결국 왕자를 만나고 헨젤과 그레텔은 마녀보다 한 수 앞서 목숨을 구한다) 이 우화를 비롯한 수많은 이야기들은 호기심이 해롭다는 사실을 암시하는 듯하다. "호기심이 고양이를 죽인다."라는 유명한 속담도 이 메시지를 잘 담고 있다. 흥미롭게도 16세기 말 출간된 최초의 속담[19]은 "지나친 걱정이 고양이를 죽인다."였다. 여기서 **걱정**이라는 단어는 슬픔이나 우려를 의미한다. 어떻게 **걱정**이 19세기 말 경 **호기심**으로 대체되었는지는 확실치 않지만 주의하라는 메시지를 담은 이 문구는 탐구를 향한 경고나 자신이 일에 집중하는 편이 낫다는 조언으로 작용했던 게 분명하다.[20]

호기심은 피할 수 없을 뿐만 아니라 지식을 습득하고자 하는 욕망의 주요 동인이다. 따라서 "호기심이 고양이를 죽인다."는 속담의 다른 버전으로 "하지만 호기심을 채우면 고양이를 다시 살린다."는 긍정적인 대답이 존재한다는 사실에서 얼마간의 위안을 받을 수 있을 것이다.

호기심은 공포를 치료하는 최고의 해결책이다

안타깝게도 호기심을 저해하는 분위기가 성경이나 중세시대, 고대 그리스에만 한정된 것은 아니다. 압제적인 냉혹 정권이나 사상, 편협한 사회는 오늘날에도 여전히 호기심을 강제로 종식시키려 하고 있다.

탐구심이나 호기심, 독창적인 생각을 질식시키려는 행위는 과학을 저해하는 것에 한정되지 않는다. 예술을 비롯한 일반적인 지식 역시 피해 대상이었다. 예를 들어 1937년, 나치는 뮌헨에 〈퇴폐예술〉전시회[21]를 열었다. 현대 예술은 독일인을 향한 유대인 과격주의자들의 악의적인 음모에 지나지 않는다는 사실을 관객에게 확신시켜주기 위해서였다. 이 전시에는 20세기 위대한 예술가의 작품도 포함되었다. 막스 에른스트나 파울 클레 같은 초현실주의자, 에른스트 루드비히 키르히너, 에밀 놀데, 오스카 코코슈카, 막스 베크만 같은 표현주의자, 마르크 샤갈 같은 입체파-상징주의자, 바실리 칸딘스키, 에른스트 빌헬름 나이 같은 추상파 화가를 비롯한 수많은 예술가의 작품이 전시 대상이었다. 그림의 무가치를 전달하기 위해 주최측은 의도적으로 아무런 논리적인 순서 없이 그림들을 벽에 대충 걸어놓았다. 전시 카탈로그는 이 추상화들을 "연필이나 붓을 휘두른 이들의 정신 나간 뇌는 아무런 사실도 전달하지 못한다"처럼 모욕적으로 묘사했다. 대중의 부정적인 반응을 도출하기 위해 전시 주최자는 선동가들을 고용하기도 했는데, 이들은 관객 사이에 섞여 큰 소리로 작품을 조롱했다. 일부 작

그림 24

품은 전시 후에 불태워지기도 했다.

반동적이고 편협한 전체주의 체제가 예술을 파괴하거나 호기심을 억제하기 위한 의도적인 조치를 취한 사례는 여기서 끝나지 않았다. 2001년 3월 14일, 신권 정치를 표방하는 아프가니스탄의 탈레반 정부는 바미안 석불 두 개를 다이나마이트로 폭발해 없게 버리겠다고 선언했다. 이 기념비적인 조각상(각각 53.34미터와 38.1미터에 달한다. 그림 24는 작은 석불의 1977년 모습이다)은 16세기경에 건설되었다. 당시에 탈레반은 카불 박물관을 비롯해 아프가니스탄 주의 다른 박물관에 있는 조각상도 무너뜨려버렸다. 과거 아프가니스탄과의 역사적인 연결고리를 전멸시킨 것이다.

하지만 호기심을 향한 탈레반의 가장 심한 공격은 호기심 있는 사람을 대상으로 한 것으로 그 대상은 바로 말랄라 유사프자이[22]였다. 1997년 파키스탄 밍고라에서 태어난 말랄라는 어린 시절 유명한 운동가가 되었다. 2008년, 탈레반이 여학교를 공격한 직후, 그녀는 "탈레반은 어찌 감히 교육받을 기본 권리를 앗아가려 하는가?"라는 제목으로 연설을 했다. 용감한 행동을 한 그녀는 BBC에 관련 기사를 올리기도 했다. 결국 탈레반은 말랄라가 열네 살 때 살인협박문을 보냈고 2012년 10월 9일, 총기를 소지한 남자가 하굣길 버스에 오른 그녀의 머리를 총으로 쏘았다. 다행히 목숨을 건진 말랄라는 2014년 노벨 평화상을 수상했으며 계속해서 여자아이들의 교육을 지지하는 활동을 열렬히 펼치고 있다. 2015년 7월, 이 젊고 용감하고 호기심 넘치는 운동가는 레바논에 시리아 난민 여자아이들을 위한 학교를 설립했다.

극단적인 검열과 호기심 진압의 전형적인 형태는 분서焚書다. 다양한 서적파괴주의는 기원전 17세기로 거슬러 올라가지만 분서 행위는 20세기까지도 이어졌다. 예를 들어, 나치는 유대인 작가가 쓴 책을 정기적으로 불태웠으며, 칠레의 파시스트 독재자 아우구스토 피노체트는 1973년, 수백 권의 책을 태울 것을 명령했다. 신할라 경찰과 정부 지원 불법무장단체들은 1981년, 소수민족인 타밀인들을 향한 3일간의 집단학살의 일환으로 스리랑카에 위치한 자프나 공공도서관을 불태우기도 했다. 수 만권에 달하는 타밀어로 쓰인 책과 원고가 보관된 도서관이었다.

개인의 자유를 향한 이러한 압제와 위협, 공격의 사례에서 우리는 교훈을 얻을 수 있을까? 나는 그렇다고 본다. 상당히 명백한 교훈이다. 호기심은 공포를 치료하는 최고의 해결책이라는 사실이다. 우리가 자유를 누리고 있음을 보여주는 가장 확실한 징표는 자신이 좋아하는 대상에 흥미를 가질 수 있는 능력이다. 프리드먼 다이슨은 이 사실을 과학이라는 좁은 분야에 적용해 "과학자가 된다는 건 어떠한 과학 문제도 연구할 수 있는 '자격증'을 수여받은 것이다."라고 말했다. 하지만 다른 사람의 자유를 해치지 않고 특정 윤리(이 주제에 대해서는 에필로그에서 논할 것이다)를 지키는 한, 자유는 호기심이 이끄는 대로 따르는 것을 의미한다. 옥스퍼드 학자 테오도르 젤딘는 "자신의 일에만, 몇 가지 취미에만, 몇 명의 사람에게만 흥미를 가질 경우 지구에 지나치게 많은 블랙홀이 생긴다.[23]"라며 이를 정확히 묘사했다.

나는 2012년 강연을 준비하면서 "호기심은 공포를 치료하는 최고의 해결책이다."라는 말을 지어냈다. 하지만 얼마 안 가 호기심의 '치유적인' 특징에 대해 생각한 사람이 내가 처음은 아니라는 사실을 알게 되었다. 2008년에 코펜하겐에서 열린 전시, 〈현대미술 4년마다의 유턴U-Turn Quadrennial for Contemporary Art〉에서 사용된 대표 문구, "무지를 향한 공포를 호기심으로 대체하라(그림 25)." 역시 이와 상당히 비슷했다. 이 표현이 궁극적으로 의미하는 바는 다음과 같다. 과학자들이 과학 혁명 이래로 모든 돌파구는 새로운 질문과 불확실성을 낳는다는 사실을 계속해서 발견하고 있는 것

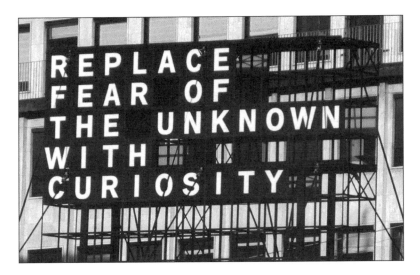

그림 25

처럼, 우리는 주위의 세상이 호기심을 느낄 수 있는 끊임없는 기회와 호기심을 느낄 만한 수많은 주제를 제공한다는 사실을 깨달아야 한다는 것이다. 우리는 호기심에 족쇄를 채워서는 안 된다. 블라디미르 나보코프의 말처럼 "이러한 문제들을 논하는 것은 호기심을 의미한다. 그리고 호기심은 가장 순수한 형태에서 반항적이다.[24]"

이 책을 쓰는 동안 나는 아일랜드 소설가 제임스 스티븐스가 호기심의 힘을 묘사하기 위해 '공포를 치료하는 최고의 해결책'보다 훨씬 더 강렬한 문구를 사용했다는 사실을 우연히 알게 되었다.[25] 『황금 항아리The Crock of Gold』라는 철학적인 소설에서 그는 햇

빛이 전혀 들지 않는 울창한 숲에서 자란 남자아이에 대해 묘사한다. 아이는 집에서 멀리 떨어지지 않은 곳에서 여름이면 몇 시간 정도 해가 내리쬐는 공터를 발견한다. 스티븐스는 이렇게 적고 있다. "기이한 불빛을 처음으로 본 아이는 깜짝 놀란다." 그는 동굴 앞에 서 있던 레오나르도의 말을 상기시키듯 계속해서 이렇게 말한다. "아이는 그러한 모습을 처음 보았다. 꿈쩍하지 않는 그 불빛은 그의 두려움과 호기심을 동시에 자아냈다." 스티븐스는 강렬한 한 마디로 마무리 짓는다. "호기심이 공포를 정복하는 힘은 용기보다도 강력할 것이다. 호기심 때문에 많은 사람들이 물리적인 용기만으로는 몸서리쳤을 위험 속으로 뛰어들었다. 굶주림과 사랑과 호기심은 삶의 위대한 추진력이기 때문이다."

호기심과 공포 간의 긴밀한 관계는 동기부여적인 진술에 그치지 않는다. 이는 생리학적으로도 입증된 사실이다. 신경전달물질인 도파민은 뇌의 인접 영역에서 보상(즉 호기심)과 공포 두 가지 감정 모두와 연루되어 있다. 2011년, 미시간대학교의 심리학자 조이슬린 리처드와 켄트 베리지는 도파민이 정상적으로 작동할 경우 중격의지핵의 정면에 화학물질을 주입하면 쥐가 평소 때보다 거의 세 배나 많은 음식을 섭취한다는 사실을 증명했다.[26] 반대로 도파민이 중격의지핵의 뒷면에 주입될 경우 쥐는 포식자에게 쫓기듯 공포에 떨었다. 이 실험은 비유적으로 그리고 어느 정도는 말 그대로 호기심이 공포와 보상 간의 얄팍한 경계를 넘나들 수 있다는 사실을 보여준다.

호기심을 집단적으로 진압했던 우울한 역사적 사례들을 살펴보았으니 이제는 보다 희망적이고 매력적인 질문으로 돌아갈 차례다. 개인적인 호기심을 자극하고 양성하며 부풀리고 활성화시킬 수 있는 방법은 무엇일까? 나는 종합적인 '방법'이나 '자기계발법'을 제시할 생각은 없다. 그보다는 앞에서 얻은 몇 가지 교훈을 바탕으로 우리 안에 내제된 호기심을 자극하는 데 도움이 되는 방법을 살펴보도록 하겠다.

불타는 지적 욕망에 부채질하기

리처드 파인만은 『남이야 뭐라 하건!』이라는 흥미로운 책에서 어린 시절 아버지가 그에게 정신적 도구를 주기 위해 최선을 다한 이야기를 소개한다. 이 도구는 결국 파인만이 뛰어난 탐구정신을 지닌 과학자가 되는 데 큰 도움이 되었다. 이야기 자체는 단순하다. 그의 아버지는 파인만이 특정한 새가 늘 깃털을 쪼면서('쫀다'기보다는 '몸치장을 하는 것'을 의미했을 것이다) 걸어 다니는 사실에 관심을 갖도록 했고[27] 새들이 왜 그런다고 생각하는지 물어보았다. 파인만은 "음, 날아다닐 때 날개가 엉망진창이 되어서 날개를 잘 정돈하려고 쪼나보죠."라고 대답했다. 아버지는 그의 가설을 실험할 수 있는 단순한 방법을 제안했다. 아버지는 파인만의 추론이 옳다면 방금 착륙한 새는 한동안 땅을 걸어 다닌 새보다 깃털을 더 많이 쪼을(치장할) 거라는 사실을 지적했다. 부자는 몇 마리의 새를 지켜보았고 방금까지 날던 새와 그렇지 않은 새 간에 이렇다 할 차이가 없다고 결론 내렸다. 파인만은 자신의 가설이 틀렸음을 인정해 아버지에게 정답을 물었다. 아버지는 새들은 깃털에서 떨어져 나오는 단백질을 먹는 이 때문에 성가셔 한다고 설명했다. 그러면서 이의 다리에 있는 왁스 같은 물질을 먹는 진드기가 있는데, 진드기가 분비하는 설탕 같은 물질에는 박테리아가 자란다며 이렇게 결론 내렸다. "자 보렴, 음식이 있는 곳이면 늘 그것을 찾는 생명체가 존재한단다."

어린 시절 그의 기억 속에 남아 있는 언뜻 보면 평범한 이 이야기는 사실 여러 면에서 놀랍다. 첫째, 그의 아버지는 파인만에게 관찰과 경이의 즐거움을 가르쳐주었다. 파인만은 "나는 어린 아이처럼 이제 곧 발견하게 될 경이를 찾는다. 항상 찾는 것은 아니지만 가끔씩은 찾게 된다."라고 말했다. 둘째, 아버지는 흥미진진한 현상(새가 깃털을 치장하는 현상)을 가리키며 그에 관한 질문을 함으로써 아들의 **구체적-지각적 호기심**을 불러일으켰다. 그의 아버지는 극복할 수 있는 정보 격차를 파인만의 정신에 심어준 것이다. 미국 내 42개의 주를 말할 수 있는 아이가 5개의 주조차 모르는 아이보다 자신이 놓친 주의 이름을 알고자 할 확률이 훨씬 더 높은 것처럼 이는 호기심을 자극할 수 있는 확실한 방법이다. 셋째, 아버지는 답을 즉시 말해주지 않았다. 그보다는 파인만이 제안한 설명을 시험하자고 함으로써 그의 **인지적 호기심**을 자극했다. 자신의 이론이 틀렸을 경우 정답을 기억할 확률이 더 높으며 부수적인 기억력도 향상된다는 사실을 입증해준 실험을 떠올려보아라. 마지막으로 아버지가 제시한 답은 당시의 파인만조차 구체적인 부분에 있어서는 잘못되었다는 사실을 아는 답이었다. 새들은 먼지와 기생충을 제거하며 깃털을 최상의 형태로 정렬하기 위해, 그리고 몸 안의 온갖 선에서 분비되는 기름을 분배하기 위해 몸치장을 한다. 그의 아버지는 삶과 그 과정, 그리고 삶은 자연의 음식재료에 의존할 수밖에 없다는 훨씬 더 보편적인 사실을 전달하기 위해 새들이 몸치장을 한다는 평범한 사례를 이용했으며 인지적 호기심의 증진을 꾀했다.

따라서 파인만의 이야기는 자신의 호기심과 다른 이의 호기심을 기르기 위해 무엇을 할 수 있을지에 관한 수많은 중요한 단서를 제공해준다. 첫째, 우리는 놀라움을 느끼고 다른 이들을 놀라게 하는 능력을 유지하기 위해 노력해야 한다. 운동이 관절과 근육의 건강을 증진시키듯, 어린아이처럼 잘 놀라는 능력을 유지하는 것은 **지각적 호기심**을 갈고 닦는 것과도 같다. 우리는 어떻게 그렇게 할 수 있을까? 일주일에 몇 번, 일상에서 마주치는 수많은 사건, 사람, 사실, 현상 중 최소한 한 가지에 진심으로 관심을 갖는 것이 한 가지 방법이다. 폭우 속에서 여러 갈래로 갈라지는 번개의 경로를 결정하는 것이 무엇인지 생각해보는 것이 한 예가 될 수 있다. 동료의 취미가 무엇인지 묻고 스마트폰의 새로운 앱을 살펴보며 특정 트위터를 팔로우하거나 주식시장의 동태를 이해하려고 하는 것도 좋은 방법이다(마지막의 경우 운이 따르길!). 자극을 유발하는 대상이 무엇인지는 별로 중요하지 않다. 계속해서 흥미를 느낄 수만 있으면 된다. 이와 마찬가지 맥락에서 우리는 예상치 못한 일이나 평소의 자신답지 않은 일을 함으로써 다른 사람을, 그리고 스스로를 놀라게 만들 수도 있어야 한다.[28] 옷 입는 방식이나 소셜 미디어에 참여하는 방법을 통해 혹은 습관을 바꾸는 것이 예가 될 수 있다. 다른 사람의 **지각적 호기심**을 적극적으로 장려할 경우 자신의 호기심 역시 강화되는 듯하다. 호기심 있는 사람은 새로운 감각에 스스로를 노출시키고 새로운 정신 상태를 경험하기를 좋아한다. 수많은 연구 결과에 따르면, 호기심은 가치 있는 정보를 추구하고자 하는 욕망에서 비롯된 동기부여를 강화시켜 준다고 한다.[29] 또한 2004년에 발표된 연구 결과 호기심 있는 사람은 다른 공통된 자질 외에도 자신과 호기심이 비슷한 사람에게 매력을 느낀다는 사실이 입증되었다.[30]

우리는 레오나르도에게서 호기심을 강화하는 방법을 배울 수도 있다. 우리의 관심을 끌거나 우리가 탐구하고자 하는 대상을 기록하는 것이다. 그렇다고 해서 레오나르도처럼 평생 집착적인 기록을 해야 하는 것은 아니다. 하지만 우리는 최소한 특이한 현상이나 사건은 기록해야 한다. 이러한 기록을 차후에 살펴볼 경우 인지적 호기심을 자극할 만한 가치 있는 주제나 패턴이 드러날 수 있으며 학습의 즐거움을 낳을 수 있는 보다 철저한 연구로 이어질 수 있을 것이다.

4, 5, 6장에서 살펴본 신경과학 실험과 심리학 실험 (그리고 파인만의 몸치장하는 새 이야기)을 통해 특히 어린아이와 학생의 호기심을 기르는 또 다른 방법을 배울 수 있다. 교육자들은 질문을 자주 해야 하지만 답을 바로 제공해서는 안 된다. 그 대신 학생들이 스스로 답을 하도록 장려한 뒤 답의 옳고 그름을 실험할 수 있는

방법을 생각해야 한다. 그들의 인지적 호기심의 근육을 반복적으로 훈련시키고 지력을 향상시키는 것이 목표다.

서점과 도서관은 긍정적이고 일반적인 호기심을 연습할 수 있는 좋은 기회를 제공한다는 사실 또한 기억하기 바란다. 자신이 관심 있는 특정 책 옆에는 늘 그만큼이나 흥미로운 다른 책이 놓여 있기 마련이다. 특정 내용을 검색하는 동안 불쑥 튀어나오는 주제에 대해 인터넷 서핑을 하는 것 역시 이러한 경험의 일종이다. (최소한 가끔씩은) 이러한 흐름을 따를 줄 알아야 한다. 이는 보상이 상당히 높은 활동이기 때문이다.

나는 학생들의 호기심을 증진시킬 수 있는 훌륭한 방법을 마틴 리스와의 인터뷰 도중 얻게 되었다. 학생들이 이미 품고 있는 호기심을 이용해 거기에서 파생된 열정을 학습 과정에 활용하는 것이다. 즉, 학생들이 공룡에 대해 알고 싶은 마음이 강하다면 공룡에서 시작하는 것이다. 6장에서 살펴본 실험에서 알 수 있듯, 호기심을 느끼면 뇌는 호기심의 대상 근처에 있는 모든 것을 흡수하는 상태가 된다. 프랑스 시인 아나톨 프랑스는 이를 예리하게 표현한 바 있다. "교육이라는 기술은 그저 젊은이들의 자연스런 호기심을 깨우는 기술로, 나중에 그 호기심을 충족시키는 것이 목적이다."

나는 개인적으로 이 개념을 설명하는 데 도움이 되는 경험을 한 적이 있다. 내 막내딸이 중학교에 다닐 때 과학 프로젝트를 선택해 수행하는 과제가 주어졌다. 중학교를 다니는 자녀가 있는 사람이라면 누구나 알만한 과제였다. 이 과제는 인지적 호기심을 활성화시키는 것이 목적이지만 보통 부모에게는 지루하기 짝이 없는 업무가 되고 만다. 내 딸이 어떤 프로젝트를 하면 좋겠냐고 묻자 나는 다양한 방법(추, 사면, 지붕에서 무언가를 떨어뜨리는 방법 등)을 이용해 자유 낙하 가속도를 측정하는 건 어떠냐고 물었다. 내 딸은 그러한 실험은 전부 너무 지루하다며 자신이 직접 주제를 생각해보겠다고 했다.

며칠 후 아이는 어떠한 립스틱이 키스를 가장 많이 한 뒤에도 남아 있는지, 즉 립스틱의 지속력을 시험하고 싶다고 말했다. 나는 깜짝 놀랐다. 내 딸은 그 때까지만 해도 립스틱을 사용한 적이 한 번도 없었으며 립스틱에 관심을 보인 적도 없었기 때문이다. 아이는 나의 표정을 읽었는지 재빨리 자신이 알고 싶은 것은 광고의 진실성이라고 설명했다. 당시에 한 기업은 자신들의 립스틱이 키스를 한 뒤 가장 적게 마모된다고 주장했고 딸아이는 그 주장의 진실을 시험하고 싶었던 것이다. 나는 어떻게 실험을 해야 할지 확신이 없었지만 딸은 이미 생각을 해둔 터였다. 아이는 립스틱을 바른 뒤 얇은 종이의 10군데 지점에 키스를 할 예정이었다. 우리는 종이에 붙은 립스틱의 무게를 측정하기 위해 키스하기 전과 후의 종이의 무게를 재면 되었다.

아이의 생각은 진짜 과학 실험의 형태를 갖추기 시작했지만 종이의 무게를 정확히 측정하기 위해서는 정교한 화학 천칭(화학분석에서 정량에 사용되는 중량 측정 장치-옮긴이)을 찾아야만 했다. 미생물학자인 아내가 도움이 되었다. 아내는 실험실에서 정교한 화학 천칭을 찾았다. 사실 아내는 별도의 실험을 제안하기도 했다. 아내에게는 투명한 종이의 불투명성이나 광학적 깊이(생물학에서 이는 '광학 농도'라 부른다)를 측정할 수 있는 도구도 있었다. 이 도구를 사용할 경우 종이를 관통하면서 빛줄기의 강도가 얼마나 약화되는지 알 수 있었다. 우리는 딸아이가 다시 한 번 각기 다른 립스틱을 바른 뒤 투명한 종이에 키스를 하도록 했고 어떤 립스틱이 최소로 마모되는지를 결정하는 독립 변수로 광학적 깊이를 사용하기로 했다. 나는 아이가 진정으로 호기심을 느끼는 질문을 따르는 것이 진지한 탐구로 이어질 수 있다는 사실을 입증해주는 증거는 이거 하나면 충분하다고 본다. 궁금할 사람을 위해 설명하자면 특정 립스틱 회사의 주장은 사실로 밝혀졌다. 그리고 내 딸은 해당 과제로 과학 경시대회에서 1등을 했다.

에필로그

1870년, 마크 트웨인은 훗날 『중세 로맨스^{A Medieval Romance}』라 불린 단편소설을 출간했다.[1] 1222년을 배경으로 한 이 소설의 복잡한 줄거리는 대략 다음과 같다. 교활한 클루겐스타인 경은 형 브란덴버그 공에게서 왕위를 계승받으려고 했다. 죽기 전 형제의 아버지는 남자 상속인에게 승계권이 돌아갈 것이며 아들이 없을 경우 명성에 흠만 없다면 브란덴버그의 딸을 후계자로 삼겠다고 했다. 클루겐스타인은 기만적인 목표를 달성하기 위해 자신의 딸에게 콘라드라는 이름을 붙이고 아들처럼 키웠다. 또한 브란덴버그의 딸인 레이디 콘스탄스가 후계자가 될 수 없도록 카운트 데트진이라는 잘생기고 약삭빠른 귀족을 시켜 그녀를 유혹함으로써 조카의 명성을 악화시켰다.

브란덴버그의 건강이 악화되기 시작하자 콘라드는 상속자로서 '그'의 임무를 맡기 위해 소환된다. 클루겐스타인은 콘라드에게 엄격한 법에 따라 여성 후계자는 왕위에 앉기 전에 잠시라도 공작 자리에 앉게 되면 사형이라는 형벌이 내려진다고 경고했다.

콘라드가 후계자가 된 지 몇 달 후 레이디 콘스탄스가 '그'와 사랑에 빠지면서 이야기는 점차 파국으로 치닫는다. 콘라드가 자신의 사랑에 응답하지 않자 그를 향한 사랑의 감정은 원망으로 바뀐다. 엎친 데 덮친 격으로 클루겐스타인의 공모자인 카운트 데트진의 유혹에 넘어간 레이디 콘스탄스는 그의 아이를 출산하게 된다. 데트진은 이미 오래 전에 공작 직위를 박탈당했다.

콘스탄스의 재판이 시작되고 콘라드는 아직 왕위를 수여받지 못한 상태였음에도 어쩔 수 없이 공작이자 판사로서 공작자리에 오르게 된다. 그는 레이디 콘스탄스에게 이렇게 말한다. "옛 법에 의거하면 너는 공범자를 만들었으며 그의 목숨을 위험하게 만들었으니 죽어야 마땅하다. 기회를 받아들여 가능할 때 목숨을 지켜라. 아이의 아버지 이름을 대라."

바로 이때 충격적인 반전이 일어난다. 분노로 가득 찬 콘스탄스는 콘라드를 지목하며 소리친다. "당신이 바로 그 사람이다."

콘라드는 피할 수 없는 덫에 갇히고 만다. 레이디 콘스탄스의 혐의에 반박하기 위해 '그의' 성을 밝힐 경우 금지된 왕좌에 오른 죄로 처형당하게 된다. 하지만 성을 밝히지 않을 경우 사촌을 유혹한 죄로 역시 사형을 선고받게 된다. 이 얽히고설킨 난제를 어떻게 해결할 수 있을까?

독자들의 호기심이 극도에 달했을 거라는 걸 안 재치 있는 트웨인은 갑자기 끼어들어 상황을 해결할 수 없음을 인정한다! 그는 지각적인 불확실성, 즉 절대로 채울 수 없는 정보 격차를 독자에게 그대로 남겨둔다. 트웨인은 이렇게 말한다. "솔직히 말하면,

나는 내 영웅을 좁은 곳에 집어넣었지만 어떻게 그를 다시 밖으로 데리고 나올 수 있을지 모르겠다. 따라서 나는 이 온갖 일에서 손을 떼겠다. 여러분은 최선을 다해 나오든 그곳에 그냥 머물든 알아서 하기 바란다."

콘라드를 교수대에서 구원할 수 있는 방법이 존재하기는 할까? 트웨인은 이 방법을 생각할 수 없었고 독자로 하여금 알아서 감정을 추스리라고 했지만 나는 운이 없던 콘라드에게도 여전히 희망이 있다고 본다. 그 방법은 이 글을 마무리할 때 공개하겠다.

트웨인의 이야기는 재미있기도 하지만[2] 호기심의 힘을 가장 단순하면서도 효과적으로 보여주는 훌륭한 예이기도 하다. 우리는 해결책이 없을 때 불안에 휩싸인다. 기자이자 작가인 톰 울프는 베스트셀러 소설 『A Man in Full』에서 이와 비슷하게 교묘한 기술을 선보였다.[3] 그는 모텔에 입실한 연인에 대해 이렇게 묘사한다. "여자가 가방에서 작은 컵을 꺼냈고 그들은 컵으로 그 짓을 했다.[4] 그가 한 번도 들어본 적 없는 행위였다." 수많은 독자가 그들이 어떠한 성행위를 한 것인지 추측했지만 아무도 성공하지 못했다. 대담하게 울프에게 자신의 생각을 전달한 사람도 있었다. 이에 관해 질문을 받자 울프는 독자에게 언급 불가능한 변태적인 행위를 전달하기 위해 그러한 내용을 지어낸 것일 뿐 구체적으로 무엇을 생각한 것은 아니라고 답했다.

다른 작가들 역시 인지적 호기심과 비슷한 것을 유도하기 위해 복잡한 장치를 사용한다. 여기에서 인지적 호기심은 보다 깊은 이해를 위해 추가적인 분석을 하고 싶은 열망이라 할 수 있다. 사무

엘 베게트의 수수께끼 같은 연극 〈고도를 기다리며〉가 훌륭한 예다. 2막으로 이루어진 이 부조리적인 작품에서 두 노인은 고도라는 사람이 나타나기를 기다리지만 그는 절대로 모습을 드러내지 않는다. 이 연극은 영적인 해석(인간의 구원 욕구)에서 마르크스주의적인 해석(자본주의적인 소유 대신 사회주의적인 가치의 수용)에 이르기까지 수많은 해석을 낳았다.[5] 이 연극이 제 2차 세계대전 기간 중 프랑스의 레지스탕스로서의 베게트의 개인적인 경험을 반영한다고 주장하는 이들도 있다. 하지만 베게트는 독자들이 고통스러울 정도로 혼란스러워하고 호기심 가득한 상태로 두기를 원하는 듯하다. 그는 "〈고도를 기다리며〉가 대성공한 것은 오해 덕분이다. 비평가와 대중 모두 우화적인 용어나 상징적인 용어로 정의를 거부하는 이 연극을 해석하느라 바쁘다."라고 말했다. 이와 마찬가지로 19세기 말에는 소설가 월터 베전트가 왕립연구소에서 한 강의, '소설이라는 예술'이 상당한 흥미를 자아냈다는 사실을 둘러싸고 논쟁이 한창이었다. 당시에 헨리 제임스[6]라는 작가는 "이는 삶과 호기심을 보여주는 증거다. 소설가의 형제애가 만든 호기심뿐만 아니라 독자가 만든 호기심이다."라며 "예술은 논쟁, 실험, 호기심, 다양한 시도, 견해의 교환, 관점의 비교를 먹고 산다."라고 덧붙였다.

호기심은 중세에 해악으로 비난 받다가 현대에 들어 미덕으로 칭송받기까지 현저한 재평가[7]를 거쳤다. 그렇다면 호기심은 도덕적으로 늘 옳고 바람직한 것일까? 예를 들어 이 세상에는 다소 기이하고 설명 불가능해 보이는 호기심도 존재한다. 바로 **병적인 호**

기심[8]이다. 파괴, 폭력, 훼손, 죽음을 다룬 장면은 왜 우리의 관심을 끄는 것일까? 이에 관해서는 최소한 세 가지 심리학 이론으로 설명을 할 수 있다(즉 진짜 이유는 확실히 알 수 없다).

첫째, 스위스 정신과의사 칼 융은 도덕성이라는 층 아래, 마음 속 깊은 곳에 묻혀 있을지라도 우리 모두에게는 어두운 면이 있다고 주장한다.[9] 이 주장에 따르면 우리의 섬뜩한 욕구는 금지된 욕망을 계속 억누르는 데에서 기인한 긴장을 완화하기 위한 시도다. 두 번째 이론은 타인의 불운[10]을 볼 때 수반되는 극도의 공포감은 속이 후련해지는 카타르시스적인 효과가 있어, 상황이 종료되면 구경꾼들은 마음이 편안해진다는 것이다. 이러한 주장은 아리스토텔레스 시대로 거슬러 올라간다. 아리스토텔레스는 울고 나면 마음이 편안해진다고 믿었으며 위대한 철학자 임마누엘 칸트 역시 그렇게 생각했다. 다소 그럴 듯한 세 번째 주장에 따르면, 병적인 호기심은 다른 이의 고통에 공감하는 것으로 긍정적인 사회관계를 장려하는 효과가 있다고 한다. 즉, 병적인 호기심은 보다 복잡한 사회성을 낳은 소위 사회적 뇌의 진화 양상으로 볼 수 있다는 것이다. 병적인 호기심은 그 존재 자체만으로도 우리가 온갖 형태의 호기심을 받아들이기 전에 최소한 주의를 기울여야 한다는 사실을 경고해준다. 우리는 TV 뉴스에서 보도되는 부정적인 이야기는 긍정적인 이야기보다 시청자에게 더 매력적으로 다가간다는 사실에도 유의해야 한다.[11]

그렇다면 오늘날 호기심과 관련된 활동 중 우리를 불편하게 만드는 것은 무엇일까? 미국국가안전보장국[NSA]이 수행하고 에드워드 스노든이 유출한 정부 차원의 시민 감시 역시 물론 심각한 걱정거리이지만 그게 전부는 아니다. 도청이라는 오래된 행위는 기술 덕분에 오늘날 수많은 버전으로 탄생하고 있다(도청이라는 용어는 원래 처마 아래 숨어 집 안에서 일어나는 개인적인 대화를 엿듣는 사람을 일컫는다. 흥미롭게도 영국에서 도청을 금지하는 구식 법은 1967년 형사법에서만 폐지되었다). 오늘날 도청 행위에는 감청, 이메일 해킹, 문자 메시지를 비롯한 기타 개인적인 의사소통 수단이 포함된다. 개인적인 공간을 침범하는 이 온갖 행위는 법원에서 허락하지 않는 한 불법이다. 구글, 페이스북, 아마존 같은 거대기업이 우리의 쇼핑 습관이나 의료 수요, 관심사항, 우리가 읽은 문학작품을 비롯해 우리가 개인적이며 사적이라고 여기는 정보를 반 비밀리에 수집하는 것은 많은 사람의 눈살을 찌푸리게 하는 호기심이라 하겠다. 물론 기술 기업들은 최소한 나사가 그들의 서버에 접속하는 것을 거부했지만 말이다. 파파라치가 유명 인사를 괴롭히는 것역시 수많은 소송을 낳는 동시에 기삿거리가 되고 있으며, 특정 종류의 과학 연구조차 인간을 대상으로 하거나 유전자 변형이 관련될 경우 비윤리적이라 여겨진다.

호기심에는 두 가지 의미가 내포되어 있다. 좋거나 나쁘거나, 합법적이거나 불법적이거나, 인정받거나 논란의 대상이 되거나. 내가 이 책에서 논의하고 강조한 버전은 인간의 지적 진화를 촉발하고 가속화하는 유익하고 도덕적인 호기심이다. 교육과 탐구를 유발하는 호기심이자 흥미롭고 우리 삶에 영감을 제공하는 호기심이다. 하지만 수용적인 입장에 있을 때에는 호기심의 부정적인 측면에 유의해야 한다.

　우리는 또 다른 질문도 생각해 봐야 한다. 검색 엔진이 등장하고 위키피디아가 존재하며 말 그대로 손가락만 까딱하면 원하는 정보를 얻을 수 있는 오늘날에는 수수께끼가 사라지며 (바람직한 형태의) 호기심이 감소하거나 완전히 해소될 수 있을까? 유튜브, 트위터, 위키피디아는 놀랄 줄 아는 우리의 능력을 잠식시킬까? 2016년 1월 1일, 〈월스트리트 저널〉에 등장한 '아이를 잘 가르쳐라: 아이들을 기술에서 떼어내라'라는 제목의 기사는 이러한 우려를 표현했는데, 이는 호주 철학자 루돌프 스타이너가 주장한 개념에 입각한 월도프 교육 프로그램에 영향을 미쳤다. 이 교수법은 상상력과 실질적인 경험의 중요성을 강조한다. 이 방침에 따라 월도프 학교는 10대 초반이 되기 전까지는 컴퓨터 기술을 가르치지 않는다. 하지만 나는 정보와 의사소통 기술이 호기심에 미치는 영향에만 관심이 있을 뿐 전반적인 교육 경험에 관해서는 별로 관심이 없었다.

　그럼에도 불구하고 이 같은 질문에 대한 양측의 주장이 예상되기에 인지과학자 재클린 고틀리브에게 그녀의 생각을 물어보기로 했다. "둘 다 맞는 말이죠." 그녀는 스카이프 통화에서 이렇게 말했다. "예를 들어, 저는 정보를 추구하는 호기심이 왕성한 사람이에요. 그래서 인터넷을 도구로 삼죠. 인터넷은 정말로 유용하거든요."

　나 역시 그녀의 말에 동의하는 바였지만 다른 측의 입장을 내세우지 않을 수 없었다. "그렇긴 하지만 당신은 이러한 도구 없이 자랐잖아요. 호기심이 왕성해질 수 있는 기회가 이미 있었던 것 아닐까요?" 나는 이렇게 물었다.

고틀리브는 이렇게 대답했다. "그럴지도 모르죠. 하지만 호기심은 대부분 자신의 머릿속에서 나와요. 사람마다 다른 거죠. 내적인 호기심의 강도가 높을 경우 인터넷이 영향을 미치지는 않아요. 내적으로 그다지 호기심이 왕성하지 않은 사람의 경우에는 인터넷이 영향을 미칠 수 있을지도 모르겠네요." 잠시 말을 멈추더니 그녀는 이렇게 덧붙였다. "학교에서 학생들의 학습을 권장할 경우 인터넷이 학생들의 호기심에 안 좋은 영향을 미칠 거라고는 보지 않습니다."

나는 이 주제가 향후 (수십 년은 아닐지라도) 최소한 몇 년 동안은 교육자와 심리학자의 관심을 사로잡을 거라고 본다. 게다가 인공지능의 활동이 두드러지면서(8장에서 마틴 리스와의 인터뷰를 참고하기 바란다), 이 대화는 앞으로 완전히 다른 방향으로 진행될지도 모른다. 하지만 전반적인 호기심에 미치는 영향과는 상관없이 인터넷은 과학의 발전에 기여하는 인지적 호기심을 멈추게 할 수는 없을 것이다. 과학은 우리가 답을 모르는 질문에 대한 호기심 때문에 발전하며 그러한 질문에 대한 답은 인터넷에서 찾을 수 없기 때문이다.

이제 트웨인의 『중세 로맨스』로 돌아갈 차례다. 난처한 입장에 처하게 된 주인공이 기억나는가? 그녀는 레이디 콘스탄스를 임신시켰다는 혐의에서 벗어나기 위해서는 자신이 사실은 여성이라는 사실을 밝혀야 하지만 그렇게 되면 금지된 자리에 오른 죄로 사형을 선고받게 될 터였다. 어떻게 하면 그녀를 구할 수 있을까? 방법은 다음과 같다. 클루겐스타인 경은 자신이 레이디 콘스탄스를 유혹하라고 카운트 데트진을 보냈기 때문에 그녀가 그의 아이를 임신한 거라고 말하지는 못할 것이다. 그렇다고 해서 카운트 데트진이 그녀를 유혹했다고 증언하기를 기대할 수도 없을 것이다. 그 자신의 목숨이 위태로워지기 때문이다. 레이디 콘스탄스의 명성을 깎아내리기 위한 악의적인 계획이 성공하려면 클루겐스타인 경은 공작의 궁전에서 이 비밀스러운 유혹을 목격한 다른 사람(하녀나 경호원)이 이를 증언하도록 만들어야 한다. 이 증인이 나설 경우 콘라드는 여성임을 밝히지 않고도 목숨을 구할 수 있을 것이다.

트웨인이 『중세 로맨스』를 이러한 결론으로 끝냈다면 이 이야기는 (해피엔딩이기는 하지만) 훨씬 덜 매력적이었을 것이다. 트웨인은 우리가 계속해서 호기심을 느끼도록 만듦으로써 잊을 수 없는 인상 깊은 효과를 연출했다.

17세기 변호사이자 수학자인 피에르 페르마[12]는 『산술』이라는 책의 귀퉁이에 간결한 메모를 함으로써 보다 극적인 위업을 달성했다. 그는 "나는 이 귀퉁이에 다 적기에는 모자란 너무 위대한 증명을 발견했다."라고 적었다. 페르마 역시 발견하지 못한 게 확실한 이 증명은 '페르마의 마지막 정리'로 숫자 이론에서 가장 유명한 이론이다. 페르마의 흥미로운 노트에 영감을 받아 호기심이 왕성한 수학자들은 수 세대에 걸쳐 이 이론을 입증하기 위해 노력했으나 아무도 성공하지 못했다. 그러다가 영국 수학자 엔드류 와일이 마침내 이 이론을 완벽하게 증명했고 관련된 두 개의 논문(수학자 리처드 테일러와 공동 집필)이 1995년에 출간되었다. 페르마가 책 귀퉁이에 적은 노트에서 촉발된 호기심은 358년이나 지속된 주요한 수학적 탐구를 낳은 것이다.

이 책을 통해 호기심 있는 사람은 잃을 게 거의 없는 사람이라는 사실을 내가 잘 전달했기를 바란다. 중세시대에 인간을 특징짓는 지식의 독단적인 허세를 버리고 그것을 호기심으로 대체한 우리는 이제 새로운 삶의 방식을 도입하고 있다. 호기심은 전염된다고들 한다. 그 말이 사실이라면 나는 "호기심을 유행병으로 만들자."라고 조언하고 싶다. 레오나르도가 5천 년 전에 말한 것처럼 "무지를 무시할 경우 우리는 잘못된 길로 가게 된다. 오! 불행한 인간이여, 눈을 뜨기를!"

미주

1장

1 이 소설은 1894년 12월 6일, 〈한 시간 꿈〉이라는 제목으로 〈보그〉에서 처음 선보였다. (Chopin 1894.7)

2 1820년과 1825년 사이에 〈런던 매거진〉에 선보인 『엘리아 산문집』 중 〈발렌타인데이〉.

3 Bateson 1973, McEvoy & Plant 2014.

4 르두는 두 권의 인기 있는 저서(Ledoux 1998, 2015)에서 공포와 놀라움에 대해 기술했다.

5 벌린은 중대한 논문(Berlyne 1950, 1954a, b, 1978)과 영향력 있는 저서(Berlyne 1960)를 출간했다.

6 홉스는 『리바이어던』에서 이렇게 말했다. "이유와 방법을 알고 싶은 욕망인 호기심은 인간에게서만 발견된다. 따라서 인간은 이성뿐만 아니라 이 단순한 열망으로도 다른 동물과 구별된다. 동물의 경우 식욕을 비롯한 기타 감각적 욕망이 우세하기 때문에 무언가를 알고자 하는 마음의 욕망이 들어설 자리가 없다. 변치 않는 지식을 향한 즐거움은 여타 성욕에서 느끼는 짧은 격렬함을 초월한다." Hobbes 1651, 1부, 1장, 26페이지.

7 아인슈타인은 1952년 3월 11일, 칼 실리그에게 편지를 썼다. 히브루대학교의 아인슈타인 아카이브 39-013, 실리그는 스위스 기자이자 작가로 1952년 아인슈타인의 자서전 『알버트 아인슈타인과 스위스(Alber Einstein und die Schweiz)』를 출간했다.

8 Zuckerman 1984, Zuckerman & Litle 1985.

9 영국 과학자 조지 파커 비더는 해류 연구를 위해 천 개가 넘는 병을 바다에 던졌고, 그 중 하나가 108년 후에 발견되었다. 관련 이야기는 www.cnn.com/2015/08.25/europe/uk-germany-message-in-a-bottle/참고.

10 풀브라이트 하계언어연구 장학프로그램은 셰블린에게 아일랜드에서 공부할 수 있는 자격을 수여하기까지 했다. 관련 이야기는 www.nytimes.com/2011/10/23/nyregion/character-study-ed-shevlin.html 참고.

11 20년 후 관련 사건에 대한 묘사는 Levy 2014 참고.

12 이 그림은 소설에도 영감을 주었다. Siegal 2014.

13 Biederman & Vessel 2006.

14 마르쿠스 툴리우스 키케로는 『최고선악론』 17권 5장에서 이렇게 말했다. Cicero, 1994, 449페이지, Zuss 2012에서도 논의됨.

15 이 문구는 1980년 4월 6일 〈르 몽드〉지에 실린 크리스티앙 들라캉파뉴와의 인터뷰, '가면을 쓴 철학자'에서 인용했다. 푸코는 자신의 이름이 독자에게 영향을 미치지 않도록 가명을 선택했다. 원문의 번역본에서 부정확한 부분이 수정된 Foucault 1997에서 인터뷰 내용을 찾아볼 수 있다.

16 Clark 1969, 135페이지.

17 파인만과의 인터뷰, "파인만 시리즈-호기심"(http://www.youtube.com/watch?v=ImTmGLxPVyM)

18 프리초프 카프라는 위대한 저서 『레오나르도로에게서 배우기(Learning from Leonardo)』, Capra 2013, 1페이지에서 이와 비슷한 관점을 표했다.

19 칙센트미하이와 1996년에 진행한 100건이 넘는 인터뷰를 바탕으로 한 흥미진진한 토론.

20 hubblesite.org/newscenter/archive/release/1994/image/a/gormat/web_print/에서 첫 충돌이 일어난 직후 이미지의 전체 모습을 볼 수 있다.

2장

1 Vasari 1986, 91페이지.

2 레오나르도는 이러한 감정을 조금 다른 방식으로 여러 번 표출했다. 예를 들어 MS. E, folio 552에서 그는 "나는 경험을 먼저 인용하고자 한다."고 말했다. 이 인용구는 Nuand 2000에서도 등장한다.

3 Richter 1970. https://en.wikisource.org/wiki/The_Notebooks_of_Leonardo_Da_Vinci.나 MacCurdy 1958도 참고.

4 Vasari 1986, 91페이지.

5 책의 목록은 Reti 1972에서 찾아볼 수 있다. 이 목록은 1968년, 런던의 〈벌링턴 매거진〉에서 처음 소개되었다.

6 Giovio 1970.

7 바사리(1986, 116페이지)는 교황 레오 10세가 레오나르도에게 특정 작업을 맡겼는데 레오나르도는 "광택제를 만들기 위해 기름과 허브를 섞기 시작했고" 이에 교황은 불만을 표했다고 전한다.

8 인용구 전체는 "완벽한 마음을 가꾸기 위해서는 예술의 과학을 공부해라. 과학의 예술을 공부해라. 보는 법을 배워라. 모든 것은 다른 모든 것과 연결되어 있다는 사실을 깨달아라."이다.

9 이 그림은 밀라노 산타 마리아 델레 그라치에 성당에 걸려 있다. 이 그림의 다양한 요소에 대한 훌륭한 설명은 Kelle 1983, 21페이지에서 찾아볼 수 있다. 〈최후의 만찬〉을 전적으로 다룬 책으로는 Barcilon & Marani 2001, King 2012가 있다.

10 레오나르도는 죽을 때까지 이 그림을 갖고 있었다. 최고의 복제 인쇄품은 Zollner 2007에 실려 있다. 이 그림에 대한 아름다운 묘사와 토론은 Clark 1960에서 찾아볼 수 있다.

11 이 제목은 로버트 번스의 〈샌터의 탬〉라는 시(1759-1796)에서 가져왔다.

12 2008년 과학 전기 사전에는 레오나르도의 해부학, 생리학, 기술, 공학, 역학, 수학, 기하학 연구에 관해 케니스 킬, 라디슬리오 레티, 마샬 클라게트, 아우구스토 마리노니, 세실 슈니어 간에 이루어진 훌륭한 토론이 담겨 있다. Gillispie 2008. Kemp 2006, Keele 1983, Galluzzi 2006, Capra 2013, White 2000에서도 방대한 해석을 찾아볼 수 있으며, 레오나르도의 뇌 연구는 Pevsner 2014에 잘 묘사되어 있다.

13 Hart 1961과 Gillespie 2008에 실린 케니스 킬의 기사에서 구체적인 내용을 찾아볼 수 있다.

14 Bambach 2003에서 찾아볼 수 있다.

15 MacCurdy 1958, Richter 1952.

16 Galileo 1960.

17 Nunberg 1961, 9페이지. 원문에서 강조.

18 Ackerman 1969, 205페이지에 잘 나와 있다.

19 〈시러큐스 포스트 스탠더드〉는 1911년 3월 28일자 기사에서 이 문구를 사용했다. 이 신문사는 편집자 아서 브리즈번의 말을 인용한 듯하다. 그는 "사진을 사용해라. 이는 수 천 가지 단어와 맞먹는 가치가 있다."고 말했다.

20 MacCurdy 1958, 100페이지.

21 그가 집필한 중요한 저서로는 Pedretti 1957, 1964, 2005 등이 있다. 페드레티는 윈저 컬렉션이 소장하고 있는 레오나르도 복제품의 공동편집자이기도 하다. Clark & Pedretti 1968.

22 Kemp 2006에 나와 있다.

23 『회화론』, 55절. 레오나르도의 과학 기법에 관한 토론은 Keele 1983, 131페이지 참고.

24 로얄 라이브러리, 윈저 캐슬, RL 12579r. Zollner 2007, 525페이지에 아름답게 재구성되어 이다. Gombrich 1969, 171페이지에서 다룸.

25 상세한 이미지를 Zollner 2007에서 찾아볼 수 있다. 이 그림은 현재 워싱턴 DC에 위치한 국립미술관에서 소장하고 있다(알리사 멜론 브루스 재단, 1967)

26 Gillispie 2008, 193페이지에 실린 킬의 기사에 잘 나와 있다.

27 예를 들어 『회화론』의 15절.

28 레오나르도의 곡선기하학 연구에 관한 흥미로운 분석은 Wills 1985 참고.

29 윈저 컬렉션, fol. 19118v, MacCurdy 1958, 85페이지.

30 Leonardo 1996, sheet 3B/folio 34r.

31 코덱스 아틀란티쿠스, fol. 281v-a.

32 McMurrich 1930.

33 이 제목은 테니슨의 시 〈진홍빛 꽃잎은 이제 잠들고〉에서 차용했다.

34 레오나르도의 심장 연구에 관한 구체적인 묘사와 철저한 분석은 Keele 1952에 나와 있다.

35 Zeldin 1994, 194페이지.

36 레오나르도는 심실을 상징하는 주머니를 유리 모형에 부착한 뒤 주머니를 쥐어짜 물이 대동맥판막으로 빠져나가도록 했다.

37 레오나르도는 심장 타진의 자극이 신체의 말단에서 완전히 소진되었다고 생각하는 등 혈액 순환을 제대로 이해하지 못했다.

38 레오나르도는 인간 심장의 작동과 새의 비행에서 물의 흐름, 다양한 기계에 이르기까지 다른 수많은 주제와 연관지어 이 힘에 대해 얘기했다(예를 들어, 코덱스 마드리드 I, 128v에서). Keele 1983, 4장에서 이와 관련된 훌륭한 논의를 엿볼 수 있다. 레오나르도는 중력에 대해 "모든 중력은 세상의 중심을 향해 연장된다."고 말하기도 했다. 코덱스 아틀란티쿠스, fol, 246r-a.

39 레오나르도의 시도는 Zubov 1968에 잘 나와 있다.

40 이 제목은 워즈워스의 시 〈소요〉에서 차용했다.

41 코덱스 아틀란티쿠스, 154 r.c. 이 문구의 조금 다른 번역도 존재한다(예. MacCurdy 1958, 64페이지).

42 코덱스 포르스터, II, fol, 92v.

43 Richter 1883, 2권, 395페이지.

44 Schilpp 1949, "자전적 기록."

45 Csikszentmihalyi 1996, 3장.

46 예를 들어, Freud 1916, Farrell 1966. 1476년, 익명의 인물이 레오나르도가 동성애자라는 주장을 했으나 결국 아닌 것으로 밝혀졌다.

47 주의력결핍장애의 주요 특징은 www.russellbarkely.org/factsheets/adhd-facts.pdf

에 나와 있다. 미국정신의학회의 정신장애 진단 및 통계 편람(DSM-5), 2013년도 참고.

48 2014년 10월 7일에 인터뷰함.

49 2014년 10월 30일에 인터뷰함. 지능이 뛰어난 사람이라는 주제는 융이 검토함 (2014).

50 Paloyelis 외 2010, 2012, Lynn 외 2005.

51 Collins 1997.

52 Kac 1985, xxv페이지.

3장

1 파인만은 Feynman 1988, 55페이지에서 이 이야기를 전한다.

2 Lange 외 1995, Rieson & Schnider 2001에 관련 실험이 나와 있다.

3 플렉사곤은 영국 수학자 아서 해럴드 스톤이 1939년 프린스턴 대학 재학 시절 발견했다. 대학원 동기 사이였던 브라이언트 턱커맨과 리처드 파인만, 수학 강사 존 터키는 '프린스턴 플렉사곤 위원회'를 설립했다.

4 파인만은 양자 컴퓨팅에서 선구적인 업적을 달성했다(Feynman 1985a).

5 Zorthian, J. H., "우리 둘 다 레오나르도를 존중하지." Feyman 1995a, 49페이지.

6 Feynman 1985, 261페이지.

7 코덱스 포르스터 III 44v. 레오나르도는 "화가는 자연과 씨름하고 경쟁한다."는 더욱 강력한 진술을 하기도 했다. MacCurdy 1958, 913페이지.

8 프랑스 심리학자 클로드 베르나르(1813-1878)의 말을 인용, 뉴욕 의학 아카데미 단신, 4권(1928), 997페이지.

9 Feynman 1985, 263페이지.

10 Feynman 외 1964 I권, 강연 3, "물리학과 다른 과학의 관계," 3-4부, "천문학," feymanlectures.caltech.edu에서 볼 수 있다.

11 〈라미아〉, 2부, 234번째 줄에서 인용. 이 시는 1819년에 쓰였으며 1820년에 출간되었다. 원문은 www.bartleby.com/126/37.html에서 볼 수 있다.

12 〈라오콘〉 동판화에 대한 블레이크의 주석에서, 원문은 www.betatesters.com/penn/laocoon.him에서 볼 수 있다.

13 Feynman 외 1964, 1권, 강연 3, "물리학과 다른 과학의 관계," 3-4부.

14 Feynman 1995a, 27페이지.

15 1994년 조시안과의 스카이프 통화, 104페이지. 파인만은 호색가로 유명했으며 이따금 성차별적인 발언을 내뱉기도 했다. 캘리포니아 공과대학의 기록보관 담당자

인 주디스 굿스타인과 물리학자 데이비드 굿스타인은 파인만이 관심을 보인 대상에 여성도 포함시켜야 한다고 제안하기까지 했다. 파인만의 이러한 특성이 사실이라면 이는 비난받을 만하다. 하지만 이 장에서 파인만의 종합적인 전기를 다룰 생각은 없다. 그가 이 세상에서 가장 호기심 넘치는 사람 중 하나였다는 사실을 입증하는 것이 이번 장의 목표다. 비난을 살 만한 그의 특징을 다룬 훌륭한 기사는 Lipman 1999에서 찾아볼 수 있다.

16 2014년 11월 3일에 나눈 대화.

17 1994년, 캐슬린 맥알파인-마이어와의 스카이프 통화, 110페이지.

18 갈루치는 뉴욕 이탈리아 아카데미에서 2011년 3월 30일, '빛의 그림자: 촛불에 관한 레오나르도의 생각'이라는 제목의 강의를 했다. 이 강의는 italianacademy. columbia.edu/event/shadow-light-leonardos-mind-by-candlelight에서 볼 수 있다.

19 파인만은 1948년 봄, 소규모 과학 모임에서 이 도표를 선보였다. 이 도표에 대한 이야기와 물리학에서 이 도표의 응용에 관해서는 Kaiser 2005에서 훌륭하게 설명하고 있다. 자연에 관한 생각의 아름다움과 물리학의 상관관계에 관한 통찰력 있는 묘사는 Wilczek 2015와 Feynman 1985b 참고.

20 전자 자기모멘트의 가장 정확한 측정치는 Hanneke 외 2008에서 찾아볼 수 있다. 결과물에 대한 간략한 설명은 gabrielse.physics.harvard.edu/gabrielse/resume.html 참고.

21 Gleick 1992, 244페이지.

22 Feynman 외 1964, 1권, 강연 3에 간략하게 요약되어 있다.

23 흥미롭게도 파인만이 양자 컴퓨팅에 도입한 개념('파인만 게이트'라 알려져 있음)은 현재 DNA와 산화 그래핀을 통합함으로써 구현할 수 있다.

24 이 서신은 Feynman 2005, 245~48페이지에서 찾아볼 수 있다.

25 Feynman 2001, 27페이지. 파인만은 이 일화가 아서 에딩턴에 관한 이야기라고 했다. 하지만 에딩턴은 결혼을 하지 않은 퀘이커 교도로 평생을 보냈기 때문에 이 일화는 후터만스에 관한 것일 거라는 추측이 있다.

26 윌리엄 W. 코벤트리의 "과학적인 삶의 간략한 역사(wcoventryo.tripod.com/id24. htm.)"에서 인용된 조시안의 말. 겔만 역시 파인만이 "자신에 관한 우화를 만드는 데 상당한 시간과 에너지를 쓴다."고 투덜거렸다.

27 Gleick 1992, '에필로그'에서 인용.

28 2014년 12월 11일에 나눈 대화.

29 1959년 12월 29일, 미국 물리학 협회의 연례회의에서 진행된 '바닥에는 공간이 충분하다'는 제목의 연설에서. 이 연설은 1960년 2월, 〈공학과 과학〉의 23:5에 처음 선보였다(www.zyvex.com/nanotech/feynman.html). 파인만은 1/64인치 크기의

회전 전동기를 만들 수 있는 사람에게도 상을 주었고 이 상은 윌리엄 멕렐란에게 돌아갔다.

30 1986년 1월, 〈과학과 공학〉 25페이지에 기재된 '작은 이야기, 상금을 받다.'라는 제목의 기사에 그의 이야기가 실렸다.

31 Tan 외 2014에 관련 실험이 나와 있다.

32 '세상에서 가장 작은 성서는 펜 머리에 들어갈 것이다.'라는 제목의 2015년 뉴스기사 참고(www.cnn/2015/07/06/middleeast/israel-worlds-smallest-bible/).

33 스카이프 통화, 1994, 253페이지.

34 스카이프 통화, 1994, 254페이지, 문장의 첫 부분만 인용. 파인만이 마지막으로 남긴 말의 조금 다른 버전("나는 두 번 죽는 게 싫다.")을 Gleick 1992, 438페이지에서 찾아볼 수 있다. 조안 파인만은 나와 나눈 대화에서 자신의 버전이 옳다고 주장했다.

35 Clark 1975, 157페이지.

36 코덱스 아틀란티쿠스, 252, r.a. 이 인용구는 MacCurdy 1958, 65페이지에 나와있다.

4장

1 Silvia 2012.

2 Spielberger & Starr 1994.

3 Dennett 1991, 21-22페이지.

4 Kidd & Hayden 2015에는 호기심의 정의를 둘러싼 일부 쟁점에 대해 잘 나와 있다.

5 슐츠는 아주 어린 아이가 그러한 상황에 반응하는 방식을 연구했다. Cook 외 2011, Muentener 외 2012, Bonawitz 외 2011 참고.

6 http://www.statista.com/statistics.398166/us-instagram-user-age-distribution/

7 벌린은 위대한 저서(Berlyne 1960) 말고도 호기심에 관해(1949), 독창성에 관해(1950), 지각적 호기심에 관해(1957), 복잡성과 독창성에 관해(1958) 등 매우 영향력 있는 논문을 썼다. 구체적 호기심에 관한 기사는 Day 1971 참고.

8 벌린에 관한 훌륭한 부고는 Konecni 1978에서 찾아볼 수 있다. www.psych.utoronto.ca/users.furedy.daniel_berlyne.htm도 참고.

9 Day 1977.

10 Konecni 1978.

11 윌리엄 제임스는 20세기에 등장한 수많은 개념의 기반을 닦는 데 기여한 철학계의 거장이다. 심리학 분야에서 그가 달성한 업적은 James 1890에 요약되어 있다. 과학

적인 호기심에 관한 그의 주장은 2권에 등장한다. 그는 과학적 호기심을 독창성을 추구할 때 수반되는 흥분과 걱정이 뒤섞인 감정과 구분했다. 현대 용어로 표현하자면 인식적 호기심을 지각적이고 다양한 호기심과 구별하는 것과 동일하다 하겠다.

12 호기심을 다룬 현대 연구의 상당수가 뢰벤슈타인이 쓴 기사(1994)에서 영감을 받았다.

13 지식과 호기심의 관계는 이전에도 연구된 바 있다. Jones 1979, Loewenstein 외 1992 참고.

14 보다 수학적으로 말하면 불확실성은 엔트로피($\Sigma_{i=1}^{n} p_i \, log_2 \, p_i$, p_i는 결과 i의 개연성을 의미한다)를 통해 수량화된다.

15 Litman & Jmerson 2004, Kang 외 2009. Deci & Ryan 2005, Hart 1965도 참고.

16 Loewenstein 1994, Loewenstein 외 1992, Eysenck 1979, Litman 외 2005, Hart 1965.

17 Silvia 2006 참고.

18 독자는 높은 불확실성에서 낮은 불확실성으로 인도된다. Gottlieb 외 2013 참고.

19 Emberson 외 2010.

20 Gottlieb 외 2013에 잘 나와 있다. 기본적으로 말해, 우리는 세상을 바라보는 기존의 시각을 바탕으로 새로운 정보를 받아들여야 한다. Beswick 1971도 참고.

21 Litman 2005, Kashdan & Silvia 2009(34장), Spielberger & Starr 1994 참고.

22 Ainley 2007.

23 Wilson 외 2005.

24 키츠는 1817년 12월 21일, 형제들에게 보내는 편지에서 이 용어를 처음 사용했다. Keats 2015에서 편지의 내용을 찾아볼 수 있다. 키츠가 친구와 가족에게 쓴 모든 편지는 『Letters of John Keats's to His Family and Friends』라는 제목의 e-book(시드니 콜레인 편집)으로 무료로 제공된다.

25 Unger 2004, 279페이지.

26 Dewey 2005, 33페이지.

27 classics.mit.edu/Plato/meno.html Inan 2012, 16페이지 참고.

28 https://www.youtube.com/watch?veqGiPelOikQuk에서 볼 수 있다.

29 영국의 쉬운 영어 사용 캠페인에서 매년 이 상을 수여한다.

30 Berlyne 1970, 1971, Sluckin 외 1980. Silvila 2006, Edwards 1999, 399-402페이지, Lawrence & Nohria 2002, 109-14페이지도 참고. 보다 광범위한 토론은 Lesile 2014 참고.

31 분트(1832-1920)는 '실험 심리학의 아버지'라 불리기도 한다. 그의 곡선은 Wundt 1874에 나와 있다.

32 Berlyne 1971.

33 나중에 논의하겠지만 호기심이 뇌의 주요 보상 체계인 도파민작용성 시스템을 활성화시킨다는 증거가 존재한다(Redgrave 외 2008, Bromber-Martin & Hikosaka 2009).

34 LeDoux 2015.

35 Silvia 2006 참고.

5장

1 Ryan & Deci 2000, Silvia 2012, Kashdan 2004 참고.

2 Spielberger & Starr 1994.

3 Litman 2005. 리트만은 실험과 연구를 통해 I 호기심과 D 호기심을 계속해서 살펴보았다. Litman & Silvia 2006, Litman & Mussel 2013, Piotrowski 외 2014 참고.

4 이는 "호기심 이해하기 : 행동적, 계산적, 신경학적 기제"라는 제목의 제안서(2015)에 자세히 나와 있다. 나는 2014년 8월과 2016년 1월 20일에 고틀리브와 인터뷰를 나누었으며 셀레스테 키드와는 2015년 6월 2일 인터뷰를 진행했다. Risko 외 2012 참고.

5 McCrae & John 1992.

6 빅 파이브는 거의 모든 심리학 교과서에 등장한다. Schacter 외 2014 참고. 최초의 버전은 Costa & McCrae 1992에 등장했으며 그 이후로 NEO Five-Factor Inventory-3(2010년에 출간) 등에 개정된 버전이 등장했다.

7 내적 동기에 관해서는 Oudeyer & Kaplan 2007 참고.

8 그녀가 수행한 실험의 결과는 Baranes 외 2014에 나와 있다. 자율적인 탐구에 관한 일반적인 질문은 Gottlieb 외 2013에서 찾아볼 수 있다.

9 내적 동기의 일반적인 역할은 기량의 목록을 늘리는 데 기여하는 거라고 여겨진다. Mirolli & Baldassarre 2013, 49페이지에서는 지식에 기반한 내적 동기와 경쟁에 기반한 내적 동기를 모두 다루고 있다.

10 로라 슐츠의 TED 연설, '아기들의 놀라울 정도로 논리적인 마음(http://www.ted.com/talks/laura_schulz_the_surprisingly_logical_minds_of_babies?)에 잘 나와 있다. 저자와 2012년 6월 25일에 나눈 대화도 참고.

11 스펠크와 나눈 멋진 인터뷰는 〈뉴욕타임즈(Angier 2012)〉에 실려 있다. 저자는 그녀와 2012년 6월에 대화를 나눴다.

12 McCrink & Spelke 2016.

13 Lee 외 2012, Winkler-Rhoades 외 2013.

14 Kinzler 외 2012, Shutts 외 2011.

15 정신의 초기 발달을 이해하기 위해 고안된 광범위한 실험은 런던 버벡대학교의 '베이비랩'에서 진행되었으며, 연구진은 2년 반 동안 아기들의 뇌와 행동을 측정했다. Geddes 2015 참고.

16 Kidd 외 2012. 저자와 2015년 6월 2일에 나눈 대화도 참고.

17 Schulz & Bonawitz, 2007.

18 Gweon & Schulz 2011. Schulze 2012도 참고. 아쥬라 루게리와 동료들이 수행한 실험 결과 어린 아이조차도 정보 획득의 효율성을 높이는 탐구 전략을 택한다는 사실을 알 수 있다. Ruggeri & Lombrozo 2015.

19 동기부여에 관한 초창기 현대 연구로는 White 1959가 있다. 인과 관계를 구축하려는 진화론적인 욕망에 관한 훌륭한 설명은 Gopnik 2000 참고.

20 Baraff Bonawitz 외 2012.

21 Giambra 외 1992, Zuckerman 외 1978.

6장

1 이 기술에 대한 설명은 www.ndcn.ox.ac.uk/divisions/fmrib/what-is-fmri-introduction-to-fmri 참고.

2 전문용어로 '혈역학 반응'이라 한다.

3 Kang 외 2009.

4 예를 들어, 병적인 도박꾼의 경우, 전두엽 피질과 보상 체계 간에 기능적인 연결성이 높다는 사실이 밝혀졌다(Koehler 외 2013).

5 (호기심을 촉발시키는) 보상 기대 심리에 따른 동기부여 상태는 기억력을 향상시킨다는 사실을 입증하는 수많은 연구가 존재한다. Wittman 외 2011, Shohamy & Adcock 2010, Murayama & Kuhbandner 2011.

6 저자와 2016년 2월 4일, 대화를 나누었다. 그녀의 연구 결과는 Jepma 외 2012에서 찾아볼 수 있다.

7 전방의 대상 피질과 앞뇌섬. 상충되는 상황에서 전방의 대상 피질의 역할에 대해서는 van Veen 외 2001 참고.

8 좌 미상, 피곡, 중격의지핵 같은 선조 영역. 보상 기제에 관해서는 Cohen & Blum 2002 참고.

9 재클린 고틀리브가 저자에게 친절하게 제공해준 "호기심 이해하기: 행동적, 계산적, 신경학적 기제"라는 제목의 제안서(2015)에 잘 요약되어 있다.

10 Gruber 외 2014.

11 2014년 10월 2일, 〈메디칼 데일리〉에서 레시아 부샤크와의 인터뷰(www.

medicaldaily.com/how-curiosity-enhances-brain-and-stimulates-reward-system-improve-learning-and-memory-306121).

12 Anderson & Yantis 2013.

13 Blanchard 외 2015. 안와전두피질의 역할에 관한 중대한 연구는 Stalnaker 외 2015 참고.

14 Voss 외 2011.

15 이 경우 특정 시점의 파동의 강도는 시간에 따라 변한다(Alexander 외 2015).

16 Open Science Collaboration 2015.

17 Gilbert 외 2016. 연구진들은 그들의 분석이 재생산 프로젝트의 결과를 '완벽하게 무효화한다.'고 주장한다. 하지만 Anderson 외 2016은 Gilber 외를 재분석한 것은 선택적 추정이라며 이에 반박했다. 또 다른 통계적인 재평가는 Etz & Vanderkerckhove 2016 참고.

18 Kaplan & Oudeyer 2007.

19 Tavor 외 2016.

20 분자 수준에서 일부 발전이 이루어지기도 했다. 과학자들은 쥐의 치상회에서 단백질 신경 칼슘 센서-1을 늘린 결과 탐구적 행동과 기억력이 향상된다는 사실을 발견했다(Saab 외 2009). 조류학자들은 단백질-코데인 유전자 DRD4가 명금의 탐구적 행동을 촉발시킬 수 있다는 사실을 발견했다(Fidler 외 2007).

21 Kahneman 2011, 67-70페이지에서 논의됨.

7장

1 대중적인 수준에서 뇌와 정신을 다룬 훌륭한 책이 많다. 뇌의 구조에 관해서는 Eagleman 2015와 Carter 2014, 정신이 작동하는 방식에 관해서는 Pinker 1997가 있으며 Gregory 1987은 뇌와 정신의 개념에 관한 방대한 편집본이다. 구체적인 소개는 O'Shea 2005, 브리타니카 백과사전 2008 참고.

2 그녀의 연구 성과가 담긴 논문으로는 Herculano-Houzel 2010, 2011, 2012a, Herculano-Houzel & Lent 2005, Herculano-Houzel 외 2007, 2014가 있다. 뇌의 크기, 신경세포의 수, 스케일링 규칙에 관한 보다 대중적이고 통합적인 진술은 Herculano-Houzel 2016 참고.

3 Herculano-Houzel 외 2007.

4 신경세포 수와 몸무게 간에는 지수 1.7의 거듭 제곱 관계가 성립한다.

5 이들은 행동의 복잡성을 통해 지능을 측정했다. 연구진들은 지능이 신경 활동의 속도와도 관계가 있다는 사실을 발견했다. 신경 활동의 속도는 신경세포의 밀도가 높

을수록 증가한다고 여겨진다.

6   Povinelli & Dunphy-Leii 2001.

7   Wang 외 2015.

8   구체적인 시간-예산 모델은 Lehnamm 외 2008 참고.

9   Fonseca-Azevedo & Herculano-Houzel 2012에서 설명하고 있으며, Herculano-Houzel 2016에서 대중적인 용어로 기술하고 있다.

10 루시의 이야기는 Johanson & Wong 2009, Johanson & Edy 1981에 자세히 나와 있다. 루시의 발견과 그 의미를 다룬 다른 책으로는 Tomkins 1998, Mlodinow 2015, Stringer 2011이 있다.

11 인간 진화에 관한 모든 문서에서 논의되고 있다. Steudel-Numbers 2006, Van Arsdale 2013 참고.

12 Baily & Geary 2009, Coquengniot 외 2004. Herculano-Houzel 2016에서도 광범위하게 논의되고 있다.

13 Wrangham 2009.

14 Aiello & Wheeler 1995는 호미닌이 언제부턴가 전체 소비 비율은 거의 그대로 유지한 채 내장을 운영하는 것보다 뇌를 운영하는 데 더 많은 에너지를 소비하기 시작했다고 주장한다. Isler &van Schaik 2009도 참고.

15 Bellomo 1994, Berna 외 2012, Gowlett 외 1981.

16 Goren-Inbar 외 2004.

17 C. 로링 브레이스는 불이 요리에 체계적으로 사용된 것은 20만 년이 채 되지 않는다고 주장한다. Dunbar 2014와 Gibbons 2007의 간략한 설명도 참고.

18 Dunbar 2014.

19 인간 언어의 기원과 진화에 대해서는 광범위한 견해가 존재한다. Carstairs-McCarthy 2001, Tallerman & Gibson 2012 참고. 구체적인 이론은 Jungers 외 2003, Deacon 1995 참고. FOXP2 유전자의 잠정적인 역할은 Enard 외 2002에서 논의됨. 이론적인 언어학과 인지 신경과학 간의 상호 작용은 Moro 2008 참고.

20 현대의 수많은 학자가 이 같은 관점을 취하고 있으며 Pinker 1994에서 훌륭하게 기술하고 있다. 핑커는 언어가 본능이라고 주장한다.

21 영향력 있는 언어학자 노암 촘스키가 주장했다. Chomsky 1988, 1991, 2011 참고. 촘스키는 인간의 뇌에는 보편적인 문법이 내장되어 있다고 주장한다.

22 Dunbar 1996, 2014.

23 Angier 2012.

24 잭 갈란트와 동료들이 수행한 연구가 담긴 멋진 영상은 http://www.youtube.com/watch?v=k6lnjkx5aDQ에서 볼 수 있다.

25 Rappaport 1999.

26 Power 2000.

27 Henshelwood 외 2011.

28 인류 문명의 역사에 관해 가장 최근에 이루어진 간략하고 대중적인 설명은 Harari 2015, Mlodinow 2015 참고.

29 과학 혁명과 이와 관련된 패러다임 변화에 관한 전형적인 문서로는 Kuhn 1962와 Cohen 1985가 있다. 보다 최근 관점은 Wootoon 2015 참고.

8장

1 편집자 윌리엄 밀러의 회고록에서, 1995년 5월 2일, 〈라이프〉에서 인용.

2 〈뉴욕 타임즈〉는 2009년 3월 25일, '시민의 이단아'라는 제목으로 다이슨의 프로필을 실었다(니콜라스 다위도프). 다이슨의 전기는 Schewe 2013 참고.

3 인터뷰는 2014년 7월 30일에 진행되었으며 그 후 이 메일을 주고받았다.

4 Dyson 2006, 7페이지.

5 〈에어 앤 스페이스〉는 '베테랑 우주비행사 스토리 머스그레이브 : 우주 궤도선 다섯 개에 전부 탑승한 유일한 인물'이라는 제목으로 2010년 8월, 머스그레이브와의 인터뷰 기사를 실었다(다이엔 테데쉬 작성).

6 인터뷰는 2014년 8월 7일 진행되었다.

7 Harman 1974, Otero 1994 등 촘스키와 그의 사상을 다룬 책이 꽤 있다. 나에게 특히 유용했던 책은 McGilvray 2005다.

8 가장 최근 저서인 『Who Rules the World?(누가 세상을 지배하는가?)』는 2016년 5월 10일 출간되었다.

9 이 메일은 2014년 7월 6일 주고받았다.

10 Wang 외 2015.

11 이 인터뷰는 2015년 9월 24일에 이루어졌다. 자노티는 2015년과 2016년, 〈포브스〉 선정 '세상에서 가장 영향력 있는 여성 100인'에 뽑혔다.

12 '신의 입자'라는 이름은 물리학자 레온 레더만이 창안했으나 힉스 입자라는 이름을 따온 피터 힉스조차도 이 이름을 좋아하지 않는다. 40년의 연구 끝에 힉스 입자를 발견한 것은 수십 년 간 과학계에서 달성한 가장 중요한 성과 중 하나다. 이 발견은 Carroll 2012, Randall 2013를 비롯해 마크 레빈슨, 데이비드 카플란, 안드레아 밀러, 칼라 솔로몬, 웬디 색스가 제작한 다큐멘터리 〈파티클 피버〉에 잘 나와 있다.

13 저자는 2015년 10월 25일 마틴 리스와 인터뷰를 했다. 그의 인기 있는 과학서로는 『인간생존확률 50:50』, 『여섯 개의 수(Just Six Numbers)』, 『태초 그 이전(Before the Beginning)』이 있다.

14 테드 연설에서 리스는 우주론과 다가올 세기 인류의 도전과제에 대해 설명했다 (www.ted.com/talks/martin_rees_asks_is_this_our_final_century). 그는 Rees 2003에서도 이러한 위험성을 설명한 바 있다.

15 인터뷰는 2015년 11월 19일에 진행되었다. 메이의 간략한 전기는 http://brianmay.com/brian/blog.html에서 볼 수 있다.

16 메이의 열정에 관한 기사는 www.theguardian.com/artanddesigh/2014/oct/20/brian-may-stereo-victorian-3d-photos-tae-britain-queen에서 볼 수 있다.

17 관련된 간략한 설명은 Livio & Silk 2016 참고.

18 뉴질랜드 출신의 정치적인 과학 연구자 제임스 플린은 지능 점수는 대대로 크게 변하기 때문에 표준 목록은 자주 바뀌어야 한다는 사실을 입증했다. Flynn 1984, 1987, Neisser 1998.

19 인터뷰는 2015년 9월 3일에 e-메일을 통해 진행되었다. 수많은 신문과 잡지에서 보스 사반트에 관한 기사를 출간했다. 〈시카고 트리뷴〉은 1985년 9월 29일, '세상에서 가장 똑똑한 사람'(매리 T. 쉬미히 작성)이라는 기사를 내보냈으며 〈파이낸셜 타임〉은 2009년 4월 10일, '높은 아이큐는 축복인 동시에 부담인가?'(샘 나이트 작성, www2.sunysuffolk.edu.kasiuka/materials/54/savant.pdf)라는 제목의 기사를 실었다.

20 하이데거는 "'사실'을 우상화하는 사람은 그들의 우상이 반사광에서만 반짝인다는 사실을 절대 알지 못한다."고 말했다. Heidegger 2000, 307페이지.

21 인터뷰는 2015년 9월 3일에 진행되었다. 호너에 관한 학구적인 전기는 mtprof.msun.edeu/Spr2004/horner.html에서 볼 수 있다. 2011년 TED 연설은 www.ted.com/talks/jack_horner_shape_shifting_dinosaurs?language-en에서 볼 수 있다.

22 Randall 2015는 지구에서의 대량 멸종이 암흑물질의 특성과 관련 있다고 가장 먼저 추측했다.

23 Muniz 2005, 12페이지.

24 인터뷰는 2016년 2월 17일에 진행되었다. 뮤니츠에 관한 기사는 La Force 2016 참고.

25 공식적인 트레일러는 https://www.youtube.com/watch?v=sNIwh8vT2NU에서 볼 수 있다.

26 1751년 3월 12일에 잡지 〈램블러〉 103번에 에 실린 기사에서. 버지니아 대학교 도서관 전자 문서 센터에서 e-북으로 읽을 수 있다.

27 프리고진의 부고(Petrosky 2003) 참고.

28 Lin 2014.

9장

1 Casanova 1922.

2 최근, 호기심의 다양한 측면을 다루는 책이 출간되었다. Ball 2013에서는 특히 현대 과학의 등장에 대해 논하고 있으며, Manguel 2015는 호기심을 단테, 데이비드 흄, 루이스 캐럴 같은 사상가의 관점에서 살펴본다. Lesile 2014는 인터넷이 미치는 위험이라는 관점에서 호기심의 양성을 옹호하며, Grazer & Fishman 2015에는 유명한 영화 및 TV 쇼를 제작하게 된 그레이저의 개인적인 경험이 담겨 있다.

3 Bouchard 외 1990에 잘 나와 있다. 유전과 환경의 영향에 관한 일반적인 배경은 Bouchard 1998, Blomin 1999 참고.

4 Bouchard 2004.

5 Asbury & Plomin 2013에서 흥미롭게 다루고 있다.

6 '경이'의 역사는 Daston & Park 1998에서 훌륭하게 다루고 있다. Goodman 1984에서 흥미로운 토론을 엿볼 수 있다.

7 진짜 이름은 오스본 헨리 메이버로 제 1차 세계 대전에 참전한 의학박사다. 인용문의 출처는 〈볼프라이〉라는 연극.

8 이스라엘, 소돔 산에 위치한 기둥의 이미지는 위키피디아 기사 '롯의 아내'에서 찾아볼 수 있다.

9 전도서 3장 23절(제임스 왕 버전).

10 초창기 프랑스와 독일에서 이루어진 호기심을 향한 집착에 관한 종합적인 토론은 Kenny 2004 참고.

11 이러한 변화는 Kenny 2004, Blumenber 1982, Ball 2013에서 잘 묘사하고 있으며 Daston 2005에서 훌륭하게 요약하고 있다. Hannam 2011은 중세시대조차 일반적으로 묘사된 것처럼 암흑 시기는 아니었다고 주장한다.

12 호기심을 향한 태도의 변화는 Zeldin 1994, 1장에도 훌륭하게 요약되어 있다. 데카르트에 관한 비교적 최근 전기는 Grayling 2005 참고.

13 브라운의 삶과 업적에 관한 정확하고 재치 있는 묘사는 Aldersey-Williams 2015 참고.

14 훔볼트에 관한 흥미로운 전기는 Helferich 2004와 McCrory 2010 참고.

15 De Terra 1955.

16 Von Humboldt 1997.

17 Zeldin 1994, 198페이지.

18 우화에 등장하는 호기심에 관한 흥미로운 토론은 Rigol 1994 참고.

19 1598년, 벤 존슨의 연극 〈십인십색〉. 셰익스피어의 〈헛소동〉도 참고.

20 1873년, 제임스 알란 마이어의 『속담 안내서(Handbook of Proverbs)』에 처음으로

등장했다(Amazon.com에서 찾아볼 수 있다).

21 2014년, 뉴욕 노이에 갤러리는 1937년 당시의 전시품을 비롯해 사진, 필름, 문서를 한 데 모아 특별 전시회를 열었다. 전시회 카탈로그는 Peters 2014 참고.

22 말랄라의 이야기는 Yousafzai & Lamb 2013 참고.

23 Zeldin 1994, 191페이지.

24 Nabokov 1990, 46페이지.

25 Stephens 1912, 9페이지.

26 Richard & Berridge 2011.

27 Feynman 1988, 14페이지.

28 창의적인 삶을 촉진시켜주는 방법에 관한 조언으로 칙센트미하이(1996, 347페이지)는 남을 놀라게 하고 스스로도 잘 놀란다고 말한다.

29 Rossing & Long 1981.

30 Kashdan & Roberts 2004. 집착과 호기심의 관계는 Mikulincer 1997에서도 찾아볼 수 있다.

에필로그

1 〈지독하도록 끔찍한 중세 로맨스〉라는 이름으로 1870년 1월 1일, 〈버팔로 익스프레스〉에 처음 등장했으며 1875년, 마크 트웨인의 『새 스케치와 오래된 스케치(Sketches, New and Old)』에서 〈중세 로맨스〉라는 이름으로 재등장했다.

2 분석과 해석은 Baldanza 1961, Wilson 1987 참고.

3 Wolfe 1998.

4 『허영의 불꽃』과 논픽션 에세이 『후킹 업(Hooking up)』에도 등장한다.

5 이 연극이 낳은 당혹감과 '곤혹'은 Atkinson 1956에 잘 나타나 있다.

6 James 1884.

7 17세기 후반부터 19세기 초반까지 호기심의 역사는 베네딕트가 수행한 광범위한 연구(2001)에 훌륭하게 묘사되어 있다. (호기심을 포함한) 다양한 감정과 인간의 반응에 관한 정확한 개요서는 Watts Smith 2015 참고.

8 Zuckerman 1984, Zuckerman & Litle 1985에서 감각 추구 척도로 논의되고 정량화되었다.

9 Jung 1951의 2장.

10 아리스토텔레스가 제안한 관점. 그는 "인간은 자신에게 고통을 안겨주는 광경의 가장 정확한 이미지를 응시하는 것을 즐긴다."고 말했다. O'Connor 2014에서 인용. Zuckerman & Little 1985, Kant 2006도 참고.

11 비교문화 연구는 Egand 외 2005 참고.

12 스노든이 유출한 정보의 상당수는 영국 〈가디언〉과 〈워싱턴 포스트〉에서 공개되었
다. NPR은 주요 사실을 담은 짧은 기사를 실었다(http://www.npr.org/sections/
parallels/2013/10/23/240239062/five-things-to-know-about-the-nsas-
surveillance-activities)

13 페르마의 마지막 정리에 관한 흥미로운 이야기는 Singh 1997, Aczel 1997 참고.

참고문헌

Ackerman, J. 1969. 『레오나르도의 유산: 국제 심포지움』(Leonardo's Legacy: An International Symposium)』, C. O. 오말리 편집, 캘리포니아대학교 출판부(버클리)에서 "최후 진술: 레오나르도의 작품에 나타난 과학과 예술"

Aczel, A.D. 1997. 『페르마의 마지막 정리: 고대 수학 문제의 비밀을 풀다(Fermat's Last Theorem: Unlocking the Secret of an Ancient Mathematical Problem)』 바이킹 출판사 (뉴욕)

Aiello, L.C. & Wheeler, P. 1995. "값비싼 조직에 관한 가설: 인류의 진화에서 뇌와 소화기관" 〈현대 인류학〉, 36, 199.

Ainley, M. 2007. 『교육의 정서(Emotion in Education)』, P. A. 슐츠 & R. 페크룬 편집(메사추세츠, 벌링턴: 아카데믹 프레스)에서 "흥미를 느끼다: 과도 상태, 기분, 성향"

Aldersey-Wiliams, H. 2015. 『토마스 브라운 경을 찾아서: 17세기 탐구심이 가장 많은 인물의 인생과 사후 세계(In Search of Sir Thomas Browne: The Life and Afterlife of the Seventeenth Century's Most Inquiring Mind)』 노턴 출판사(뉴욕)

Alexander, D. M., Trengove, C., & van Leeuven, C. 2015. "돈데르스는 죽었다: 이동 진행파와 인지 신경과학에서 정신 정밀시계의 한계", 〈인지 과정〉, 16(4), 365.

Anderson, B. A. & Yantis, S. 2013. "가치 기반 주의 포획의 지속성" 〈실험심리학저널: 인간 지각과 수행〉, 39(1),6.

Anderson, C. J. 외 2016. "'심리과학의 재생산성 예측'을 둘러싼 논평에 대한 반응", 〈사이언스〉, 351, 1037b.

Angier, N. 2012. "어린 아이에게서 얻은 통찰력", 〈뉴욕 타임즈〉, 5월 1일(www.nytimes/com/2012/05/01/science/insights/in-human-knowledge-from-the-minds-of-babes.html?_r-o.)

Asbury, K. & Plomin, R. 2013. 『유전학이 교육과 성과에 미치는 영향(The Impact of

Genetics on Education and Achievement)』윌리-블랙웰 출판사(뉴저지, 호보켄)

Akinson, B. 1956. "베케트의 〈고도를 기다리며〉", 〈뉴욕 타임즈〉, 4월 20일(http://www. nytimes.com/books/97/08/03/reviews/becket-godot.html.)

Bailey, D. & Geary, D. 2009. "인간 뇌의 진화", 〈휴먼 네이처〉, 20, 67.

Baldanza, F. 1961. 『마크 트웨인: 소개와 해석(Mark Twain: An Introduction and Interpretation)』반스 앤 노블(뉴욕)

Ball, P. 2013. 『호기심: 과학은 어떻게 모든 것에 관심을 갖게 되었나(Curiosity: How Science Became Interested in Everything)』시카고대학교 출판부(시카고)

Bambach, C. C. 2003. 『레오나르도 다 빈치: 그림의 대가(Leonardo da Vinci: Master Draftsman)』메트로폴리탄 미술관(뉴욕)

Baraff Bonawitz, E., van Schijndel, T. J. P., Friel, D., & Schulz, L. 2012. "아이들은 탐구, 설명, 학습을 통해 이론과 증거 간에 균형을 유지한다.", 〈인지심리학〉 64, 215.

Baranes, A. F., Oudeyer, P.-Y., Gottlieb, J. 2014. "업무 난이도, 독창성, 탐색 공간의 규모가 내적으로 동기 부여된 탐구에 미치는 영향", 〈신경과학의 개척자〉, 8.317.

Barcilon, P. B & Marani, P. C. 2001. 『레오나르도: 최후의 만찬(Leorardo: The Last Supper)』, 할로 타이 역, 시카고대학교 출판부(시카고)

Bateson, G. 1973. 『정신의 생태계를 향한 단계(Steps to an Ecology of Mind)』팔라딘 출판사(런던)

Bellomo, R. V., 1994. "케냐 쿠비포라에서 초창기 인류의 불의 사용과 관련된 행태적 활동 결정 방법", 〈인간 진화 저널〉, 27, 173.

Benedict, B. M. 2001. 『호기심: 초기 근대 연구의 문화적 역사(Curiosity: A Cultural History of Early Modern Inquiry)』시카고대학교 출판부(시카고)

Berlyne, D. E. 1949. "심리학 개념으로서의 흥미", 〈영국 심리학 저널〉, 39, 184.

Berlyne, D. E. 1950. "탐구적 활동의 결정요인으로서의 독창성과 호기심", 〈영국 심리학 저널〉, 41, 68.

Berlyne, D. E. 1954a. "인간 호기심 이론", 〈영국 심리학 저널〉, 45, 180.

Berlyne, D. E. 1954b. "인간 호기심에 관한 경험적 연구", 〈영국 심리학 저널〉, 45, 256.

Berlyne, D. E. 1957. "지각적 호기심의 결정요인", 〈실험 심리학 저널〉, 53, 399.

Berlyne, D. E. 1958. "시각적 대상의 복잡성과 독창성이 정향 반응에 미치는 영향", 〈실험 심리학 저널〉, 55, 289.

Berlyne, D. E. 1960. 『갈등, 각성, 호기심(Conflict, Arousal and Curiosity)』맥그로-힐 (뉴욕)

Berlyne, D. E. 1966. "호기심과 탐구", 〈사이언스〉, 153, 25.

Berlyne, D. E. 1970. "독창성, 복잡성, 쾌락지수", 〈지각과 정신물리학〉, 8, 279.

Berlyne, D. E. 1971. 『미학과 정신생물학(Aesthetics and Psychobiology)』애플톤-센츄

리-크로프트 출판사(뉴욕)

Berlyne, D. E. 1978. "호기심과 학습", 〈동기와 정서〉, 2, 97.

Berna, F. 외 2012. "남아프리카 노던 케이프 주 원더워크 동굴의 아슐기(期) 지층에서 발견된 불 사용에 관한 미소층서학적 증거", 〈미국국립과학원 회보〉, 109, E1215.

Beswick, D. G. 1971. 『내적 동기: 교육의 새로운 방향(Intrinsic Motivation: A New Direction in Education)』, H. I. 데이, D. E., 벌린, D. E. 헌트 편집, 홀트, 라인하르트 & 윈스턴 출판사(토론토)에서 "호기심의 개별적인 차이에 관한 인지절차이론"

Biederman, I & Vessel, E. A. 2006. "지각적 기쁨과 뇌", 〈아메리칸 사이언티스트〉, 94, 249.

Blanchard, T. C., Hayden, B. Y., & Bromberg-Martin, E. S. 2015. "안와전두피질은 호기심에서 발로한 결정을 내릴 때 각 선택마다 독특한 코드를 사용한다." 〈뉴런〉, 85(3), 602.

Blumenberg, H. 1987. 『코페르니쿠스 세상의 기원(The Genesis of the Copernican World)』, R. M. 왈라스 역, MIT 출판부(매사추세츠, 캠브리지).

Bonawitz, E. 외 2011. "교수법의 양날: 교육은 즉흥적인 탐구와 발견을 저해한다." 〈코그니션〉, 120, 322.

Bouchard, T. J. 1998. "성인의 지능과 특수 지능에 유전과 환경이 미치는 영향", 〈휴먼 바이올로지〉, 70, 257.

Bouchard, T. J. 외 1990. "심리적 차이의 근원: 다른 곳에서 양육된 미네소타 쌍둥이 연구", 〈사이언스〉, 250, 223.

Bouchard Jr., T. J. 2004. "인간의 심리적 특징에 미치는 유전의 영향", 〈심리과학 최신 동향〉, 13(4), 148.

Bromberg-Martin, E. S & Hikosaka, O. 2009. "기대되는 보상과 관련된 사전 정보를 향한 중뇌 도파민 신경세포 신호의 선호도", 〈뉴런〉, 63, 119.

Capra, F. 2013. 『레오나르도로부터 배우기: 천재의 기록 해독하기(Learning from Leonardo: Decoding the Notebooks of a Genius)』 베렛-코엘러 출판사(샌프란시스코)

Carroll, S. 2012. 『우주 끝의 입자: 힉스 입자 사냥으로 우리는 어떻게 신세계의 끝으로 갈 수 있을까(The Particle at the End of the Universe: How the Hunt for the Higgs Boson Leads Us to the Edge of a New World)』 듀튼 출판사(뉴욕)

Carstairs-McCarthy, A. 2001. 『언어학 안내서(The Handbook of Linguistics)』, M. 아로모프, J. 리스-밀러 편집, 블랙웰 출판사(옥스퍼드)에서 "언어의 기원"

Carter, R. 2014. 『인간 뇌에 관한 책(The Human Brain Book)』, 2판, DK 퍼블리싱 출판사(뉴욕).

Casanova, G. 1922. 『자코모 카사노바 회고록(The Memoirs of Giacomo Casanova Di Seingalt)』, A. 마켄 역, 카사노바 협회(런던), 7권

Chomsky, N. 1988. 『지식의 문제와 언어 : 마나과 강연(Language and Problems of Knowledge : The Managua Lectures)』MIT 출판부(매사추세츠, 캠브리지)

Chomsky, N. 1991. 『촘스키식 사고 전환(The Chomskyan Turn)』A. 카셔 편집, 블랙웰 출판사(옥스퍼드)에서 "언어학과 인지과학 : 문제와 수수께끼"

Chomsky, N. 2011. "언어와 기타 인지 체계 : 언어는 왜 특별한가?"〈언어학습과 발전〉, 7(4), 263.

Chopin, K. 1894. 〈한 시간 이야기〉, 케이트 쇼팽 국제 협회(www.katechopin.org/story-hour/.)

Cicero. 1994. 『키케로의 최고선악론(Cicero : De Finibus Bonorum et Malorum)』, H. 래컴 역, 캠브리지대학교 출판부(영국, 캠브리지)

Clark, K. 1960. 『회화를 보는 눈(Looking at Pictures)』홀트, 라인하르트 & 윈스턴 출판 사(뉴욕)에서 "레오나르도 다 빈치 : 성 안나와 성모자"

Clark, K. 1969. 『문명 : 개인적인 견해(Civilisation : A Personal View)』하퍼 앤드 로 출판 사(뉴욕)

Clark, K. 1975. 『레오나르도 다 빈치 : 예술가로서의 발전에 관한 진술(Leonardo da Vinci : An Account of His Development As An Artist)』펭귄 북스 출판사(런던)

Ca가, K & Pedretti, C.(eds). 1968. 『레오나르도 다 빈치의 여왕 폐하 그림 모음집(The Drawings of Leonardo da Vinci in the Collection of Her Majesty the Queen)』, 3권, 파이돈 출판사(런던)

Clayton, M. 2012. "레오나르도의 해부학 년도", 〈네이처〉, 484, 314.

Cohen, I. B. 1985. 『과학 혁명(Revolution in Science)』하버드대학교 출판부의 벨크냅 프 레스(매사추세츠, 캠브리지)

Cohen, J. D. & 1985. "개요 : 포상과 결정", 〈뉴런〉특별호 서문, 36(2), 193.

Collins, B. 1997. 『레오나르도, 심리분석학, 예술의 역사 : 레오나르도의 심리전기적 분 석 방법에 관한 중요한 연구(Leonardo, Psychoanalysis, and Art History : A Critical Study of Psychobiographical Approached to Leonardo da Vince)』노스웨스턴대학교 출판부(일 리노이, 에번스턴)

Cook C., Goodman, N. D., & Schulz, L. E. 2011. "과학은 어디에서 시작되는가 : 미취학 아동의 탐구적 놀이를 대상으로 한 즉흥적인 실험", 〈코그니션〉, 120, 341.

Coqueugniot, H., Hublem, J.-J, Veillon, F., Honët, F., & Jacob, T. 2004. "호모 에렉투 스의 초기 뇌 성장과 인지 능력에 대한 함의", 〈네이처스〉, 431, 299.

Costa Jr., P. T. & McCrae, R. R. 1992. 『개정된 NEO 성격 검사(NEO PI-R)와 NEO 5요 인 검사(NEO-FFI) : 전문가 매뉴얼(Revised NEO Personality Inventory(NEO PI-R) and NEO Five-Factor Inventory(NEO-FFI)』심리평가자원(플로리다, 오데사)

Csikszentmihalyi, M. 1996. 『호기심 : 발견과 발명의 흐름과 심리학(Curiosity : Flow and the Psychology of Discovery and Invention)』하퍼콜린스 출판사(뉴욕)

D'Agostino, F. 1986.『촘스키의 사고 체계(Chomsky's System of Ideas)』옥스퍼드대학교 출판부(옥스퍼드)

Daston, L. 2005. "곱슬거리는 모든 것과 진주"〈런던 리뷰 오브 북스〉, 27(12), 37.

Daston, L. J. & Park, K. 1998.『자연의 경이와 질서(Wonders and the Order of Nature 1150-1750)』존 북스 출판사(뉴욕)

Day, H. I. 1971.『내적 동기: 교육의 새로운 방향(Intrinsic Motivation: A New Direction in Education)』H. I. 데이, D. E., 벌린, D. E. 헌트 편집, 홀트, 라인하르트 & 윈스턴 출판사(뉴욕)에서 "구체적 호기심의 측정"

Day, H. I. 1977. "대니얼 엘리스 벌린(1924-1976)",〈동기와 정서〉, 1(4), 377.

Deacon, T. W. 1995.『상징적인 종: 언어와 인간 뇌의 공진화(The Symbolic Species: The Coevolution of Language and the Human Brain)』엘런 레인 출판사(영국, 하몬스워스)

Deci, E. L. & Ryan, R. M. 2000. "목표 추구의 '무엇'과 '왜': 인간의 욕구와 행동의 자기결정",〈심리학 연구〉, 11(4), 227.

Dennett, D. C. 1991.『의식의 수수께끼를 풀다』리틀, 브라운 출판사(보스턴)

de Terra, H. 1995.『Humboldt』크노프 출판사(뉴욕)

Dewey, J. 2005.『경험으로서의 예술』페리지 출판사(뉴욕). 초판은 1934년에 출간

Dunbar, R. 1996.『몸단장, 수다, 그리고 언어의 진화 Grooming, Gossip & the Evolution of Language)』파버 앤 파버 출판사(런던)

Dunbar, R. 2014.『멸종하거나, 진화하거나』펠리칸 출판사(런던)

Dyson, F. 2006.『과학은 반역이다』(뉴욕 리뷰 오브 북스(뉴욕)

Dyson, G. 2012.『튜닝의 대성당: 디지털 우주의 기원(Turing's Cathedral: The Origins of the Digital Universe)』앨런 레인 출판사(런던)

Eagleman, D. 2015.『뇌: 당신 이야기(The Brain: The Story of You)』판테온 출판사(뉴욕)

Edwards, D. C. 1999.『동기와 정서: 진화론적, 생리학적, 인지적, 사회적 영향 (Motivation and Emotion: Evolutionary, Physiological, Cognitive, and Social Influences)』세이지 출판사(캘리포니아, 사우전드 오크스)

Egan, V. 외 2015. "자극적인 흥미, 짝짓기 노력과 개성: 비교문화 유효성의 증거",〈개인차이 저널〉, 26(1), 11.

Emberson, L. L., Lupyan, G., Goldestein, M. H., & Spivy, M. J. 2010. "엿듣는 핸드폰 대화: 잘 안 들릴 때 주위가 더 산만해지는 이유",〈심리과학〉, 21(10), 1383.

Enard, W. 외 2001. "말하기 및 언어와 관련 있는 유전자 FOXP2의 분자적 진화",〈네이처스〉, 418. 869.

Encyclopaedia Britannica(브리태니커 백과사전). 2008.『브리태니커 뇌 안내서: 뇌 가이드 여행-정신, 기억력, 지능(The Britannica Guide to the Brain: A Guided Tour of the

Brain)』 로빈슨 출판사(런던)

Etz, A. & Vanderkerckhove, J. 2016. "재생산 프로젝트에 관한 베이지안 관점",〈플로스 원〉11(2):3 0149794.

Eysenck, M. W. 1979. "단어의 의미를 안다는 느낌",〈영국 심리학 저널〉, 70, 243.

Farrel, B. 1966.『레오나르도 다 빈치: 르네상스 천재의 단면(Leonardo da Vinci: Aspects of the Renaissance Genius)』, M. 필립슨 편집, 조지 브래질러 출판사(뉴욕)에서 "프로 이드의 레오나르도 연구"

Feynman, M. 1995a.『리처드 파인만의 예술: 호기심 많은 이가 그린 이미지(The Art of Richard P. Feynman: Images by a Curious Character)』라우틀리지 출판사(뉴욕)

Feynman, M. (compiler). 1995b.『리처드 파인만의 예술: 호기심 많은 이가 그린 이미지 (The Art of Richard P. Feynman: Images by a Curious Character)』 G & B 사이언스 출판 사(바젤)

Feynman, R. P. 1985.『호기심 많은 이의 모험(Adventures of a Curious Character)』에드 워드 헛칭스 편집, 노튼 출판사(뉴욕)에서 "파인만 씨 농담도 정말 잘하시네!"

Feynman, R. P. 1985a. "양자 기계 컴퓨터"〈옵틱스 뉴스〉, 11, 11.

Feynman, R. P. 1985b.『QED: 빛과 물질에 관한 기이한 이론(QED: The Strange Theory of Light and Matter)』프린스턴대학교 출판부(프린스턴, 뉴저지)

Feynman, R. P. 1988.『남이야 뭐라 하건!』, 랄프 레이튼 편집, 노튼 출판사(뉴욕)

Feynman, R. P. 2001.『남이야 뭐라 하건!』, 랄프 레이튼 편집, 노튼 출판사(뉴욕)

Feynman, R. P. 2005.『관례로부터의 아주 합리적인 일탈(Perfectly Reasonable Deviations From the Beaten Track)』, M. 파인만, 티모시 페리스 서문, 베이직 북스 출판사(뉴욕)

Feynman, R. P.. Leighton, R. B., & Sands, M. 1964.『파인만 물리학 강의(Feynman Lectures on Physics)』에디슨 웨슬리 출판사(뉴욕)

Fidler, A. E. 외 2007. "Drd4 유전자 다형은 연작류의 개성과 관련 있다."〈런던 로열협 회 회보〉, 5월 2일.

Flynn, J. R. 1984. "미국인의 평균 IQ: 1932~1978 사이에 크게 증가",〈심리학 회보〉, 95(1), 29.

Flynn, J. R. 1987. "14개국의 IQ 크게 증가: IQ 검사가 정말로 의미하는 것",〈심리학 회 보〉, 101(2), 171.

Fonseca-Azevedo, K. & Herculano-Houzel, S. 2012. "신진대사의 제약으로 인간의 진 화에서 체적과 뇌 신경세포 수 사이에 거래가 이루어지다",〈미국국립과학원 회보〉, 109(45), 18571.

Foucault, M. 1997.『주관성과 진실(Subjectivity and Truth)』, 폴 라비노 편집, 뉴욕 프레 스 출판사(뉴욕)

Freud, S. 1916.『레오나르도 다 빈치: 유치한 추억담에 관한 성심리학 연구(Leonardo da

Vinci: A Psychosexual Study of an Infantile Reminiscence)』, A. A. 브릴 편집, 모팻, 야드 출판사(뉴욕)

Galileo, 1960. 『1618년 혜성을 둘러싼 논쟁(The Controversy on the Comets of 1618)』, S. 드레이크와 C. D. 오멜리 역, 펜실베이니아대학교 출판부(필라델피아)

Galluzzi, P (ed). 2006. 『레오나르도의 정신: 보편적인 천재(The Mind of Leonardo: The Universal Genius at Work)』, C. 프로스트와 J. M. 레이프스니더 역, 지벤티 출판사(피 렌체)

Geddes, L. 2015. "큰 아기 실험", 〈네이처〉, 527, 22.

Gerges, F. A. 2016. 『ISIS: 역사(ISIS: History)』 프린스턴대학교 출판부(프린스턴, 뉴저지)

Giambra, L. M., Camp, C. J., & Grodsky, A. 1992. "성인의 평생에 걸친 호기심과 자극 추구: 단면 및 6-8년간의 종적 연구 결과", 〈심리학과 노화〉, 7(1), 150.

Gibbons, A. 2007. "음식 덕분에 뇌가 진화하다: 최초로 요리된 음식은 인간 뇌가 진화 적으로 급속히 팽창하는 데 기여했나?", 〈사이언스〉, 316, 1558.

Gilbert, D. T., King, G., Pettigrew, S., & Wilson, T. D. 2016. "'심리과학의 재생산성 추측'에 관한 논평", 〈사이언스〉, 351, 1037.

Gullispie, C. C. (ed). 2008. 『과학적 전기 사전(Dictionary of Scientific Biography)』 찰스 스크라이브너스 선스 출판사(뉴욕)

Giovio, P. 1970. 『레오나르도 빈치 비타(Leonardo Vincii Vita)』, J. P. 리히터와 I. A. 리 히터가 재출간, 『레오나르도 다 빈치의 문학작품(The Literary Works of Leonardo da Vinci)』, 3쇄, 1권, 파이돈 출판사(런던)

Gleick, J. 1992. 『천재: 리처드 파인만의 삶과 과학(Genius: The Life and Science of Richard Feynman)』 파이돈 출판사(뉴욕)

Gombrich, E, H. 1969. 『레오나르도의 유산: 국제 심포지움(Leonardo's Legacy: An International Symposium)』C. D. 오말리 편집(캘리포니아대학교 출판부(버클리)에서 "물 과 공기에서 움직임의 형태"

Goodman, N. 1984. 『정신과 다른 물질에 대하여(Of Mind and Other Matters)』 하버드대 학교 출판부(매사추세츠, 캠브리지)

Gopnik, A. 2000. 『인지와 설명(Cognition and Explanation)』, F. 케일과 R. 윌슨 편집, MIT 출판부(매사추세츠, 캠브리지)에서 "오르가즘에 대한 설명과 일반적인 이해를 위한 욕구: 이론 형성 체계의 진화, 기능, 현상학"

Goren-Inbar, N., Alperson, N., Kislev, M. E., Simcroni, O., Melamed, Y.m Ben-Nun, A., & Werker, E. 2004. "이스라엘 게셰르 베노트 야코브 유적에서 발견된 호미닌의 불 사용에 관한 증거", 〈사이언스〉, 304(5671), 725.

Gottlieb, J., Oedeyer, P.-Y., Lopes, M., & Baranes, A. 2013. "정보 추구, 호기심과 주 의력: 산술적 및 신경적 기제", 〈인지과학 동향〉, 17(11), 585.

Gowlett, J. A. 외 1981. "초기 고고학 현장, 케냐 체소완자에서 발견된 호미닌의 유적 및 불 사용 흔적",〈네이처〉, 294, 125.

Grayling, A. C. 2005.『데카르트: 천재의 삶과 시대(Decartes: The Life and Times of a Genius)』워커 출판사(뉴욕)

Grazer, B. & Fishman, C. 2015.『호기심 넘치는 마음: 큰 삶의 비밀(A Curious Mind: The Secret to a Bigger Life)』사이먼 앤 슈스터 출판사(뉴욕)

Gregory, R. L. (ed). 1987.『정신에 관한 옥스퍼드 안내서(The Oxford Companion to the Mind)』옥스퍼드 대학 출판부(옥스퍼드)

Gruber, M. J., Gelman, B. D., Ranganath, C. 2014. "호기심을 느끼는 상태는 도파민에 반응하는 회로를 통해 해마 의존적인 학습을 조절한다."〈뉴런〉, 84(2), 486.

Gweon, H. & Schulz. L. E. 2011. "16개월 된 아이는 실패한 행동의 원인을 합리적으로 추론한다."〈사이언스〉, 332, 1524.

Hannam, J. 2011.『과학의 기원: 어떻게 기독교적인 중세 시대에 과학 혁명이 발발 했나(The Genesis of Science: How the Christian Middle Ages Launched the Scientific Revolution)』레그너리 출판사(워싱턴, D. C)

Hanneke, D., Fogwell, S., & Gabrielse, G. 2008. "전자 자기 모멘트와 미세 구조 상수의 새로운 측정법",〈피지컬 리뷰 레터스〉, 100, 120801.

Harari, Y. N. 2015.『사피엔스: 인류의 간략한 역사(Sapiens: A Brief History of Humankind)』하퍼콜린스 출판사(뉴욕)

Harman, G. (ed). 1974.『노암 촘스키에 관하여: 중요한 에세이(On Noam Chomsky: Critical Essays) 앵커 프레스 출판사(뉴욕)

Hart, I. B. 1961.『레오나르도 다 빈치의 세상: 과학, 공학의 인물이자 비행을 꿈꾼 남자 (The World of Leonardo da Vinci: Man of Science, Engineer and Dreamer of Flight)』바이 킹(뉴욕)

Hart. J. T. 1965. "기억력과 안다는 느낌의 경험",〈교육 심리학 저널〉, 56, 208.

Heidegger, M. 2000.『철학에의 기여(Contributions to Philosophy)』, P. 에마드와 K. 말리 역, 인디애나대학교 출판부(블루밍턴)

Helferich, G. 2004.『Humboldt's Cosmos: Alexander von Humboldt and the Latin American Journey That Changed the Way We See the World』고담 북스 출판사 (뉴욕)

Henshelwood, C. S. 외 2011. "남아프리카 블롬보스 동굴에서 발견된 10만 년 된 오커 처리 작업장",〈사이언스〉, 334, 219.

Herculano-Houzel, S. 2009. "인간의 뇌: 선형적으로 증가하는 영장류의 뇌",〈인류 신 경과학의 개척자〉, 3, 31.

Herculano-Houzel, S. 2010. "소뇌 외피 신경세포 수의 조정된 증가",〈신경해부학의 개척자〉, 4, 12.

Herculano-Houzel, S. 2011. "모든 뇌가 동일하게 만들어진 것은 아니다: 뇌의 진화론적 증가에 관한 새로운 시각", 〈뇌 활동 진화〉 78, 22.

Herculano-Houzel, S. 2012a. "영장류 뇌의 신경 단위적 증가 법칙: 영장류의 이점", 〈뇌 연구 프로그램〉 195, 325.

Herculano-Houzel, S. 2012b. "확장된 영장류의 뇌, 그리고 비용 측면에서 주목할 만하지만 비범하지는 않은 인간의 뇌", 〈미국국립과학원 회보〉, 109(suppl. 1), 10661.

Herculano-Houzel, S. 2016. 『인간의 이점: 우리가 비범한 뇌를 갖게 된 방법에 관한 새로운 이해(The Human Advantage: A New Understanding of How Our Brain Became Remarkable)』 MIT 출판부(매사추세츠, 캠브리지)

Herculano-Houzel, S., Collins, L. El., Wong, P., & Kaas, J. H. 2007. "영장류의 뇌세포 증가 법칙", 〈미국국립과학원 회보〉, 104. 3562.

Herculano-Houzel, S. & Lent, R. 2005. "등방성 분리 장치: 뇌의 총 세포 및 신경세포 수를 정량화하는 단순하고 빠른 방법", 〈신경과학 저널〉, 25, 2518.

Herculano-Houzel, S., Manger, P. R., & Kass. J. H. 2014. "신경세포 수와 평균 신경세포 크기의 일치적인 모세 변화로 인한 포유류 뇌 진화의 증가법칙", 〈신경해부학의 개척자〉, 8. 77.

Hobbes, T. 1651. 『리바이어던』, 온라인 자유 도서관(oll.libertyfund.org/titles/869.)

Huron, Dl. 2006. 『달콤한 기대: 기대감의 음악과 심리학(Sweet Anticipation: Music and the Psychology of Expectation)』 MIT 출판부(매사추세츠, 캠브리지)

Inan, I. 2012. 『호기심의 철학(The Philosophy of Curiosity)』 라우틀리지 출판사(뉴욕)

Instanes, J. T., Haavik, J., & Halmøy, A. 2013. "ADHD를 앓고 있는 성인의 특징 및 동방질병", 〈주의력 장애 저널〉, 11월 22일.

Isler, K. & van Schaik, C. P. 2009. "비싼 뇌: 뇌 크기의 진화적 변화 설명 체계", 〈인간 진화 저널〉, 57, 392.

James, H. 1884. "허구의 예술", 〈롱맨스 매거진〉, 9월 4일, public. wsu. edu/~campbelld/amlit/artfiction.html.)

James, W. 1890. 『심리학 원칙, 미국 과학 시리즈, 상급 과정(The Principles of Psychology, American Science Series, Advanced Course)』, 2권, 홀트 출판사(뉴욕), http://ebooks. adelaide.edu.au/j/james/william/principles/index.html.

Jepma, M, 외 2012. "지각적 호기심의 유발 및 완화의 기저에 깔린 신경 기제", 〈행동신경과학의 개척자〉, 6, 5.

Johanson, D. C. & Edy, M. M. 1981. 『루시: 인류의 시작(Lucy: The Beginning of Humankind)』 사이먼 앤 슈스터 출판사(뉴욕)

Johanson, D. C. & Wong, K. 2009. 『루시의 유산: 인류 기원을 향한 탐구(Lucy's Legacy:

The Quest for Human Origins)』크라운 출판사(뉴욕)

Jones, S. 1979. "호기심과 지식", 〈심리학 보고서〉, 45, 639.

Jung, C. 1959. 『C. G. 융 전집(The Collected Works of C. G. Jung)』R. F. C. 휼 번역, 9권, 2부, 프린스턴대학교 출판부(프린스턴, 뉴저지)에서『아이온: 자아의 현상학에 관한 연구(Aion: Researchers into the Phenomenology of the Self)』

Jung, R. E. 2014. "진화, 창의력, 지능, 광기: 융이 있는 곳", 〈심리학의 개척자〉, 5, 기사 784, 1.

Jungers, W. L. 외 2003. "살아 있는 인류의 설하관의 크기와 인류 언어의 진화", 〈인류 생물학〉, 75, 473.

Kac, M. 1985. 『기회의 수수께끼: 자서전(Enigmas of Chance: An Autobiography)』하퍼콜 린스 출판사(뉴욕)

Kahneman, D. 2011. 『빠르고 느린 사고(Thinking, Fast and Slow)』파라, 스트라우스, 앤 드 지루 출판사(뉴욕)

Kaiser, D. 2005. "물리학과 파인만의 도표", 〈아메리칸 사이언티스트〉, 93, 156.

Kandel, E. R. 2012. 『통찰력의 시대: 예술, 정신, 뇌의 무의식을 이해하기 위한 탐구 (The Age of Insight: The Quest to Understand the Unconscious in Art, Mind, and Brain)』 랜덤 하우스 출판사(뉴욕)

Kang, M. J. 외 2009. "학습이라는 초의 심지: 인지적 호기심은 보상 회로를 활성화시키 며 기억력을 증진시킨다", 〈심리 과학〉, 20(8), 963.

Kant, I. 2006. 『실용적인 관점에서의 인류학(Anthropology from a Pragmatic Point of View)』, R. B. 라우덴 역, 캠브리지대학교 출판부(캠브리지, 영국)

Kaplan, F. & Oudeyer, P.-Y. 2007. "내적 동기의 신경 회로를 찾아서", 〈신경과학의 개 척자〉, 1(1), 225.

Kashdan, T. B. 2004. 『특성의 장점과 미덕(Character Strengths and Virtues)』, C. 피터슨 과 M. E. P. 셀레그만 편집, 옥스퍼드대학교 출판부(뉴욕)에서 "호기심"

Kashdan, T. B. & Roberts, J. E. 2004. "친밀함의 근원의 특징과 호기심 상태: 관련된 조 직과의 차별화", 〈사회 및 임상 심리학 저널〉, 23(6), 792.

Kashdan, T. B. & Silvia, P. J. 2009. 『긍정적인 심리학에 관한 옥스퍼드 안내서(The Oxford Handbook of Positive Psychology)』, S. J. 로페즈와 L. R. 신더 편집, 옥스퍼드대 학교 출판부(옥스퍼드)에서 "호기심과 흥미: 독창성과 도전을 즐기는 것의 이점"

Keats, J. 2015. 『선택된 편지(Selected Letters)』, 존 버나드 편집, 펭귄 클래식 출판사 (런던)

Keele, K. D. 1952. 『심장과 혈액의 움직임에 관한 레오나르도 다 빈치의 생각(Leonardo da Vinci on Movement of the Heart and Blood)』하비 앤 블라이드 출판사(런던)

Keele, K. D. 1983. 『레오나르도 다 빈치의 인간 과학 구성 요소(Leonardo da Vinci's

Elements of the Science of Man)』아카데믹 프레스 출판사(뉴욕)

Kemp, M. 2006.『보이는 것과 보이지 않는 것』옥스퍼드대학교 출판부(옥스퍼드)

Kenny, N. 2004.『초기 프랑스와 독일에서 호기심의 사용(The Uses of Curiosity in Early Modern France and Germany)』옥스퍼드대학교 출판부(옥스퍼드)

Kidd, C. & Hayden, B. Y. 2015. "호기심의 심리학과 신경과학",〈뉴런〉, 88(3), 499.

Kidd, C., Piantadosi, S. T. &., & Aslin, R. N. 2012. "골디락스 원칙: 아기는 지나치게 단순하거나 복잡하지 않은 시각적 연속성에 관심을 보인다",〈플로스 원〉, 7(5): e 36399.

King, R. 2012.『레오나르도와 최후의 만찬(Leonardo and The Last Supper)』워커 출판사 (뉴욕)

Kinzler, K. D., Shutts, K., & Spelke, E. S. 2012. "남아프리카 아이들의 언어에 기반한 사회적 선호도",〈언어 학습과 발전〉, 8, 215.

Koehler, So., Ovadia-Caro, S., van der Meer, E., Villringer, A., Heinz, A., Romanczuk-Seifereth, N., & Marguies, D. S. 2013. "전두엽 피질과 보상 체계 간의 기능적 연결성 증가",〈플로스 원〉, 8(1), e84565.

Konecni, V. J. 1978. "대니얼 E. 벌린 1924-1976",〈미국 심리학 저널〉, 91(1), 133.

Kuhn. T. S. 1962.『과학 혁명의 구조(The Structure of Scientific Revolutions)』시카고대학교 출판부(시카고)

La Force, T. 2016. "환각의 마스터",〈아폴로〉, 183(649), 46.

Lange, K. W., Tucha, O., Steup, A., Gsell, W., & Naumann, M. 1995. "파킨슨병에 걸린 사람의 주관적인 시간 예측",〈신경전달 저널〉, 46, 433.

Lawrence, P. R. & Nohria, N. 2002.『의욕: 인간의 성격이 우리의 선택을 결정짓는 방법(Driven: How Human Nature Shapes Our Choices)』조시-배스 출판사(샌프란시스코)

LeDoux, J. 1998.『감정적인 뇌: 감정적인 삶의 수수께끼 같은 토대(The Emotional Brain: The Mysterious Underpinnings of Emotional Life)』사이먼 앤 슈스터 출판사(뉴욕)

LeDoux, J. 2015.『걱정: 뇌를 이용해 두려움과 걱정을 이해하고 치료하다(Anxious: Using the Brain to Understand and Treat Fear and Anxiety)』바이킹 출판사(뉴욕)

Lee, S. A., Winkler-Rhoades, N., & Spelke, E. S. 2012. "즉각적인 방향전환은 인지된 표면 거리에 따른다."〈플로스 원〉, 7, e51373.

Lehmann, J., Korstjens, A. H.. & Dunbar, R. I. M. 2008. "시간과 분배: 유인원의 생물지리학 모델",〈생태학, 진화, 행동학〉, 20, 337.

Leonardo da Vinci. 1996.『코덱스 레스터: 과학의 걸작(Codex Leicester: A Masterpiece of Science)』, 클레어 파라고 편집, 마틴 캠프, 오웬 깅게리히, 카를로 페드레티 서문, 미국 자연사박물관(뉴욕)

Leslie, I. 2014.『호기심: 알고자 하는 욕망과 당신의 미래가 그것에 따라 결정되는 이유

(Curious: The Desire to Know and Why Your Future Depends on It)』 베이직 북스 출판사
(뉴욕)

Levy, D. H. 2014. "슈메이커-레비 9 혜성: 20년 후", 〈하늘 & 망원경〉, 7월 16일
(www.skyandtelescope,com/astronomy-news/comet-shoemaker-levy-9-2-years-
later-07162014./)

Lin, T. 2014. "박사학위가 없는 '반역자'", 〈퀀타 매거진〉, 2014년 3월 26일(http://
www.quantamagazine.org/20140326-a-rebel-without-a-ph-d/.)

Lipman, J. C. 1999. "진짜 파인만을 찾아서", 〈더 테크〉, 119(10), tech.mit.edu/V119/
N10/col10lipman.1oc.html.

Litman, J. A. 2005. "호기심과 학습의 쾌락: 새로운 정보 추구와 욕망", 〈인지와 정서〉,
19(6), 793.

Litman, J. A., Jimerson, T. L. 2004. "결핍력으로서의 호기심의 측정", 〈특성 평가 저널〉,
82(2), 157.

Litman, J. A., Hutchins, T. L., & Russon, R. K. 2005. "인지적 호기심, 안다는 느낌, 탐
구적 행동", 〈조건과 정서〉, 19(4), 558.

Litman, J. & Silvia, P. 2006. "특성 호기심의 잠재적인 구조: 흥미와 결핍에 기인한 호기
심 차원의 증거", 〈특성 평가 저널〉, 86(3), 318.

Litman, J. A. & Mussel, P. 2013. "흥미와 결핍에 기인한 인지적 호기심에 관한 독일 모
델의 유효성", 〈개인 차이 저널〉, 34(2), 59.

Livio, M. & Silk, J. 2016. "외계인이 있다면 어디에 있는 것일까?", 〈사이언티픽 아메리
칸〉, 1월 6일(www.scientificamerican.com/article/if-there-are-aliens-out-there-where-
are-they/.)

Locke, J. L. 2010. 『도청: 은밀한 역사(Eavesdropping: An Intimate History)』 옥스퍼드대
학교 출판부(옥스퍼드)

Loewenstein, G. 1994. "호기심의 심리학: 개요 및 재해석", 〈심리학 회보〉, 116(1), 75.

Loewenstein, G., Adler, D., Behrens, D., & Gilles, J. 1992. "판도라는 왜 상자를 열었을
까: 호기심은 결여된 정보를 향한 욕망이다", 사회 및 결정 과학 부서에서 진행 중
인 논문, 카네기멜론대학교(펜실베이니아, 피츠버그)

Lynnm, D. E., 외 2005. "ADHD 환자의 기질과 성격 프로파일 및 도파민 D4 수용체 유
전자", 〈미국 정신 의학 저널〉, 162, 906.

MacCurdy, E. 1958. 『레오나르도 다 빈치의 기록(The Notebooks of Leonardo da Vinci)』
조지 브래질러 출판사(뉴욕)

Manguel, A. 2015. 『호기심(Curiosity)』 예일대학교 출판부(뉴 헤이븐)

McCrae, R. R. & John, O. P. 1992. "빅 파이브 모델 소개 및 적용", 〈성격 저널〉, 60(2),
175.

McCrink, K. & Spelke, E. S. 2016. "어린 시절의 비상징적인 구분", 〈어린이 실험 심리학 저널〉, 142, 66.

McCrory, D. 2010. 『자연의 통역가: 알렉산더 본 훔볼트의 삶과 시대(Nature's Interpreter: The Life and Times of Alexander von Humboldt)』 루터워스 프레스 출판사(영국, 캠브리지)

McEvoy, P. & Plant, R. 2014. "치매 치료: 의미 있는 의사소통에 필요한 공통적인 기반을 마련하기 위해 공감적 호기심 활용하기", 〈정신의학 및 정신건강 간병 저널〉, 21, 477.

McGilvray, J. (ed.). 2005. 『촘스키에 관한 캠브리지 안내서(The Cambridge Companion to Chomsky)』 캠브리지대학교 출판부(영국, 캠브리지)

Mc Murrich, J. P. 1930. 『해부학자, 레오나르도 다 빈치(Leonardo da Vinci, the Anatomist(1452-1519)』 윌리엄스 앤 윌킨스 출판사(볼티모어)

Mikulincer, M. 1997. "성인의 집착 유형 및 정보 처리: 호기심과 인지적 종결의 개인적 차이", 〈성격 및 사회심리학 저널〉, 72(5), 1217.

Mirolli, M. & Baldassarre, G. 2013. 『자연적이고 인공적인 체계에서의 내적 동기부여된 학습(Intrinsically Motivated Learning in Natura and Artificial Systems)』, G. 발다사레와 M. 모렐리 편집, 스프링거 출판사(하이델베르그)에서 "내적 동기부여의 기능과 기제: 지식 vs 역량"

Mlodinow, L. 2015. 『직립 보행하는 사상가: 나무에서 거주하다 우주를 이해하기까지 인간의 여정(The Upright Thinkers: The Human Journey from Living in Trees to Understanding the Cosmos)』 파이돈 출판사(뉴욕)

Moro, A. 2008. 『바벨의 경계: 불가능한 언어의 뇌와 수수께끼(The Boundaries of Babel: The Brain and the Enigma of Impossible Languages)』, I. 카포니그로와 D. B. 케인 역, MIT 출판부(매사추세츠, 캠브리지)

Muentener, P., Bonawitz, E. Horowitz, A., & Schulz, L. 2012. "정보 격차에 유의하라: 예상 가능한 사건에서 관계를 찾으려는 걸음마 아기의 세심함 연구", 〈플로스 원〉, 7(4), e34061.

Muniz, V. 2005. 『반사: 빅 뮤니츠(Reflex: A Vik Muniz Primer) 애퍼처 출판사(뉴욕)

Murayama, K. & Kuhbadner, C. 2011. "돈은 기억력의 통합을 증진시킨다-하지만 지루한 대상의 경우에만 해당된다." 〈코그니션〉, 119, 120.

Nabokov, V. (ed). 1998. 『사생아(Bend Sinister)』 빈티지 인터내셔널 출판사(뉴욕)

Nuland, S. B. 2000. 『상승 곡선: IQ와 관련 수치의 장기적인 이득(The Rising Curve: Long-Term Gains in IQ and Related Measures)』 미국 심리학 협회(워싱턴, D. C.)

Nunberg, H. 1961. 『호기심(Curiosity)』 국제대학교 출판부(뉴욕).

O'Conner, D. K. 2014. 『고대 철학에 관한 라우틀리지 안내서(Routledge Companion to

Ancient Philosophy)』, J. 워렌과 F. 쉐필드 편집, 라우틀리지 출판사(뉴욕), 387페이지에서 "아리스토텔레스: 미학"

Ollman, A. 2016. 『빅 뮤니츠(Vik Muniz)』 델모니코 북스 출판사(뮌헨)

Open Science Collaboration. 2015. "심리과학의 재생산성 평가", 〈사이언스〉, 349, aac4716.

O'Shea, M. 2005. 『뇌: 아주 짧은 소개(The Brain: A Very Short Introduction)』 옥스퍼드 대학교 출판부(옥스퍼드)

Otero, C. (ed.). 1994. 『노암 촘스키: 중요한 평가(Noam Chomsky: Critical Assessments)』, 1-4권, 라우틀리지 출판사(런던)

Oudeyer, P.-Y. & Kaplan, F. 2007. "내적 동기는 무엇인가? 산술적 접근법의 유형론", 〈프론티어스 인 뉴로봇〉, 1,6.

Paloyelis, Y., Asherson, P. Mehta, M. A., Faraone, S. V., & Kuntsi, J. 2010. "ADHD를 앓고 있거나 건강한 남성 성인의 경우 지연 감소와 특성 충돌성에 미치는 DATI와 COMT의 영향", 〈신경정신약리학〉, 1.

Palyelis, Y., Mehta, M. A., Faraone, S. V., Asherson, P., & Juntsi, J. 2012. "ADHD 장애의 보상 처리 기간 동안의 선조 민감성", 〈미국 아동 및 성인 정신학 아카데미 저널〉, 51(7), 722.

Pedretti, C. 1957. 『레오나르도 다 빈치: 윈저 캐슬에서 코덱스 아틀란티쿠스에 이르기까지의 파편(Leonardo da Vinci: Fragments at Windsor Castle from the Codex Atlanticus)』 파이돈 출판사(런던)

Pedretti, C. 1964. 『레오나르도 다 빈치의 그림: 사라진 책(리브로 A)(Leonardo da Vinci on Paiting: A Lost Book(Libro A))』 캘리포니아대학교 출판부(버클리)

Pedretti, C. 2005. 『레오나르도 다 빈치(Leonardo da Vinci)』 타이 북스 인터내셔널 출판사(노스캐롤라이나, 샬럿)

Peters. O. (ed.). 2014. 『퇴폐예술: 1937년 나치 독일의 현대 예술 공격(Degenerate Art: The Attact on Modern Art in Nazi Germany 1937)』 프레스텔 출판사(뮌헨)

Petroskty, T. 2003. "부고: 일리아 프리고진", 〈SIAM 뉴스〉, 36(7), http://www.siam.org/pdf/news/352.pdf.

Pevsner, J. 2014. "신경과학자, 레오나르도 다 빈치", 〈사이언티픽 아메리칸: 정신〉, 23(1), 48.

Pinker, S. 1994. 『언어본능: 정신은 어떻게 언어를 창조하는가』 윌리엄 모로 출판사(뉴욕)

Pinker, S. 1997. 『마음은 어떻게 작동하는가』 노튼 출판사(뉴욕)

Piotrowski, J. T., Litman, J. A., & Valkinburg, P. 2014. "어린아이의 인지적 호기심 측정", 〈유아 및 아동 개발〉, 23, 542.

Plomin, R. 1999. "유전학 및 일반적인 인지 능력", 〈네이처〉, 402(6761 suppl.), C25.

Plomin, R., 외 2012. 『행동 유전학(Behavioral Genetics)』, 6판, 워스 출판사(런던)

Povinelli, D. J. & Dunphy-Lelii, S. 2001. "침팬지는 설명을 원하나? 예비 비교 연구", 〈실험 심리학 캐나다 저널〉, 55(2), 185.

Power, C. 2000. 『언어의 진화적 발생: 언어 형태의 사회적 기능 및 기원(The Evolutionary Emergence of Language: Social Function and the Origins of Linguistic Form)』, C. 나이트, M. 스튜더트-케네디, J. R. 허포드 편집, 캠브리지대학교 출판부(영국, 캠브리지)에서 "여성들의 비밀 언어 사용: 수다 떠는 공동체"

Randall, L. 2013. 『힉스 발견: 빈 공간의 힘(Higgs Discovery: The Power of Empty Space)』 하퍼콜린스 출판사(뉴욕)

Randall, L. 2015. 『암흑물질과 공룡: 우주의 뛰어난 상호연결성(Dark Matter and the Dinosaurs: The Astounding Interconnected-ness of the Universe)』 에코 출판사(뉴욕)

Rappaport, R. 1999. 『인류 탄생에서 의식과 종교(Ritual and Religion in the Marking of Humanity)』 캠브리지대학교 출판부(영국, 캠브리지)

Redgrave, P., 외 2008. "위상 도파민 신호는 무엇을 강화시키나?", 〈뇌 연구 진화〉, 58, 322.

Rees, M. 2003. 『인간생존확률 50 : 50』 베이직 북스 출판사(뉴욕)

Reti, L. 1972. 『레오나르도 다 빈치의 서재(The Library of Leonardo Da Vinci)』 캐슬 프레스 출판사(캘리포니아, 패서디나)

Richard, J. M. & Berridge, K. C. 2011. "중격의지핵 도파민/글루타메이트 상호작용이 모드를 전환시켜 욕망 vs 두려움을 낳는다: D1만으로는 식욕이 생기지만 D1과 D2가 만날 경우 두려움이 발생", 〈신경과학 저널〉, 31(36), 12866.

Richter, I. A. (ed.). 1952. 『레오나르도 다 빈치의 기록(The Notebooks of Leonardo da Vinci)』 옥스퍼드대학교 출판부(뉴욕)

Richter, J. P. 1883. 『레오나르도 다 빈치의 문학작품(The Literary Works of Leonardo da Vinci)』 심슨 로, 마르스튼 설 앤 리빙턴 출판사(런던)

Richter, J. P. (ed.). 1970. 『레오나르도 다 빈치의 기록(The Notebooks of Leonardo da Vinci)』 도버 출판사(뉴욕, 미네올라)

Riesen, J. M. & Schinder, A. 2001. "파키슨 환자의 시간 예측: 단기 지속 식별 손상에도 불구하고 장기 지속 예측 능력은 정상", 〈신경학 저널〉, 248(1), 27.

Rigol, R. M. 1994. 『호기심과 탐구(Curiosity and Exploration)』, H. 켈러, K. 슈나이더, B. 헨더슨 편집, 스프링거 베르라그 출판사(베를린)에서 "우화와 호기심: 아동 문학에 나타난 탐구적 행동과 소녀들이 물레에 찔리지 않도록 보호하려는 헛된 노력"

Risko, E. F., Anderson, N. C., Lanthier, S., & Kingstone, A. 2012. "호기심 어린 눈: 화면을 바라보는 동안 눈동자 움직임의 개인적인 차이", 〈코그니션〉, 122, 86.

Rossing, B. E. & Long, H. B., 1981. "호기심과 관련성이 성인의 학습 동기에 미치는 영향", 〈성인 교육〉, 32(1), 25.

Roth, G. & Dicke, U. 2005. "뇌와 지능의 진화", 〈인지과학 동향〉, 9(5), 250.

Ruggeri, A. & Lombrozo, T. 2015. "아이들은 효과적인 탐구를 위해 질문을 채택한다." 〈코그니션〉, 143, 203.

Ryan, R. & Deci, E. 2000. "내적, 외적 동기: 전형적인 분류 및 새로운 방향", 〈현대 교육 심리학〉, 25, 54.

Saab, B. J., 외 2009. "치상회의 NCS-1는 탐구, 시냅스의 유연성, 공간 기억력의 빠른 획득을 촉진한다." 〈뉴런〉, 63(5), 643.

Schacter, D. L., Gilbert, D. T., Wegner, D. M., & Nock, M. K. 2014. 『심리학 (Psychology)』, 3판, 워스 출판사(뉴욕)

Schewe, P. F. 2013. 『개성 강한 천재: 프리먼 다이슨의 선구자적인 오디세이(Maverick Genius: The Pioneering Odyssey of Freeman Dyson)』 토머스 던 북스 출판사(뉴욕)

Schilpp, P. (ed.). 1949. 『알버트 아인슈타인: 철학자-과학자(Albert Einstein: Philosopher-Scientist)』 살아 있는 철학자들의 서재 출판사(일리노이, 에번스턴)

Schulz, L. 2012. "탐구의 기원: 유아기의 귀납적 추리 및 탐구", 〈인지과학 동향〉, 16, 382.

Schulz, L. E. & Bonawitz, E. B. 2007. "심각한 재미: 미취학 아동은 증거가 혼란스러울 때 탐구적 놀이를 더 많이 한다." 〈발전 심리학〉, 43(4), 1045.

Shohamy, D. & Adcock, R. A. 2010. "도파민과 적응 기억력", 〈인지과학 동향〉, 14, 464.

Shutts, K., 외 2011. "아이들의 인종 선호도: 남아프리카에서 얻은 통찰력", 〈발전 심리학〉, 14:6, 1283.

Siegal, N. 2014. 『해부학 강의(The Anatomy Lesson)』 낸 A. 탈리즈 출판사(뉴욕)

Silvila, P. J. 2006 『흥미의 심리학 탐구(Exploring the Psychology of Interest)』 옥스퍼드대학교 출판부(옥스퍼드).

Silvia, P. J. 2012. 『인간 동기에 관한 옥스퍼드 안내서(The Oxford Handbook of Human Motivation)』, 리처드 M. 라이언 편집, 옥스퍼드대학교 출판부(옥스퍼드)에서 "호기심과 동기"

Singh, S. 1997. 『페르마의 수수께끼: 세상에서 가장 어려운 수학 문제를 해결하기 위한 서사적 탐구(Fermat's Enigma: The Epic Quest to Solve the World's Greatest Mathematical Problem)』 워커 출판사(뉴욕)

Sluckin, W., Colman, A. M., & Hargreaves, D. J. 1980. "단어를 빈도수의 기능과 연결 짓기", 〈영국 심리학 저널〉, 71, 163.

Spielberger, C. D. & Starr, L. M. 1994. 『동기: 이론과 연구(Motivation: Theory and Research)』, H. F. 오니엘 주니어와 M. 드릴링 편집, 얼바움 출판사(뉴저지, 힐스데일)

에서 "호기심과 탐구적 행동"

Stalnaker, T. A., Cooch, N. K., & Choenbaum, G. 2015. "안와전두피질이 하지 않는 일", 〈자연 신경과학〉, 18, 620.

Stephens, J. 1912. 『황금 항아리(The Crock of Gold)』 맥밀란 출판사(런던), babel. hathitrust.org/cgi/pt?id=m에.39015031308953;view=iup;seq21.

Steudel-Numbers, K. L. 2006. "호모 에렉투스를 비롯한 초기 호미닌의 에너지학: 하체 길이가 증가한 결과" 〈인간 진화 저널〉, 51, 445.

Stringer, C. 2001. 『우리 종의 기원(The Origin of Our Species)』 앨런 레인 출판사(런던)

Skyes, C. (ed.). 1994. 『보통 천재가 아닌 사람: 리처드 파인만(No Ordinary Genius: The Ilustrated Richard Feynman)』 노튼 출판사(뉴욕)

Tallerman, M. & Gibson, K. R. (eds.). 2012. 『언어의 진화에 관한 옥스퍼드 안내서(The Oxford Handbook of Language Evolution)』 옥스퍼드대학교 출판부(옥스퍼드)

Tan, S. J., 외 2014. "알루미늄 나노구조의 실사적 인쇄를 위한 세포질 색상 팔레트", 〈나노 레터스〉, 14(7), 4023

Tavor, I., 외 2016. "아무 것도 하고 있지 않은 뇌의 MRI를 보면 임무 수행 중 뇌 활동의 개인적인 차이를 예측할 수 있다", 〈사이언스〉 352(6282), 216.

Tomkins, S. 1998. 『사회 생물학적인 주제, 인류의 기원(The Origins of Humankind, Social Biology Topics)』 캠브리지대학교 출판부(영국, 캠브리지)

Unger, R. 2004. 『가짜 필요성: 급진적 민주주의에서 반숙면론적인 사회 이론(False Necessity: Anti-Necessitarian Social Theory in the Service of Radical Democracy)』, 개정판, 베르소 출판사(런던)

Van Arsdale, A. P. 2013. "호모 에렉투스-크고 똑똑하며 빠른 호미닌 종", 〈자연 교육 지식〉, 4(1), 2.

Van den Heuvel, M. P., 외 2009. "기능적 뇌 네트워크의 효율성과 지능", 〈신경과학 저널〉, 29(23), 7619.

van Veen, V., Cohen, J. D., Botvinick, M. M., Stenger, V. A., & Carter, C. S. 2001. "전대상 피질, 갈등 감시, 처리 수준", 〈뉴로이미지〉, 14, 1302.

Vasari, G. 1986. 『위대한 대가들(The Great Masters)』, 개스턴 듀 C. 드비어 역, 휴 라우터 레빈 협회(코네티컷, 페어필드)

von Humboldt, A. 1997. 『우주: 우주의 심리적 묘사 스케치(Cosmos: A Sketch of the Physical Description of the Universe)』, E. C. 오테 역, N. A. 루프케 서문, 1, 2권, 존스 홉킨스대학교 출판부(볼티모어). 1849년에 첫 출간.

Voss, J. L., Gonsalves, B. Dl., Federmeier, K. D., TRanel, D., & Cohen, N. J. 2011. "의지적 탐구 활동 기간 동안 해마의 뇌 네트워크 조정이 학습을 촉진시킨다", 〈자연 신경과학〉, 14(1), 115.

Wang, L., Uhrig, L., Jarroya, B., & Dehaene, S. 2015. "짧은꼬리 원숭이와 인간 뇌의 수적, 순차적 패턴의 재구성",〈현대 생리학〉, 25(15), 1966.

Watts Smith, T. 2015.『인간 감정에 관한 책 : 화에서 방랑벽에 이르기까지 감정의 백과사전(The Book of Human Emotions : An Encyclopedia of Feeling from Anger to Wanderlust)』프로파일 북스 출판사(런던)

White, M. 2000.『레오나르도 : 최초의 과학자(Leonardo : The First Scientist)』리틀, 브라운 출판사(런던)

White, R. W. 1959. "재고된 동기부여 : 역량이라는 개념",〈심리학 리뷰〉, 66(5), 297.

Wilczek, F. 2015.『아름다운 질문 : 자연의 깊은 디자인을 찾아서(A Beautiful Question : Finding Nature's Deep Design)』펭귄 프레스 출판사(뉴욕)

Wills III, H. 1985.『레오나르도의 디저트 : 노 파이(Leonardo's Dessert : No Pi)』수학 교사 국립협회(버지니아, 레스톤)

Wilson, J. D. 1987.『마크 트웨인의 짧은 이야기에 관한 독자 안내서(A Reader's Guide to the Short Stories of Mark Twain)』G. K. 홀 출판사(보스턴)

Wilson, T.D., Centerlar, D. B., Kermer, D. A., & Gilber, D. T. 2005. "불확실성의 즐거움 : 기대하지 않는 데서 발생하는 긍정적인 기분의 지속",〈성격 및 사회심리학 저널〉, 88(1), 5.

Winkler-Rhoades, N., Carey, S., & Spelke, E. S. 2013. "2살 된 아이는 추상적이고 기하학적인 지도를 해석한다",〈발전 과학〉, 16, 365.

Wittman, B. C., Dolan, R. J., & Düzel, E. 2011. "보상 관련 장기 기억력 향상의 행동 사양서",〈학습과 기억력〉, 18, 296.

Wolfe, T. 1998.『완벽한 남자(A Man in Full)』파라, 스트라우스 앤드 지루 출판사(뉴욕)

Wood, A. C., Rijsdijk, F., Asherson, P., & Kuntsi, J. 2011. "횡단면 자료에서 추론한 인과 관계 : 과다활동-충동과 독창성 추구 간의 인과 관계 연구",〈유전학의 개척자〉, 2, 기사 6, 1.

Wooton, D. 2015.『과학의 발명 : 과학 혁명의 새로운 역사(The Invention of Science : A New History of Scientific Revolution)』하퍼콜린스 출판사(뉴욕)

Wrangham, R. W. 2009.『요리본능 : 불, 요리 그리고 진화』베이직 북스 출판사(뉴욕)

Wundt, W. M. 1874.『생리학적 심리학의 본질(Grundzüge der Physiologischen Psychologie』엥겔만 출판사(레이프지그)

Yousafzai, M. & Lamb, C. 2013.『나는 말랄라 : 교육받을 권리를 위해 당당히 일어섰던 소녀』리틀, 브라운 출판사(보스턴)

Zeldin, T. 1994.『인간의 내밀한 역사』싱클레어-스티븐슨 출판사(런던)

Zhou, C., Wang,, K., Fan, D., Wu, C., Lin, D., Lin, Y., & Wang, E. 2015. "논리적으로 되돌릴 수 있는 작업을 위한 효소 없는 DNA에 기반한 파인만 게이트

Zölner, F. 2007.『레오나르도 다 빈치: 완벽한 그림(Leonardo da Vinci: The Complete Painting and Drawings)』타셴 출판사(쾰른)

Zubov, V. P. 1968.『레오나르도 다 빈치(Leonardo da Vinci)』D. H. 크라우스 역, 하버드 대학교 출판부(매사추세츠, 캠브리지)

Zuckerman, M. 1984. "감각추구: 인간의 특징에 대한 종합적인 접근", 〈행동 뇌 과학〉, 7, 413.

Zuckerman, M., Eysenck, S. B. G., & Eysenck, H. J. 1978. "영국과 미국에서 감각 추구: 비교 문화, 연령, 성별 비교", 〈상담 및 임상심리학 저널〉 46, 139.

Zuckerman, M. & Litle, P. 1985. "병적이고 성적인 사건을 향한 호기심과 성격", 〈성격 및 개인적 차이〉, 7(1), 49.

Zuss, M. 2012.『이론적 호기심의 실행(The Practice of Theoretical Curiosity)』스프링거 출판사(도르트레흐트)

그림 출처

다음 자료의 작가와 출판사에서는 친절하게도 해당 자료를 이 책에 사용할 수 있도록 기꺼이 허락해 주었다.

그림 1: H. V. 위버, T. E. 스미스, STScI, NASA/ESA.

그림 2: J. 베드케, STScI, NASA.

그림 3: 헤이그 마우리츠하이스 미술관에 소장 중, 공공 이미지.

그림 4: 허블 우주망원경 혜성 팀과 나사.

그림 5: 밀라노, 산타 마리아 델레 그라치에 성당 수녀원 구내식당에 걸린 벽화. 공공 이미지.

그림 6: RCIN 912284. 로열 컬렉션 트러스트/엘리자베스 2세 여왕 2016의 허가를 받음.

그림 7: 워싱턴 D. C. 국립미술관, 엘리사 옐론 브루스 재단. 공공 이미지.

그림 8: 로열 컬렉션 트러스트/엘리자베스 2세 여왕 2016의 허가를 받음.

그림 9: 테이트 브리튼 소장품. 공공 이미지.

그림 10: 조셉 웨버. 버지니아 트림블의 허가로 재생산.

그림 11: 파인만의 1985년 스케치 그림. Feynman 1995b. 신디케이트 뮤지엄 제공.

그림 12: 레오나르도 다 빈치의〈코덱스 아틀란티쿠스〉(밀라노, 암브로시오 도서관), 게티 이미지 제공.

그림 13~16: 폴 디폴리토.

그림 17: 엘리자베스 보나위츠 제공.

그림 18: 폴 디폴리토.

그림 19: Jepma 외 2012. 마리케 제프마의 허가로 재생산.

그림 20: Herculano-Houzel 2009. 허큘라노-하우젤의 허가로 재생산.

그림 21: '루시' 뼈대(AL 288-1), 오스트랄로피테쿠스 아파렌시스(파리 프랑스 자연사 박물관), 공공 이미지.

그림 22: 케이티 레이즈 제공.

그림 23: 빅 뮤니츠가 제공한 리처드 파인만의 이미지, '잉크로 그린 그림' 시리즈에서, 빅 뮤니츠의 허가를 받음.

그림 24: 두 개의 바미안 석불 중 한 개(1977년), 공공 이미지.

그림 25: 이 밍 탄이 2008년에 찍은 사진.

참고문헌

색인

302

색인

색인

호기심의 탄생
마지막까지 살아남은 수수께끼

1판 1쇄 발행 2019년 11월 30일

지은이   마리오 리비오
옮긴이   이지민
펴낸이   전길원
책임편집 김민희
디자인   최진규

펴낸곳   리얼부커스
출판신고 2015년 7월 20일 제2015-000128호
주소   04593 서울시 중구 동호로 10길 30, 106동 505호(신당동 약수하이츠)
전화   070-4794-0843
팩스   02-2179-9435
이메일   realbookers21@gmail.com
블로그   http://realbookers.tistory.com
페이스북 www.facebook.com/realbookers

ISBN 979-11-86749-10-4 03400

이 도서의 국립중앙도서관 출판예정도서목록(CIP)은 서지정보유통지원시스템 홈페이지
(http://seoji.nl.go.kr)와 국가자료종합목록 구축시스템(http://kolis-net.nl.go.kr)에서
이용하실 수 있습니다. (CIP제어번호 : CIP2019041994)